W0220013

Der vermessene Kosmos

Ursprungsfragen kritisch betrachtet

Norbert Pailer
und
Alfred Krabbe

ISBN 3-7751-4488-9

Bestell-Nr. 394.488

© Copyright 2006 by Hänssler-Verlag

Herausgegeben von der
Studiengemeinschaft
Wort und Wissen e.V.

Satz und Umschlaggestaltung: Johannes Weiss

Druck und Bindung: xeinex-media-group GmbH
Printed in Germany

Der vermessene Kosmos

Ursprungsfragen kritisch betrachtet

Norbert Pailer
und Alfred Krabbe

Der vermessene Kosmos

Cover story:
«End of the beginning?»
New Scientist,
2. July 2005

«Seeds of doubt for theory of inflation.»
New Scientist,
February 2004

«Is the universe out of tune? – Bad harmonies in the microwave music defy theory.»
Scientific American,
August 2005

«Universe Map runs into local difficulty.»
New Scientist,
December 2004

«Why galaxy cluster is to grown-up for early universe.»
New Scientist,
January 2004

«Big Bang versus Steady State.»
Scientific American February 2005

«Uralt-Giganten bringen Theorien ins Wanken.»
Spiegel Online, 24. November 2004

«Did the Big Bang really happen?»
New Scientist, July 2005

«Inconstant constants – Do the inner workings of the nature change with time?»
Scientific American, June 2005

«Old galaxies in the young universe.»
ESO Press Release 17/04

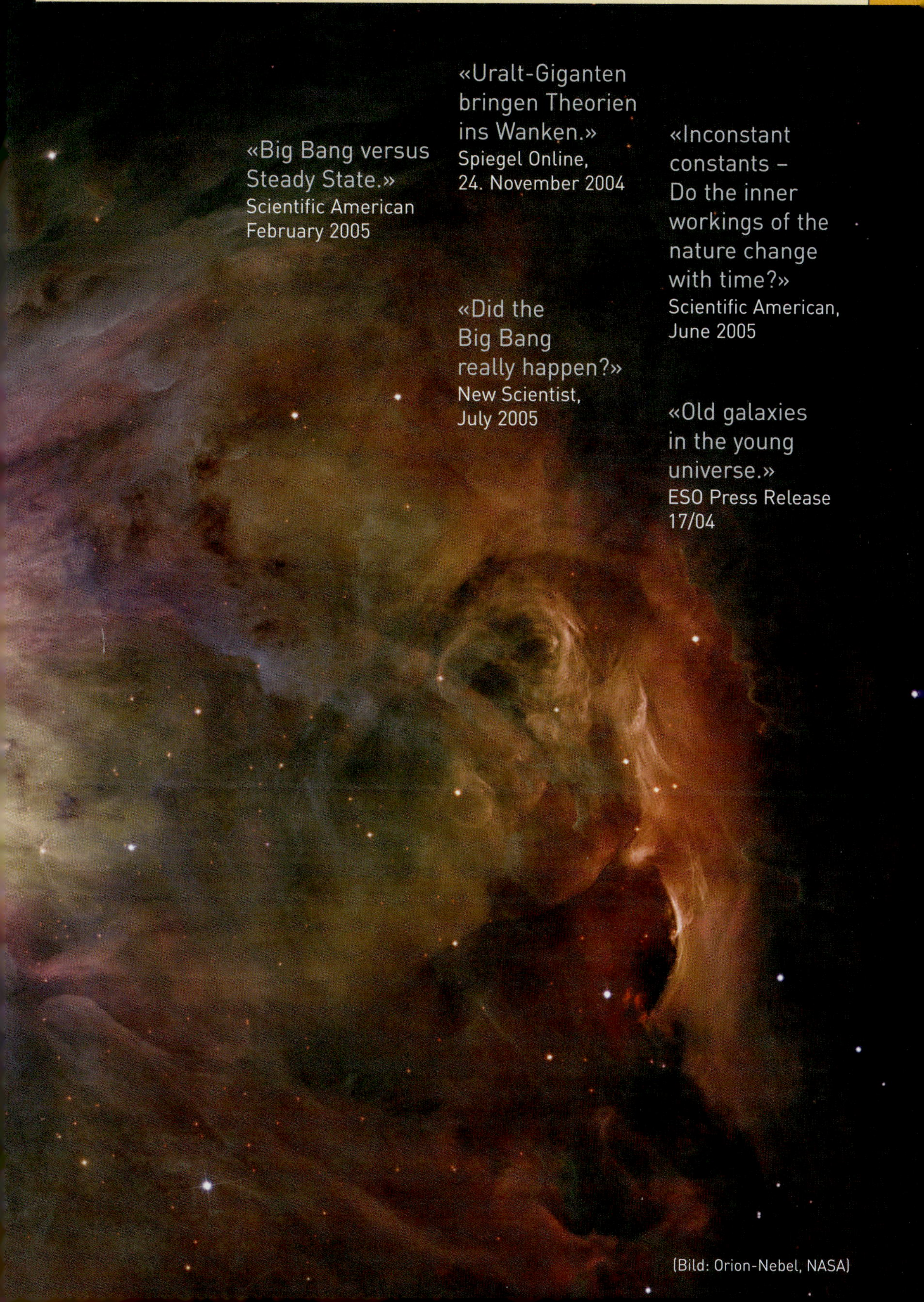

(Bild: Orion-Nebel, NASA)

Vorwort

«Das Weltall ist ein Kreis,
dessen Mittelpunkt überall,
dessen Umfang nirgends ist.»
Blaise Pascal, Mathematiker,
Physiker und Philosoph, 1623 - 1662

Nach über zehn Jahren löst dieses Buch mein in mehreren Auflagen erschienenes Buch „Geheimnisvolles Weltall – Hypothesen und Fakten zur Urknalltheorie" ab. In dieser Zeitspanne hat sich in der noch jungen Disziplin der Kosmologie so viel getan, dass ein ganz neuer Wurf angebracht war, der nun zusammen mit Alfred Krabbe verwirklicht wurde.

Zwei engagierte Astrophysiker und gleichzeitig überzeugte Christen legen ihre Position zum Spannungsfeld zwischen Kosmologie und Genesis dar. Es geht dabei nicht um Wiederholung von Meinungen, die von den Massenmedien her bereits geläufig sind, sondern um eine kritische Standortbestimmung aktueller Astronomie, Astrophysik und Kosmologie in allgemein verständlicher Form: In zwei Kapiteln wird eine konzentrierte Zusammenfassung des aktuellen Bildes vom Aufbau des Kosmos gegeben. Damit wird der Leser nicht gleich zum Astrophysiker, aber er findet eine ungewöhnlich verdichtete, kritische Darstellung aktueller Beobachtungsdaten.

Es geht um die Vermittlung sowohl des soliden Wissens als auch des Verständnisses seiner Randbedingungen. Die geschilderten Fakten deuten aber letztlich darüber hinaus und spitzen sich auf die Position zu, wo die Frage nach Gott unausweichlich wird. Als Naturwissenschaftler sollte man sich Rechenschaft darüber geben, dass man zwar Naturgesetze formulieren und ihre Gültigkeit über die Zeit hinweg feststellen kann, dass man aber z. B. ihre zeitliche Konstanz weder begründen noch garantieren kann. Wer beginnt, sich darüber zu wundern, wird vielleicht offen für das Geheimnis hinter der Raumzeit-Kulisse,

„denn alles hat in ihm seinen Bestand". Am Ende ist alles auf eine interdisziplinäre Synthese von Ursprungsvorstellungen angelegt, deren Rahmen der Genesisbericht liefert. Dabei wird kein Schöpfungsmodell entwickelt, sondern ein Interpretations-Korridor diskutiert, der den Rahmen für ein mögliches Schöpfungshandeln aufgrund des Genesisberichts und anhand astronomischer Fakten aufspannt. Damit ist die vorliegende Arbeit in dem Sinne angelegt, dass sie zwar nicht alles sagt, aber ihre Leser dazu bringt, das Entscheidende selbst zu denken.

Wir Autoren haben als Astrophysiker mit der Naturwissenschaft keine Probleme, jedenfalls solange neuer Erkenntnisgewinn innerhalb der Spielregeln in dem dafür gedachten Rahmen bleibt. Wir wundern uns aber, wie viele Zeitgenossen sich vor den Erkundungen des Glaubens an Gott fürchten und ihn ablehnen. Im Buch geht es deshalb auch darum, intellektuelle Vorbehalte bezüglich einer solchen Beziehung zu Gott zu relativieren und nach Möglichkeit auszuräumen. Es geht um das Denken des Ganzen.

Dem Buch angehängt ist ein Kapitel „In den Weltraum gelinst", in dem ich anhand praktischer Beobachtungserfahrung mit einem selbst gebauten Spiegelteleskop Mut zu eigenen Himmelsbeobachtungen machen möchte. Eine Einladung zum schönsten Hobby der Welt!

Praktische Hinweise. Im Folgenden werden viele Begriffe benutzt, mit denen sich nicht jeder jeden Tag beschäftigt und die damit nicht jedem geläufig sind. Soweit sie zum Verständnis der Gesamtaussage notwendig sind, wurden sie in einem umfangreichen Stichwortverzeichnis am Ende des Buches erklärt. Diese Begriffe sind im Text bei erstmaligem Vorkommen *kursiv* gesetzt. Zudem wurden komplexere Themen – z. B. „Dunkle Materie" – teilweise erneut aufgenommen, eingangs in einer Übersichtsdarstellung und später in weiterführendem Detail. Wir hoffen, dass dies dem besseren Zugang und der Freude am Lesen zuträglich ist. Im Anhang befinden sich auch Übersetzungen aller Zitate des laufenden Textes, die dort im Original belassen wurden. Die vorliegende Arbeit soll so einem möglichst weiten Leserkreis zugänglich gemacht werden.

Es war mir eine große Hilfe, Alfred Krabbe zur Erstellung dieses Buches zu gewinnen. Dies bewahrte mich vor Einseitigkeit und begünstigte so entscheidend die Gründlichkeit des vorliegenden Buches in seiner ganzen Breite.

Norbert Pailer
Meersburg im Februar 2006

Creation Pointer

Die Überzeugung, dass die Welt geschaffen wurde, ist nicht ein naturwissenschaftliches Ergebnis, sondern eine Folge von Gottes Reden, dessen Richtigkeit Gottes Geist unserem Geist bezeugt. Deshalb ist es nicht verwunderlich, dass wir bei der Betrachtung der Welt Hinweise für diesen Umstand finden und benennen. Die so benannten Hinweise auf den Schöpfungscharakter unserer Welt haben notwendigerweise Zeugnischarakter und keine Beweiskraft. Sie sollen das als selbstverständlich Akzeptierte in ein anderes Licht setzen und zum Nachdenken anregen.

(Bild: NASA)

Einleitung:

An den Grenzen von Raum und Zeit

Kompakt:

- Unfassbarkeit des Kosmos
- Begrenzte experimentelle Datenbasis
- Ursprung des Kosmos ist nicht beobachtbar
- Auslösung für Ursprung bleibt spekulativ
- Kosmos-Ursprungsforschung braucht das Element der Offenbarung

Der Kosmos ist jenseits aller unserer Vorstellungen, was seine Größe und Schönheit, sein Entstehen und Vergehen betrifft. Dennoch gibt es auf einem kleinen, unscheinbaren Planeten, der am Rande einer von rund hundert Milliarden Galaxien im sichtbaren Kosmos einen nicht besonders auffälligen Stern umkreist, ein neugieriges Wesen, das immer tiefer in seine Geheimnisse eindringen will.

Fast ebenso vielfältig wie die rund hundert Milliarden Sterne seiner Galaxie sind die Methoden und Apparate, die der neugierige Mensch im Laufe seiner Geschichte zur Enträtselung kosmischer Geheimnisse einsetzte. Von seinem angestammten Lebensraum an der Grenzfläche zwischen Erdkruste und Atmosphäre hat er unterschiedlichste Geräte zum Nachweis von Neutrinos in tiefste Stollen alter Bergwerke oder in entsprechende Tiefen im Meer verfrachtet und seit rund fünf Jahrzehnten diverse Experimente auf Satelliten gepackt, die in einer Entfernung von teilweise über 20 Milliarden Kilometern im Weltraum operieren. Dennoch hat er nicht mehr zur Verfügung als

Der hintergründige Kosmos

Der aus der griechisch-hellenischen Sprachwelt stammende Begriff „Kosmos" bezeichnet die Ganzheit des Geschmückten und Wohlgestalteten der Schöpfung im Gegensatz zum Chaos als Inbegriff alles unbezähmt Wilden und die Schöpfung Bedrohenden. Zum Kosmos gehören somit nicht nur physikalisch fassbare Aspekte, vielmehr auch das Lebendige und Ästhetische mit seinem Logos, einfach das Staunenswerte. Wenn im Folgenden die imposanten astronomisch-astrophysikalischen Aspekte betrachtet werden, muss immer im Blickfeld bleiben, dass dies nur Teilaspekte eines unfasslich Ganzen sind. Der theoretische Physiker und Physikphilosoph C.-F. von Weizsäcker, der sich wie kaum ein anderer als ausgewiesener Physiker über Physik und ihre Methode Gedanken gemacht hat, formuliert in „Einheit der Natur" (München 1971ff) das Verhältnis von Teil und Ganzem entsprechend herausfordernd: „Von der heutigen Physik aus steht der Behauptung nichts im Wege, dass die Substanz, das Eigentliche des Wirklichen, das uns begegnet, Geist ist. Denn es ist dann möglich so zu formulieren, dass die Materie, welche wir nur noch als dasjenige definieren können, was den Gesetzen der Physik genügt, vielleicht der Geist ist, insofern er sich der Objektivierung fügt, insofern er also auf empirisch entscheidbare Alternativen hin befragt werden kann und darauf antwortet."

Von dem Physiker und ebenfalls über moderne Physik allgemeinverständlich schreibenden Hans-Peter Dürr stammt das einprägsame Bild vom Gischtschaum auf dem Ozean. Physiker und Astronomen erfassen in ihren Datensätzen und deutenden Theorien nur Strukturen des Gischtschaumes. Die Tiefe des Ozeans darunter bleibt unergründlich. In Kapitel 2.3.2 sprechen wir an, dass die (physikalische) Kosmologie vor dem Rätsel sog. Dunkler Energie und Dunkler Materie steht, die den weitaus dominanten Anteil des energetisch-materiellen Kosmos bildet, aber bisher nur indirekt durch Gravitationsbilanzen oder wie man bildhaft sagt, im Zittern des alles umschließenden und durchdringenden Quantenvakuums durch registrierbare Planckteilchen sich zu Wort melden. So sind auch Sterne in ihren Gruppierungen in Sternhaufen bis zu Galaxien mit allen physikalisch fassbaren Wechselwirkungen Lichter im Gischtschaum einer bodenlosen Tiefsee, die nicht aus ihrer „Oberflächenphysik" allein verstanden werden können. „Teil und Ganzes" macht heute physikalische Kosmologie im weiteren Betrachtungsfeld einer Schöpfungskosmologie so spannend. Wenden wir uns dem beobachtbaren Teil der Sternenwelten zu!

- geschwärzte Fotoplatten
- Zeigerausschläge und Datenraten von Instrumenten
- ein paar Meteorite, die ihm zugeflogen sind, in denen aber immerhin auch kleine Krümel von Sternenstaub gefunden worden sein sollen
- rund 380 kg Mondmaterial als Mitbringsel der Mondfahrer

Neuerdings gibt es noch einige im Weltraum gesammelte Sonnenwindteilchen, die mühsam aus den Trümmern des Rückkehrbehälters der Weltraummission GENESIS gerettet wurden, und seit Januar 2006 ein paar Kometenbrösel, die uns die Raumsonde STARDUST zurückgebracht hat. Diese spartanische Informationsbasis muss genügen, um etwas über die Architektur des Kosmos herauszufinden. Mehr haben wir nicht. Tiefe Einblicke wurden dabei ebenso gewonnen wie die Erkenntnis unerbittlicher Begrenzungen.

So gehört es heute zum gängigen Verständnis in der Kosmologie, dass der ganze sichtbare Sternenhimmel und damit alle sichtbare Materie eine kleine „Kontamination" von nur rund 4% der insgesamt existierenden Masse im Kosmos ausmachen. Wie später in Abb. 1.13 dargelegt, ist dies ein Modellwert zur Stabilisierung des Standardmodells. Hier wird dann auch davon ausgegangen, man könne aus den restlichen 96% den Gesamt-Energiemassenhaushalt errechnen. Dieser mag aber nach anderen theoretischen Erkenntnissen quasi unendlich, d. h. unbestimmbar sein. Das heißt aber auch, dass sämtliche Sterne sozusagen nur putzige Sahnehäubchen auf einer riesigen, unsichtbaren Schokoladentorte sind – um obige Bilder noch mehr zum Klingen zu bringen. Dies ist ein Grund, weshalb wir uns zunächst mit der Frage auseinandersetzen wollen, was wir eigentlich beim Blick zum Himmel tatsächlich von der uns umgebenden Wirklichkeit wahrnehmen können.

Es ist uns verwehrt, bis zum Anfang der Welt zurückzuschauen. Im populären Urknallmodell ist die Rückprojektion des Kosmosgeschehens über das elektromagnetische Spektrum durch den Zeitpunkt begrenzt, an dem die erste Strahlung aus der „Energiebrühe" eines Urknallszenarios ausgetreten sein könnte. Aus feinsten Intensitätsunterschieden der Mikrowellen-Hintergrundstrahlung sollen Erklärungen für die außerordentlich reichhaltigen Formen und Strukturen im Kosmos abgeleitet werden, was sich als harte Nuss für alle kosmologischen Modelle erwies. Die spannende Frage lautet: Wie ging der hochstrukturierte Kosmos, den uns heute das Hubble-Weltraumteleskop imposant vor Augen führt, aus einem erstaunlich homogenen frühen Zustand eines Urknallszenarios hervor? Die Bemühungen, die Geschichte des Weltalls nachzuzeichnen, erweisen sich als schwieriger Balanceakt im Ungefähren. Hoffnungen, über den derzeit angenommenen Anfangshorizont noch hinausschauen zu können, werden an den zukünftigen direkten Nachweis von Gravitationswellen geknüpft.

Gemessen an der Größe und Komplexität des Kosmos stehen einerseits also nur wenige Daten für seine Erforschung zur Verfügung, andererseits

seits will man ein Gesamtbild (s)eines Entwicklungsverlaufs erstellen – ein Kontrast, wie er nicht größer sein könnte. In diesem paradoxen Rahmen geschieht die naturwissenschaftliche Forschung, einerseits auf Beobachtungen abgestützt, andererseits notwendigerweise mit gewaltigen Extrapolationen verbunden. Dabei wird weder gefragt, wer oder was seinen Ursprung ausgelöst hat (es ist naturwissenschaftlich nicht sinnvoll, jenseits von Raum und Zeit zu fragen), noch woher die Naturgesetze kommen, die obendrein für den gesamten Verlauf der Kosmosgeschichte als konstant angesehen werden. (Soweit naturwissenschaftlich gearbeitet wird, ist die Annahme der Konstanz [Kapitel 5.4] kaum vermeidbar, weil eine mögliche Variabilität das spekulative Element geradezu explodieren ließe, solange es dafür keine empirischen Anhaltspunkte gibt.) Wir haben die Tragweite und Konsequenzen des naturwissenschaftlichen Ansatzes auszuloten. Er bildet den Ausgangspunkt unserer Diskussion, wohlwissend, dass er nicht das ganze Bild liefern kann.

Soll nun nicht nur eine naturwissenschaftliche Antwort zum Thema des Buches im Rahmen eines *Naturbildes* (siehe Kapitel 5.1 „Vom *Weltbild* zum *Naturbild*") – also ein mit den heutigen naturwissenschaftlichen Ergebnissen weitgehend kompatibles Bild –, sondern eine möglichst umfassende, interdisziplinäre Position mit einem Minimum an Hypothesen im Rahmen eines *Weltbildes* erarbeitet werden, dann müssen weitere aussagekräftige Quellen herangezogen werden. Schon gar nicht sollte von vornherein ein Eingriff von außen ausgeschlossen werden – die Dinge müssen alle auf den Prüfstand, ohne jede Vorselektierung. Erst damit wird der Ansatz für das Thema möglichst breit und auch dem Forschungsgegenstand angemessen. So wird das Anliegen dieses Buches richtig spannend.

Über den Ursprung des Alls gibt es in den unterschiedlichen Kulturkreisen Überlieferungen. Nicht zuletzt gibt es den theologischen Zugang zu diesem Themenkomplex anhand des Zeugnisses der Bibel über des Schöpfers souveränes Handeln, wie es ein altes Psalmgebet kurz zusammenfasst: „Denn wenn er spricht, so geschieht's, wenn er gebietet, so steht's da" (Psalm 33, 9). Die ersten Kapitel im Buch Genesis mit manchen Analogien in anderen Überlieferungen möchten in erster Linie klar machen, wie nach der Gabe einer für die ersten Menschen guten Schöpfung durch Vertrauensbruch ein tiefer Riss zwischen Schöpfer und Geschöpf entstand, der sich im Zustand der Schöpfung widerspiegelt. Das erste Menschenpaar wird aus dem Ursprung vertrieben und hat nun die Last des sterblichen Lebens zu tragen. Dies ist sicher nicht einfach ein Auszug aus einem Schöpfungsprotokoll in Konkurrenz oder Analogie zur Kosmologie, muss aber bei einem Gesamtbild, das Gottes Wort ernst nimmt, mit berücksichtigt werden. Dabei geht es nicht um irgendeine Harmonisierung des bildhaften Schöpfungsgefüges mit Modellkonzepten physikalischer Kosmologie, die insbesondere auf ausschließlich messbare oder modellierbare Randbedingungen eingegrenzt ist. Auch wenn die Genesis sicher kein naturwissenschaftlicher Bericht ist und sich auf einer anderen Erklärungsebene abspielt: sie kann uns auf der inter-

(Bild: NASA, STScI)

disziplinären Suche nach Antworten weiterhelfen, zumal die Kosmos-Ursprungsforschung eine Disziplin ist, die das Element der Offenbarung für eine grundsätzliche Orientierung braucht.

Wir sprechen dies an, wohlwissend, dass allein die Erwähnung des Wortes „Genesisbericht" bei vielen Zeitgenossen Befremden hervorrufen mag. Trotzdem hoffen wir, dadurch nicht Leser zu verlieren, sondern erst richtig neugierig gemacht zu haben. Wir sehen in diesem Kontext die naturwissenschaftliche Forschung aus bereits angedeuteten Gründen als ein „innerweltliches" Unternehmen an, dessen Daten uns allenfalls auf die Spur der Schöpfung bringen können. Es ist letztlich unser Ziel, Bezugslinien zwischen unterschiedlichen Informationsquellen herzustellen. Damit streben wir eine auf einem interdisziplinären Dialog abgestützte Darstellung an, wobei die astrophysikalische Diskussion unser Ausgangspunkt ist. Gerne betonen wir, dass die rein auf alles Messbare und Sichtbare ausgerichtete Naturwissenschaft viele Vorzüge hat, aber durch die mit ihr verbundenen Einschränkungen auch nie das Ganze des Seins in den Blick bekommen kann. In diesem Sinne behandelt die Naturwissenschaft das „berechenbare" Handeln Gottes. Obendrein müssen wir uns bewusst machen, dass keine Wissenschaft voraussetzungsfrei ist und dass eine so grundsätzliche Fragestellung bezüglich des Ursprungs des Kosmos nie ohne ein unterlegtes Weltbild zu stemmen ist.

Zu den erwähnten Bezugslinien passt z. B. eine Feststellung der ESO (European Southern Observatory), dass viele gegenwärtige astronomische Beobachtungen zunehmend den Schluss nahelegen, dass das Universum als eine augenblickliche Schöpfung entstanden sein könnte (wiedergegeben in „Spaceflight" unter Space News mit der Überschrift „Creation Pointer"): *„This and many other recent astronomical observations point increasingly to the conclusion that a mature, active, evolving and expanding universe could have come into being in an instant creation."* [1] (Spaceflight vom November 2004, Vol 45, No 11). In einer Kurzfassung (März 2005) der Veröffentlichung von Mullis et al. (2005) sagt Piero Rosati zu den 9 Milliarden *Lichtjahren* entfernten Galaxienhaufen: „Schon in dieser frühen Periode der

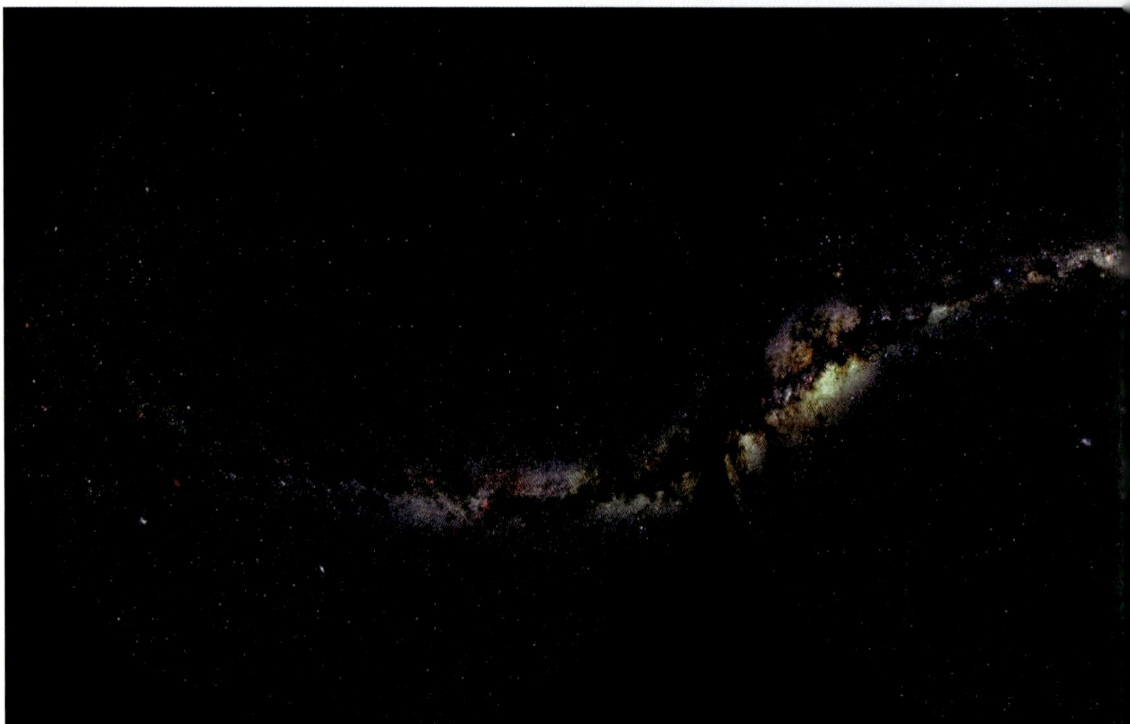

(Bild: NASA, STScI)

kosmischen Geschichte sehen wir diese riesige und voll entwickelte Struktur. Das bedeutet dass wir es mit einem alten Galaxienhaufen in einem jungen Universum zu tun haben." Wir werden im Laufe des Buches diesen Aspekt vertiefen. Eine weitere interessante Spur sind Konsequenzen aus der sogenannten Anthropischen Kosmologie, auf die wir in Kapitel 6 eingehen.

Wir werden letztlich versuchen darzustellen, dass das Sein jenseits seiner Raumzeit eine nichtmaterielle Dimension hat, weshalb rein materialistische Ansätze zwar berechenbare, aber keine umfassende Erklärung abgeben können.

Jedem Anfang wohnt ein gewisser Zauber inne, insbesondere wenn es um den Kosmos geht: Wissenschaftler suchen nach dieser „Zauber"-Formel, die etwas bescheidener „Theory of Everything" (ToE) genannt wird. Da diesbezügliche Beobachtungen schwierig bis unmöglich sind, stehen (theoretische) Weltentstehungsmodelle im Vordergrund. Die Situation der beobachtenden Ursprungsforschung kann mit folgendem Vergleich dargestellt werden. Der Lebensweg eines Menschen lässt sich durch Beobachtungen auf der Straße recht gut rekonstruieren: Da gibt es Babies, Kinder, Jugendliche, Erwachsene und alte Menschen. Aber über Geburt und Zeugung lernt man so nichts. Deshalb bleibt die Frage nach der Entstehung im Dunkeln, wenn man nur den Gang der Entwicklung kennt. So sind die Kosmologen bei allem Fortschritt Zauberlehrlinge geblieben.

Dieser Feststellung folgend gestehen wir gerne zu, dass wir sicher keine letztgültige Antwort auf den detaillierten Verlauf der Anfänge haben. Wenn im vorliegenden Buch vorwiegend am Sockel etablierter Bilder gerüttelt wird, dann heißt das nur, dass wir begründen, dass wir die diesbezügliche naturwissenschaftliche Antwort nur für einen möglichen Zugang halten, der uns aber nicht zu einem umfassenden Bild führen kann. Es ist für uns Ausdruck von Respekt für die Größe des Geheimnisses der Schöpfung, wenn wir es bei dem Versuch belassen, dieses Geheimnis abzutasten, ohne es je zu lüften. Vielleicht, weil es gar nicht zu lüften ist. Man sollte erst gar nicht den Versuch machen, ein Wunder erklären zu wollen; da kann man nur scheitern.

Nach Kapitel 1 mit der Diskussion über prinzipielle Möglichkeiten und Grenzen astrophysikalischer Forschung folgt in den Kapiteln 2 bis 4 eine Art Review der aktuellen astronomischen und kosmologischen Faktenlage, welcher das Wesentliche und Neue aus der aktuellen Literatur komprimiert darstellt. Es geht dabei um die Vermittlung soliden Wissens und das Verständnis seiner Randbedingungen. Diese Kapitel sind die zentralen Ausführungen über astrophysikalische Fakten.

Kapitel 3 stellt kurz den grundlegenden theoretischen Hintergrund des Standardmodells mit seinem Umfeld dar, dessen Konzept hinter den populären Interpretationen steht. Kapitel 5 beleuchtet den erkenntnistheoretischen Hintergrund von Modellvorstellungen mit seinem Bezug zur Wirklichkeit, während Kapitel 6 als zusammenfassende Synthese einen Gesamtrahmen aufspannen will. Damit ist das vorliegende Buch eine weitgehend von Beobachtungsdaten ausgehende Arbeit, die sich aber nicht scheut, den weltbildprägenden Charakter von Modellvorstellungen kritisch zu beleuchten und am Ende bei einem interdisziplinären Erklärungsrahmen für die Schöpfung ankommt.

Das von Beobachtungsdaten ausgehende Buch lädt in seinem Anhang zu eigenen Sternbeobachtungen ein. Astronomie ist ein Abenteuer auf allen Kanälen, ob das mit Hubble-Weltraumbildern, mit eigenen Beobachtungen am Keck-Teleskop auf Hawaii oder mit bescheidenen Mitteln im eigenen Vorgarten passiert.

Die Erdatmosphäre bei flachem Sonneneinfall (NASA)

1. Möglichkeiten und Grenzen astrophysikalischer Forschung

„So lange die Naturwissenschaft induktiv vorgeht, kommt sie über die Summe ihrer Bestandteile nicht hinaus."
Michael Brantner

Kompakt:

- Licht als Informationsträger der Sternenwelt
- Die Erdatmosphäre als Filter
- Möglichkeiten der Weltraumerkundung durch Raumfahrt

1.1 Welche Informationen erhalten wir von der Sternenwelt?

Es waren zögerliche Versuche, als einzelne Gelehrte erstmals Vorgänge am Himmel auf Gesetze zurückführten, die von der Erde her bekannt waren. Für den griechischen Gelehrten Anaximander (um 600 vor Christus) waren zum Beispiel die Gestirne mit Feuer gefüllte Schläuche, aus deren Öffnungen der Feuerschein austrat. Manchmal verstopften sie sich, was folglich die beobachteten Finsternisse entstehen ließ. Man mag heute über diese Theorie der himmlischen Verstopfungen lächeln. Aber damals galt dies als eine mögliche Erklärung. Auch wenn wir in der Zwischenzeit einiges dazugelernt haben mögen, konnten wir uns dennoch nicht von den Vorstellungen unserer Erfahrungswelt befreien. Deshalb wollen wir uns kritisch über Möglichkeiten und Grenzen astrophysikalischer Forschung auseinandersetzen.

Wir erhalten praktisch alle Informationen durch elektromagnetische Wellen („Licht"). Das trifft insbesondere auf die *extragalaktische Astronomie* zu. Zudem gibt es kosmische Teilchenstrahlung, Neutrinos und bald auch die Möglichkeit der Beobachtung durch Gravitationswellen. Sonst haben wir nichts zur Verfügung.

Die Auflösung unserer Apparate reicht nur, um nahe, helle Sterne flächig aufgelöst darzustellen. Alle anderen Sterne sind so weit entfernt bzw. so klein, dass sie nur als Lichtpunkte wahrgenommen werden können. Nur aus der Zerlegung ihres Lichts in die „Regenbogenfarben" – die Spektroskopie – erfahren wir etwas über ihre Eigenschaften, aus ihrer Bewegung im Raum, etwas über ihre Eigendynamik, und aus periodischen Positionsschwankungen etwas über mögliche Begleitobjekte bzw. Oberflächenprozesse.

Allgemeiner sprechen wir von dem ankommenden „Licht" als von elektromagnetischer Strahlung. Diese reicht von den hochenergetischen Gamma- und Röntgenstrahlen über den sichtbaren Teil des elektromagnetischen Spektrums bis hin zur Radiostrahlung als dem langwelligen Ende. Sie muss uns als wichtigster Informationsträger über den Aufbau der Sternenwelten genügen. Abb. 1.1 weist die unterschiedlichen Bereiche der elektromagnetischen Strahlung aus. Gleichzeitig sind typische Vertreter für Satelliten bzw. Instrumente in den unterschiedlichen Bereichen dargestellt.

In Abb. 1.2 fällt auf, dass die meisten Beobachtungen per Satellit stattfinden. Das hängt mit der fehlenden Transparenz der Erdatmosphäre für die ankommende Strahlung zusammen. Abb. 1.2 zeigt dazu zwei „Fenster". Das größere liegt bemerkenswerter Weise genau dort, wo auch unser Auge empfindlich ist, im sichtbaren Bereich. Daneben gibt es noch das schmale

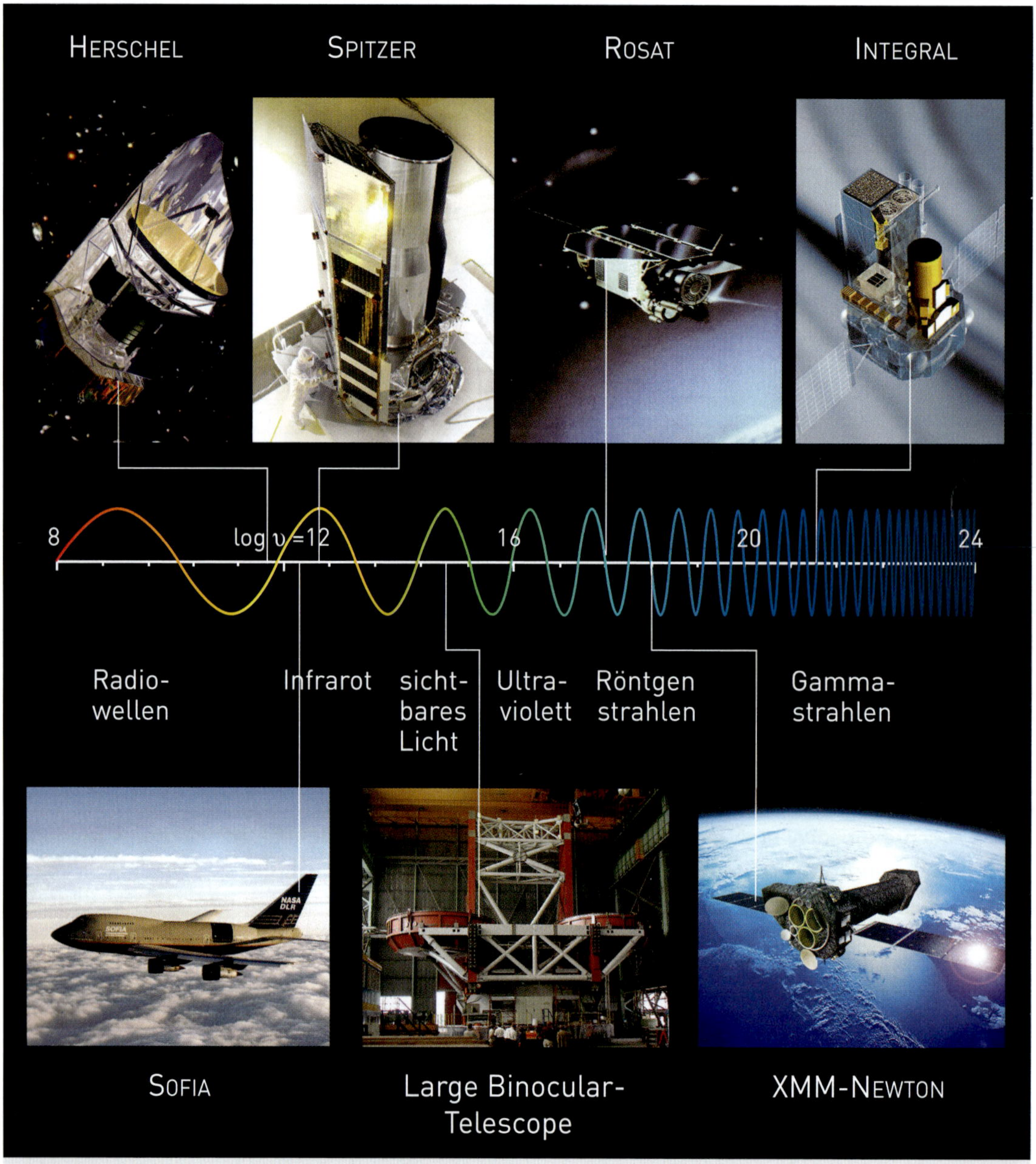

Abb. 1.1: Darstellung des elektromagnetischen Spektrums von den langwelligen Radiowellen bis zu den hochenergetischen Röntgen- und Gammastrahlen mit typischen Vertretern von Satelliten bzw. Instrumenten.

„Radiofenster" zum Kosmos. Der komplette restliche Strahlungsanteil wird in der Atmosphäre absorbiert. Die Strahlung war also über unermessliche Strecken relativ ungehindert unterwegs, durcheilte die Weiten des Kosmos, um dann sozusagen unmittelbar über unseren Köpfen von der Erdatmosphäre verschluckt zu werden. Das hat sich mit dem Beginn des Raumfahrtzeitalters geändert. Mit den Möglichkeiten, jenseits der strahlenabsorbierenden Atmosphäre zu beobachten, machen wir uns die ganze Strahlenpalette der Sterne zugänglich.

Abb. 1.3: Schematische Darstellung des Informationsgewinns durch den Einsatz von Satelliten jenseits der strahlenabsorbierenden Erdatmosphäre (Bereiche in blau) bei der Untersuchung von Sternen anhand einer relativen Temperaturskala in *Kelvin*.

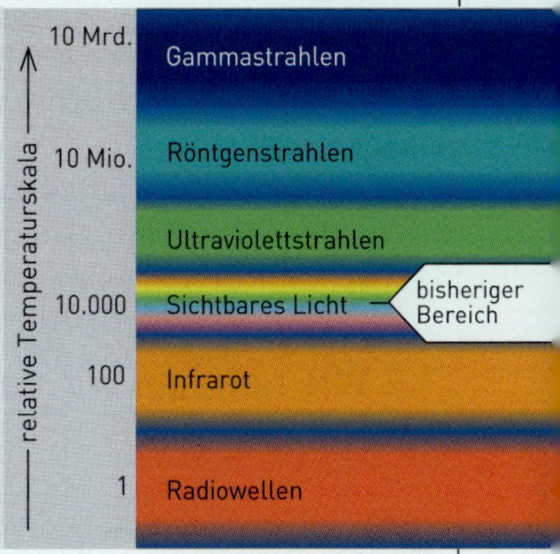

So haben uns Raumsonden in den letzten Jahren mehr Kenntnis über unseren Kosmos vermittelt, als es eine über 3000 Jahre währende Astronomiegeschichte vermochte. Sie umkreisten Planeten und setzten Landegeräte ab. Eine Flut von Daten, zahllose Nahaufnahmen von Planeten- und Mondoberflächen ergaben in kurzer Zeit ein neues Bild unseres Planetensystems. Gleichzeitig haben sie durch die Überwindung der strahlenabsorbierenden Erdatmosphäre neben der erdgebundenen optischen und der Radioastronomie die neuen Disziplinen der Infrarot-, Ultraviolett-, Röntgen-, und Gammastrahlenastronomie erst entstehen lassen. Der heute abgedeckte Bereich des elektromagnetischen Spektrums ist damit von einer einzigen Oktave sichtbaren Lichts sprunghaft auf insgesamt 60 Oktaven des ganzen elektromagnetischen Spektrums angewachsen. Abb. 1.3 veranschaulicht dies anhand einer relativen Temperaturskala. Sie ist so zu verstehen, dass ein rund 10000 *Kelvin* heißer Körper seine Energie bevorzugt im Bereich des sichtbaren Lichtes abstrahlt. Die blau markierten Bereiche weisen die neu etablierten Disziplinen aus.

Die Bedeutung der Beobachtung in unterschiedlichsten Spektralbereichen soll am Beispiel des Sterns Eta Carina illustriert werden. Abb. 1.4 zeigt dieses Objekt zunächst hufeisenförmig rechts oben im Röntgenbereich mit Hilfe des CHANDRA-Teleskop der NASA. Mit dem Hubble-Weltraumteleskop erscheint das helle Zentrum des gleichen Objekts nun im optischen Bereich als eine gewaltige, hantelförmige Explosionswolke, die aus allen Nähten zu platzen scheint, während im Infrarot-Bereich die Struktur des Zentrums links unten weiter aufgelöst dargestellt werden kann. Erst die Summe der Informationen aus den unterschiedlichsten Wellenlängenbereichen vermittelt uns also ein umfassenderes Bild des Objekts.

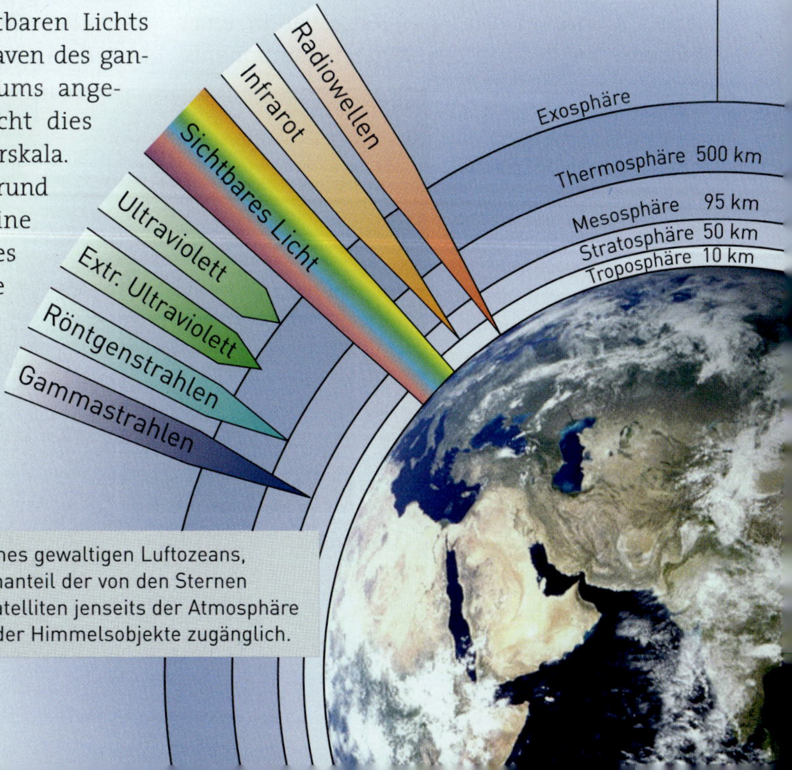

Abb. 1.2: Der Mensch lebt am Boden eines gewaltigen Luftozeans, bekannt als Atmosphäre, die den Löwenanteil der von den Sternen ankommenden Strahlung absorbiert. Satelliten jenseits der Atmosphäre machen uns die ganze Strahlenpalette der Himmelsobjekte zugänglich.

Kompakt:

- Veränderungen des Lichts auf seinem weiten Weg
- Wir sehen den Sternenhimmel nie, wie er ist
- Aktuelle Weltraummissionen mit ihren wissenschaftlichen Zielsetzungen

1.2 Wie nehmen wir das Licht der Sterne wahr?

Doch auch damit sind wir noch lange nicht bei einem realistischen Bild eines untersuchten Objekts angelangt. Vielmehr muss zusätzlich berücksichtigt werden, dass dem Licht auf seinem teilweise langen Weg durch den *interstellaren Raum* bis zum Nachweis in unseren Geräten einiges an Änderungen widerfahren kann. Es geht dabei z. B. um Aspekte, die nachstehend angerissen und im angemerkten Kapitel weiter ausgeführt werden:

Absorption durch das interstellare Medium

Staubwolken verdecken und verdunkeln den Blick auf die wahre Natur von Objekten. Licht, das der Staub nicht vollständig absorbiert, rötet dieser, indem er die kurzwelligere Komponente des Lichts absorbiert. Dies passiert zwar in einer extrem ausgedünnten Materiekomponente (Kapitel 1.3) aus interstellarem Gas und einem kleinen Anteil von interstellarem Staub in der Gegend von wenigen Prozenten, aber integriert über die langen Wegstrecken sind dadurch messbare Veränderungen zu erwarten.

Richtungsänderung des Lichts

Ein Stern steht nicht notwendigerweise exakt in der Richtung, aus der sein Licht bei uns ankommt. Passiert das Licht in relativ geringem Abstand ein massereiches Objekt, so wird es entsprechend umgelenkt. Zusätzlich wird durch die Bewegung der Erde relativ zu den Sternen und aufgrund der endlichen Geschwindigkeit des Lichts eine Aberration (scheinbare Richtungsabweichung durch Überlagerung von Geschwindigkeiten) ausgelöst. Anschaulich lässt sich letzteres am Beispiel des Regens illustrieren. Für eine durch senkrecht fallenden Regen gehende Person scheinen die Tropfen nicht genau senkrecht zu fallen, sondern von vorne zu kommen. Entsprechend wird der Schirm leicht nach vorne geneigt. Der Neigungswinkel hängt vom Verhältnis der Personen- und Tropfengeschwindigkeit ab; s. Abb. 1.5.

Veränderung durch Gravitationslinsen

Massive Objekte narren uns. Sie gaukeln uns mehrere Objekte vor, die als Abbilder ein und desselben Objekts gelten müssen. Dies kann bewirken, dass ein Objekt mehrfach abgebildet

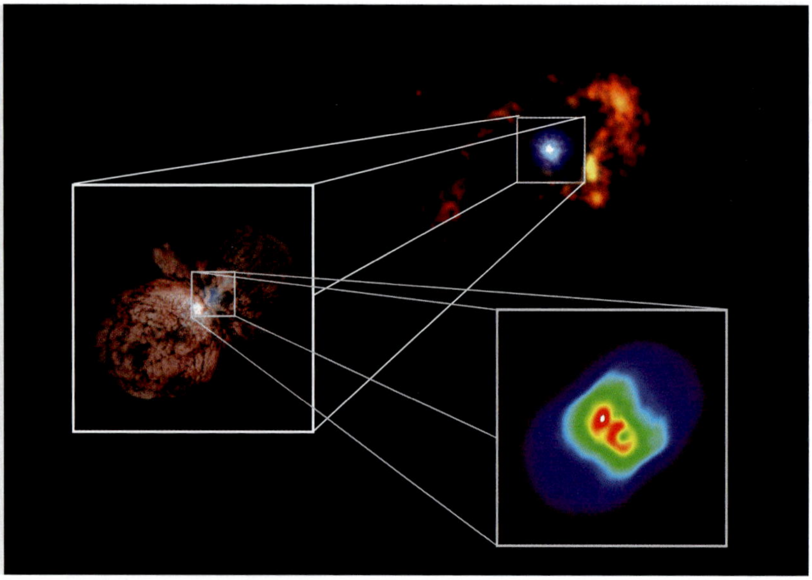

Abb. 1.4: Aufnahmen des Sterns Eta Carina in drei unterschiedlichen Spektralbereichen: Im kleinen Rahmen rechts oben ist er im Röntgenlicht vom CHANDRA-Observatorium zu sehen. Im großen Rahmen in der Mitte sieht man ihn im optischen Bereich vom Hubble-Weltraumteleskop. Im kleinen Rahmen links unten ist er im Infrarot-Bereich vom Cerro Tololo Inter-American Observatory CTIO dargestellt.

Abb. 1.5: Veranschaulichung des Effekts der Aberration des Sternlichts durch einen sich im Regen bewegenden Spaziergänger.

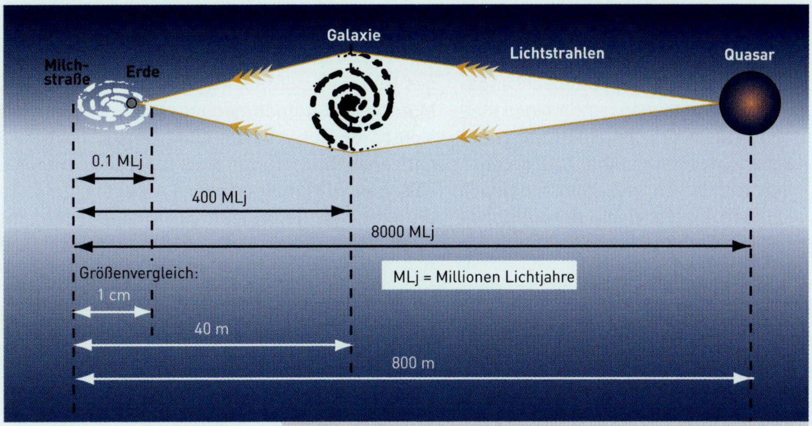

Abb. 1.7: Schematische Darstellung der Entfernungsverhältnisse vom sogenannten Einsteinkreuz.

wird, wie z. B. das bekannte Einsteinkreuz in Abb. 1.6. Gravitationslinsen werden umgekehrt gerne als eine Art Lupe benutzt, um damit weit entfernte Objekte zusätzlich zu vergrößern. Das gilt natürlich nur für Objekte, deren Richtung mit der einer Gravitationslinse zusammenfällt.

Rotverschiebung von Sternspektren

Im Vergleich zu Eichspektren in irdischen Labors sind Spektren von kosmischen Objekten jenseits des *Lokalen Haufens* grundsätzlich zu längeren Wellenlängen, d. h. zum Roten hin verschoben. Wird diese Verschiebung nach dem *Dopplergesetz* interpretiert, so folgt daraus eine allgemeine Fluchtgeschwindigkeit der entsprechenden Objekte. Diese Rotverschiebung wird zusammen mit der anomalen Rotverschiebung in Kapitel 2.1.5 und 3.1.3 diskutiert.

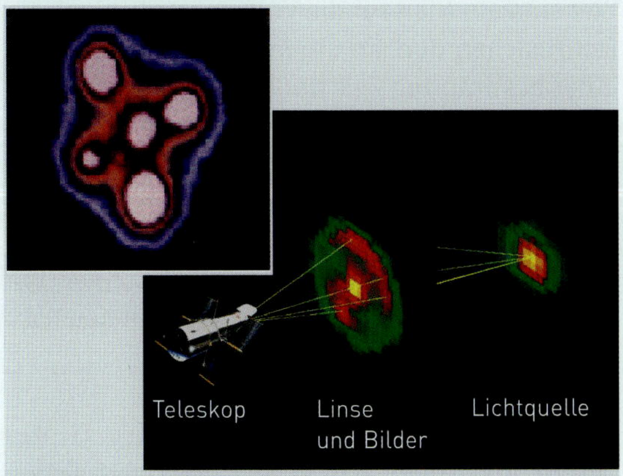

Abb. 1.6: Aufnahme des Hubble-Weltraumteleskops vom sogenannten Einsteinkreuz. Es besteht aus vier Bildern eines einzelnen *Quasars*, die durch die Gravitationslinsenwirkung einer Galaxie im Vordergrund hervorgerufen wurde. Abb. 1.7 veranschaulicht die geometrischen Verhältnisse (oben).

Brechung des Sternlichtes durch die Atmosphäre

Farbabhängige Lichtbrechung kommt für bodengestützte Beobachtung vor allem bei horizontnahen Sternen hinzu. Die Luftunruhe ist darüber hinaus für das Flackern des Sternlichts verantwortlich.

Die Dualität des Lichts

Die Natur des Lichtes nehmen wir in unterschiedlichen Experimenten unterschiedlich wahr. Vereinfacht gesagt verhält es sich wie ein masseloses Teilchen ähnlich einer (masselosen) Billardkugel. Die Überlagerungen bei Interferenzversuchen können dagegen nur verstanden werden, wenn Wellencharakter mit kontinuierlichem Energietransport angenommen wird. Zudem geht es bei Licht um einen kontinuierlichen Energietransport, der bei einem Energiequant portioniert ist.

Dabei ist für unsere Begriffe die Natur eines punktförmigen Teilchens ein völlig anderes Phänomen als eine Welle, die das ganze ihr zur Verfügung stehende Volumen ausfüllen will. Diese Frage nach der Dualität hat die Physiker lange beschäftigt und eine Antwort wurde erst im Rah-

Kasten 1.1: **Wie wird das ankommende Licht verarbeitet?**

Unsere Augen als Beobachtungsinstrumente taugen nur für einen kleinen Ausschnitt des elektromagnetischen Spektrums (Abb. 1.2), nämlich den sichtbaren Teil. Wahrscheinlich könnten sie sonst die ankommende Lichtfülle nicht ertragen.

Soll z. B. der Zentralbereich einer Galaxie optimal belichtet werden, dann fallen die dunklen äußeren Zonen der Spiralarme weg, während eine Langzeitbelichtung diese betont und dabei dem Zentrum durch Überbelichtung jedes Detail nimmt. Spiralgalaxien sind häufig im Zentrum rötlich und in den Randgebieten eher bläulich. Je nach spektraler Empfindlichkeit der Detektoren erhält man unterschiedliche Information. Damit ist jede optische Aufnahme eines kosmischen Objekts ein Kompromiss und kein wahres Abbild der Wirklichkeit. Erst durch Komposition mehrerer Aufnahmen aus unterschiedlichen Spektralbereichen erhalten wir ein annähernd vollständiges Bild der „sichtbaren" (Kap. 2.2.4) Materie. Bei Aufnahmen jenseits des sichtbaren Bereichs des elektromagnetischen Spektrums sind die Verhältnisse nochmals insofern anders, als hier dem jeweiligen Energiebereich der Infrarot-, Röntgen- oder Gammastrahlung (nach einer willkürlichen Konvention) eine Farbe zugeordnet wird.

Die typischen Lichtsammler sind Teleskope, die als Refraktoren mit Linsen als lichtsammelnden Elementen arbeiten oder noch weiter verbreitet als Reflektoren mit Spiegelsystemen ausgestattet sind. Galileo war 1609 der erste, der ein einfaches Teleskop gegen den Himmel richtete, das die Objekte in 20facher Vergrößerung vors Auge holte. Es dauerte weitere Jahrhunderte, bis man erkannte, was Teleskope wirklich waren, nämlich Zeitmaschinen. Sie erlauben, in die Vergangenheit des Universums zu schauen.

In der Bildebene der jeweiligen Optik von Teleskopen befinden sich typischerweise CCD-Arrays oder *Spektrometer* zur Informationsaufbereitung. Es ist selbstredend, dass solche abbildenden Elemente Abbildungsfehler haben, die weitgehend korrigiert werden müssen und können; bei einfach aufgebauten refraktiven Elementen findet z. B. aufgrund des frequenzabhängigen Beugungsindexes im unkorrigierten Fall eine Verschmierung der Farben im Fokusbereich statt. Auch thermo- und optomechanische Unzulänglichkeiten erzeugen grundsätzlich Abbildungsfehler. Es ist eine typische ingenieurmäßige Übung, diese Fehler eines Systems sauber zu analysieren und zu minimieren. Der Vollständigkeit halber sei gesagt, dass es im Röntgen- und Gammaenergiebereich in der Zwischenzeit auch sog. „Linsen" zum Fokussieren gibt, wobei deren Aufbau wegen der hohen Energie der Quanten ganz anders geartet ist.

men der Quantenphysik gefunden. Licht kann am besten als Teilchen beschrieben werden. Wenn ein Lichtteilchen irgendwo auftritt, ist seine Wirkung auf die Umgebung in etwa so wie die eines Teilchens. Der amerikanische Nobelpreisträger Richard Feynman sagt dazu: „*I want to emphasize that light comes in this form – particles. It is very important to know that light behaves like particles, especially for those of you who have gone to school, where you were probably told something about light behaving like waves. I'm telling you the way it does behave – like particles.*"[2] (Hecht 2002).

Eine quantenphysikalische Antwort auf die Dualität lautet: Nachdem wir wissen, wie sich Lichtteilchen verhalten, bleibt noch zu überlegen, wie wir denn wissen können, wo genau die Lichtteilchen auftreten werden. Hier kommen die Wellen zum Zuge. Den Ort der Lichtteilchen erhalten wir durch die Verfolgung des Wellenmusters durch Raum und Zeit. Dicke Wellenbäuche zeigen uns, dass dort mit hoher Wahrscheinlichkeit Lichtteilchen zu finden sein werden, bei flachen Wellentälern und Knoten werden wir fast keine Photonen finden. Die Wellenmuster in Raum und Zeit sind ein Maß für die Wahrscheinlichkeit, ein Lichtteilchen dort an einem bestimmten Ort zu einer bestimmten Zeit finden. Die Wellenmuster ändern sich und damit auch die Wahrscheinlichkeiten für das Auffinden von Lichtteilchen. Die Wellenmuster werden in der Quantenphysik mit Wellengleichungen berechnet. Von einer konkreten Bahn eines Lichtteilchens selbst können wir nun nicht mehr sprechen, nur noch von den Bahnen der Wahrscheinlichkeitswellen.

Wir haben jetzt das Verhalten des Lichtes geklärt, nicht aber das Wesen der Lichtteilchen an sich. Diese ungewohnte Anschauungsweise des Lichts ist unserem Denken intuitiv fremd und muss skeptisch und auch neugierig machen (Kapitel 3.1.3). So wurde z. B. auf der internationalen SPIE (Society of Photo-Optical Instrumentation Engineers) 2005 in San Diego eine ganze Sitzung über „The Nature of Light: What is a Photon“ angesetzt.

Wir sehen den Himmel nie, wie er ist

Wegen der endlichen Geschwindigkeit des Lichts werfen wir bei astronomischen Beobachtungen grundsätzlich einen Blick in die Vergangenheit. Wenn wir zum Himmel schauen, sehen wir den Zustand von Objekten in der sogenannten „Rückblickzeit“ (Kapitel 1.3): Je nach deren Entfernung sehen wir ihre Zustände in der Vergangenheit, da das Licht eine endliche Zeit benötigt, bis es uns erreicht. Wir sehen den Kosmos nie, wie er wirklich ist und beobachten teilweise Sterne, die es längst nicht mehr gibt. Wenn wir eine Birne aus ihrer Fassung schrauben, hört sie auf zu brennen. Im Weltraum können ganze Sonnen verlöschen, ohne dass wir es merken, weil ihr Licht immer noch zu uns unterwegs ist. Wegen der endlichen Geschwindigkeit des Lichts können wir eine Art „kosmische Archäologie“ betreiben.

Unzugängliche Bereiche

Grundsätzlich ist die Frühphase eines Urknallszenarios nicht beobachtbar (s. Einleitung). Zusätzlich weiß man heute von Bereichen im Kosmos, die durch einen sogenannten „Ereignishorizont“ von unserem Raum-Zeit-Kontinuum derart getrennt sind, dass sie prinzipiell unzugänglich bleiben. Die Rede ist von sogenannten Schwarzen Löchern (s. Kap 1.3).

Trotz aller Einschränkungen, denen wir im Folgenden etwas mehr im Detail nachgehen werden, sollen die großartigen Leistungen der Weltraumforscher und Ingenieure gewürdigt werden, die trotz des begrenzten Zugangs zu den Fakten des Weltalls in aufwändiger, teilweise mühseliger Puzzle-Arbeit uns zu einer möglichst exakten Vorstellung von der uns umgebenden Welt führen wollen. Dies bedeutet meist eine unglaubliche Sisyphusarbeit beim schrittweisen Enträtseln der Geheimschrift der Sterne. Aus dieser Sicht sind die Astronomen die eigentlichen Abenteurer unserer Zeit. Die wichtigsten Vehikel für ihre Abenteuer werden nachstehend kurz charakterisiert.

Aktuelle und zukünftige Weltraummissionen

• Hubble Space Telescope (HST)

Es arbeitet seit 1990 mit seinem 2,4 m großen Hauptspiegel in einer Erdumlaufbahn im optischen Bereich und liefert z. Z. (2005) die aufschlussreichsten Bilder von den Objekten in den Tiefen des Alls. An einer deutlich größeren Version mit dem Namen *James Webb Space Telescope (JWST)* als Nachfolger, das im Infraotbereich von einer *L2-Bahn* aus beobachten soll, wird bereits gearbeitet. Der Hauptspiegel wird nun eine Größe von 6,5 m haben. Der Start ist für das Jahr 2011 vorgesehen.

• Röntgenobservatorium XMM-Newton (X-ray Multimirror Mission Newton)

Dieses ESA-Projekt liefert z. Z. (2005) zusammen mit dem CHANDRA-Observatorium der NASA aus einer *HEO-Bahn* die besten Bilder vom Röntgenhimmel. Beiden Projekten soll im Jahre 2015 die gemeinsame Mission XEUS (X-ray Evolving Universe Spectroscopy) nachfolgen, die aus einer *L2-Bahn* mit einer etwa hundertfach größeren effektiven Spiegelfläche als die Vorläufer beobachten wird.

• Mikrowellen-Hintergrundmission Wilkinson Microwave Anisotropy Probe (WMAP)

WMAP ist der Nachfolger von COBE *(Cosmic Background Explorer)*. Von dieser Mission haben wir seit Anfang 2004 Aufnahmen der Mikrowellen-

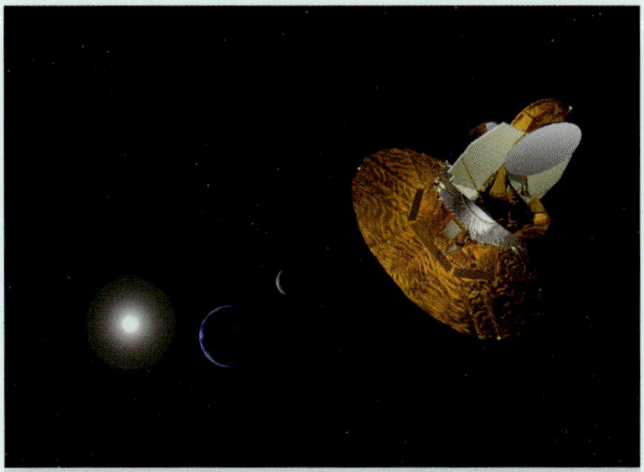

Künstlerische Darstellung der WMAP-Mission

Hintergrundstrahlung mit einer Auflösung von bis zu einem Millionstel Grad. Während bei COBE die Signifikanz der Signaturen noch umstritten war, hat nun WMAP beeindruckend das bislang nur wenig aufgelöste Bild verbessert. Im Jahr 2007 wird ihr die Planck-Mission der ESA nachfolgen. Man verspricht sich von dieser Mission mit ihrem 1,5 m großen Hauptspiegel bislang unerreichte Details der Mikrowellen-Hintergrundstrahlung und auch Klärung verbliebener Fragen (Kap 2.4).

- Infrarot-Weltraum-Interferometer DARWIN

Es wird aus mehreren Weltraumteleskopen bestehen, die interferometrisch gekoppelt sind, um aus einer L2-Bahn möglicherweise einmal erdähnliche Planeten um andere Sterne zu entdecken. Ein Start wird nicht vor dem Jahr 2015 erwartet.

- Sternpositionsvermessungsmission Global Astrometric Interferometer for Astrophysics (GAIA)

Auch wenn sich im Laufe des Projekts die Aufgabenstellung über ein Interferometer hinaus entwickelt hat, wurde der Name beibehalten. Diese ehrgeizige ESA-Mission wird auf Ergebnissen der HIPPARCOS-Mission aufsetzen und hat die bisher am genauesten vermessene Karte der Sterne unserer Galaxie zum Ziel. GAIA wird die bisher empfindlichste Kamera als Kernelement haben. Der Start ist für das Jahr 2010 vorgesehen.

Zusätzlich gibt es eine Reihe planetarer Erkundungs- und Landemissionen; typische Vertreter sind nachfolgend genannt:

- Cassini-Huygens

Die im Oktober 1997 gestartete NASA/ESA-Mission, die im Juli 2004 den Saturn erreichte, wird nun rund 4 Jahre das Saturn-Ringsystem untersuchen, während die ESA-Sonde HUYGENS im Januar 2005 auf dem mysteriösen Saturnmond Titan landete.

- Mars Express

Erste Marsmission der ESA, die im Juni 2003 gestartet wurde. Seit Dezember 2003 umkreist sie den Mars für eine systematische, hochaufgelöste Kartografierung der Oberfläche. Das als Huckepack-Nutzlast mitgenommene Landegerät BEAGLE 2 hat seit seinem Absetzen vom Satelliten leider kein Signal von sich gegeben und wurde als Totalverlust deklariert.

- Mars Odyssey

Marsmission der NASA mit einem Start im April 2001 und Ankunft im Oktober desselben Jahres. Messung der chemischen Zusammensetzung der Oberfläche und Strahlungsumgebung des Mars. Entdeckung großer Eisvorkommen. Ende der nominellen Mission war im August 2004.

- Spirit/Opportunity

Start der NASA-Zwillingsrover im Juni und Juli 2003; erfolgreiche Landung auf der Marsoberfläche im Januar 2004. Sie operierten auf gegenüberliegenden Seiten des Mars in Gegenden, wo Wassereisvorkommen angenommen wurde. Zur chemischen Untersuchung unterschiedlicher Gesteine kamen insbesondere deutsche Instrumente zum Einsatz.

- MESSENGER (MErcury Surface, Space ENvironment, GEochemistry, and Ranging)

Start der Merkur-Mission der NASA im August 2004. Im März 2011 soll die Sonde in ihre Bahn um Merkur einschwenken. Aufgabe ist die nahezu globale Kartografierung der Merkur-Oberfläche. Messenger ist die erste Merkur-Mission seit Mariner 10 im Jahre 1974.

- BepiColombo (benannt nach dem italienischen Astrophysiker Guiseppe Colombo)

Da man sich von Merkur Schlüsselinformationen für die Bildung erdähnlicher Planeten verspricht, plant ESA zusammen mit *JAXA* eine aufwändige Merkurmission, die möglicherweise aus zwei Orbitern besteht. Dabei geht es um Untersuchung von Einzelheiten der Oberfläche und der Magnetosphäre.

1.3 Welchen Herausforderungen steht die Weltraumforschung gegenüber?

Kompakt:

- Die unfassbaren Dimensionen
- Die nicht enden wollende Objektvielfalt
- Die unglaubliche Dichtevariation
- Das Phänomen Schwarzer Löcher
- Implikationen der Rückblickzeit
- Fragen bzgl. Entstehung und Erhalt der Information
- Objekte, die älter scheinen als der Kosmos, aus dem sie entstanden sein sollen

Unsere Suche nach Antworten gleicht ein bisschen einem Betrunkenen, der nachts seinen verlorenen Haustürschlüssel unter der Straßenlaterne sucht. Nicht weil er ihn dort verloren hat, sondern weil er nur dort durch das Licht eine Chance hat, ihn zu finden. Dieses Beispiel mag etwas überzogen klingen. Ein kurzer Blick auf die mit dem Universum verbundenen Dimensionen und Verhältnisse sollen beispielhaft konkretisieren, was gemeint ist.

Die unfassbaren Dimensionen

Das Licht legt in einer Sekunde rund 300 000 Kilometer zurück. Die im Innern der Sonne erzeugte Energie des Lichts muss sich wegen der Dichte des Gebildes in Millionen von Jahren durch permanente Streuungen im Zickzackkurs durch das Innere der Sonne mühsam zu deren „Oberfläche" vorarbeiten (Stix 2003). Von dort erreicht es in rund acht Minuten die etwa 150 Millionen Kilometer entfernte Erde. Allerdings wird dieses Licht mehrere Stunden brauchen, um schließlich den Randbereich des Planetensystems zu erreichen. Dies ist eine Strecke, für die unsere mit typischerweise 50 000 km/h in Bezug auf die Erde reisenden Satelliten bereits 20 bis 25 Jahre unterwegs sind. Fernste Beobachtungen in den Tiefen des Alls werden nun mit bis zu 13 Milliarden Jahren Lichtlaufzeit angegeben – und das ist nicht das Ende des Kosmos!

Die nicht enden wollende Objektvielfalt

Die Verhältnisse im Kosmos unterscheiden sich gewaltig von denen auf der Erde. Wir haben es bei *Neutronensternen*, Schwarzen Löchern, Supernovae, Quasaren etc. mit Objekten zu tun, die mit ihren Eigenschaften alles sprengen, was uns von der Erde bekannt ist. Solche Verhältnisse liegen jenseits aller Möglichkeiten irdischer Labors, womit auch deren Physikerfahrung ihre Grenzen hat. Deshalb wird der Weltraum oft als „kostenloses" Labor für extreme Physik betrachtet. Allerdings ist dies dann natürlich kein typisches Experimentieren, sondern eher ein Beob-

Feststellung 1: Nur für helle Objekte in unserer unmittelbaren galaktischen Nachbarschaft von rund 300 Lichtjahren haben wir direkte Entfernungsmessungen über Triangulation aus gegenüberliegenden Positionen eines erdumkreisenden Satelliten auf der gemeinsamen Bahn um die Sonne im Laufe eines Jahres. HIPPARCOS (High Precision Parallax Collecting Satellite) hat so unser Wissen über 120 000 Sterne bis zu einer Leuchtkraft von der *Magnitude* 11 auf eine Genauigkeit von 2/100 Bogensekunden verbessert. Der ESA-Satellit GAIA wird mit verfeinerter Methode rund 1 Milliarde Sterne mit 10% Fehler im Umkreis von 30 000 Lichtjahren vermessen. Zusätzlich bot die Supernova SN 1987 A die günstige Gelegenheit, Entfernungen ohne Dopplerinterpretation bis auf 150 000 – 200 000 Lichtjahre per Trigonometrie zu ermitteln. In der Zwischenzeit bieten hochempfindliche Teleskope – insbesondere das Hubble-Weltraumteleskop – die Möglichkeit, Typ Ia-Supernovae als Standardkerzen in mehr als 10 Milliarden Lichtjahren Entfernung zur Bestimmung der Entfernungen im Kosmos heranzuziehen. Sie gehören heute zu den besten modellunabhängigen Objekten zur kosmischen Distanzvermessung mit einer Genauigkeit von rund 10% (unter den beiden Annahmen einer konstanten Lichtgeschwindigkeit und der Abnahme der Lichtintensität mit $1/r^2$). Daneben gibt es unterschiedliche Entfernungsbestimmungs-Methoden für Objekte in größerer Entfernung jenseits der Lokalen Gruppe mit teilweise guter gegenseitiger Überlappung. Zudem besteht die grundlegende Methode in der Interpretation der Rotverschiebung von Linien in Sternspektren nach dem Dopplereffekt, die allerdings einige sensible Fragen offen lässt (Kapitel 2.1.5 und Kapitel 3.1.3).

achten. Mehr kann nicht erwartet werden. Hinzu kommt, dass unser Beobachten in diesen extremen Verhältnissen meist an den Grenzen der Nachweisempfindlichkeit unserer Instrumente stattfindet. Als ein Beispiel für die Spanne der extremen Bedingungen soll die Dichtevariation kurz diskutiert werden, der wir uns bei den Verhältnissen im Kosmos gegenüber sehen.

Die unglaubliche Dichtevariation

Die Astronomie ist eine Wissenschaft der Gegensätze und der Rekorde. Dies wird z. B. deutlich, wenn man einmal die Sternmaterie mit den Verhältnissen des Materials vergleicht, aus dem sie nach naturwissenschaftlicher Erkenntnis entstanden ist: Es lässt sich kaum ein größerer Gegensatz vorstellen. Auf der einen Seite haben wir es im Sterninnern mit Temperaturen von Millionen Grad zu tun, mit Drücken, die sich in Milliarden bar bemessen, mit Teilchendichten von 10^{25} Atomen pro Kubikzentimeter. Das interstellare Gas hingegen ist kalt; dort herrscht eine Temperatur von nur wenigen 10 Kelvin (–263°C). Die Dichte ist geringer als im besten Vakuum, das auf der Erde erzeugbar ist; nur wenige Atome bzw. Moleküle finden sich durchschnittlich in jedem Kubikzentimeter des interstellaren Raumes.

Die extremen Dichten im Sterninnern haben Auswirkungen auf die innere Organisation der Atome. Die Drücke sind so enorm, dass sogar die Atomstruktur zerstört wird. Sie wird in neue Zustände gezwungen, die auf der Erde unbekannt sind. Gewöhnliche Materie – z. B. ein Festkörper aus Eisen – kann im Sterninnern so zusammengedrückt werden, dass die den Kern umkreisenden Elektronen benachbarter Atomkerne sich überlappen. Bei zunehmendem Druck bewegen sich Elektronen so schnell, dass die an einzelne Kerne gebundenen Elektronenbahnen aufgebrochen werden und sich nun wahllos zwischen den Kernen bewegen. Diese Elektronenentartung tritt in Weißen Zwergen auf. Ein Teelöffel dieses Materials würde auf der Erde mehr als eine Tonne wiegen!

Wenn der Druck weiter erhöht wird, bewegen sich die Elektronen nahezu mit Lichtgeschwindigkeit und beginnen mit den Protonen in den Kernen zu wechselwirken, um Neutronen zu bilden. Schließlich werden fast alle Protonen und

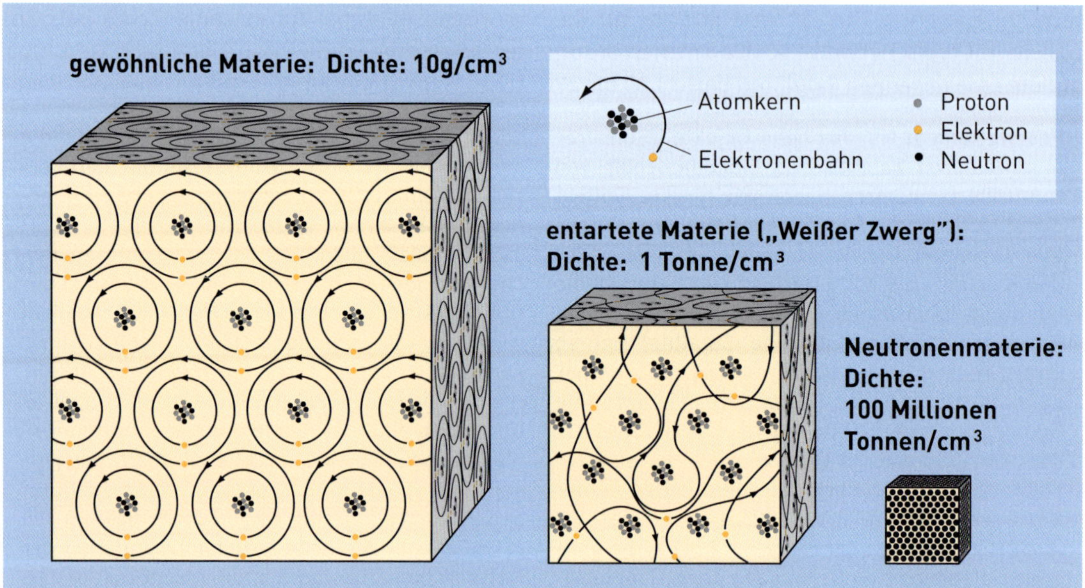

Abb. 1.8: Strukturhierarchie von Materiezuständen im Innern von Sternen von einer gewöhnlichen Dichte von 10 g/cm³ zu 100 Millionen Tonnen/cm³.

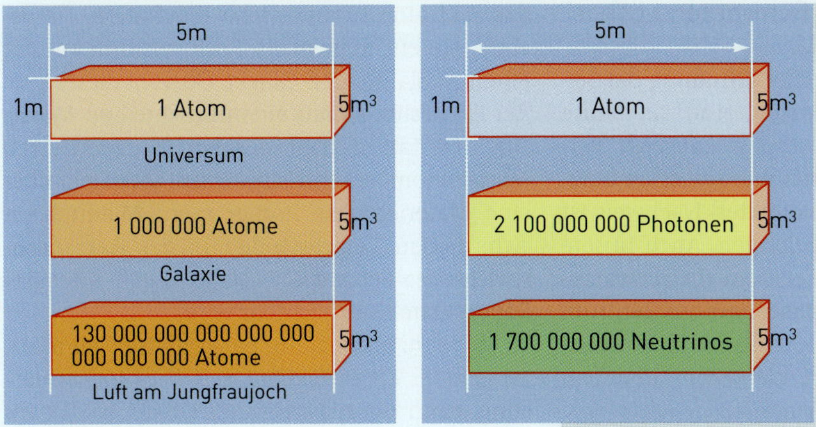

Abb. 1.9: Links: Vergleich von irdischen und kosmischen Dichten. Die Luft mag zwar auf einem 3500 m hohen Berg schon recht dünn sein. Die Dichte ist allerdings gewaltig groß im Vergleich zur Dichte in einer Galaxie und erst recht im Universum. **Rechts:** Vergleich der Anzahl von Teilchen in einer Raumeinheit im Kosmos. Die Menge von Atomen und Photonen lässt sich aus Beobachtungen direkt „abzählen". Die Anzahl der Neutrinos erhält man, wenn man die Theorie der Elementarteilchen, die Relativitätstheorie und die Thermodynamik auf die Verhältnisse des frühen Universums anwendet. Da die Photonen masselose Teilchen sind, tragen sie zur Dichte des Kosmos nicht bei. Die Massen der Neutrinos sind noch nicht gut genug bekannt. Falls sie nicht masselos sind, könnte ihr Beitrag zur Gesamtdichte im Universum wichtig sein.

Elektronen umgewandelt, und das Resultat ist ein aus Neutronen zusammengesetzter Stoff mit einer Dichte von 100 Millionen Tonnen pro Teelöffel! Bei einer weiteren Druckzunahme wird die Schwerkraft dann so mächtig, dass die Materie zusammenbricht und ein Schwarzes Loch im Weltall bildet. Abb. 1.8 veranschaulicht die riesige Spanne der Dichte im Sterninnern. Eine andere Art der Darstellung eines Vergleichs mit irdischen Verhältnissen wird in Abb. 1.9 gezeigt. Damit ist klar: Wir haben es bei den Materiezuständen im Universum mit Erscheinungsformen zu tun, für die wir aus der Laborphysik keine Erfahrung haben. Alle daraus abzuleitenden Verhältnisse stammen aus Modellvorstellungen, großen Extrapolationen und aus Beobachtungen im Universum.

Feststellung 2: Wir haben es bei der Materie im Kosmos mit Erscheinungsformen zu tun, für die wir aus der Laborphysik keine direkte Erfahrung haben. Der Kosmos selbst wird zum Labor, indem Erfahrungen aus der Laborwelt über viele Größenordnungen zu extrapolieren und mit Modellvorstellungen zu verbinden sind. Das ist das Beste, was Astrophysik leisten kann.

Nur ein kosmischer Augenblick

Selbst wenn die Astronomie als eine der ältesten Wissenschaften gilt, so ist die Zeitspanne, seit der sie betrieben wird, gemessen an den üblicherweise genannten Skalen, nur ein Wimpernschlag lang. In diesem Sinne gilt der Kosmos, seit er beobachtend verfolgt wird, als geradezu unveränderlich. Nur bei genauem Hinsehen ergeben sich gewisse kleine Änderungen; z. B.:

- etwa alle 100 Jahre eine Supernova in unserer Milchstraße
- Helligkeitsvariationen von Quasaren und Pulsaren
- gelegentliche Gammastrahlen-Ausbrüche (γ-ray bursts)
- kleine Positionsveränderungen, z. B. durch umlaufende Objekte
- Bedeckungsveränderliche durch vorüberziehende Objekte
- Veränderungen bei polaren Jets junger Sterne
- Ausbrüche auf der Sonne
- Sonnen- und Sternflecken, wobei letztere nur schwerlich von Bedeckungsveränderlichen unterschieden werden können
- Veränderungen im Saturnring innerhalb von Stunden
- Einschläge auf Planetenoberflächen, z. B. auf Jupiter 1994

Dazu kommt, dass wir astronomische Objekte immer nur aus einer Perspektive sehen, was unsere Erkenntnismöglichkeit im Hinblick auf eine räumliche Darstellung einschränkt.

● Das Phänomen der Schwarzen Löcher (s. auch Kasten 2.8).

Obwohl sie ursprünglich eine Erfindung der Science Fiction-Literatur waren, sind sie heute Gegenstand aktueller astrophysikalischer Forschung. Sie werden im Zentrum sämtlicher Galaxien vermutet, und ihr (indirekter) Nachweis ist bereits in vielen Fällen gelungen. Auch unsere Galaxie besitzt in ihrem Zentrum ein Schwarzes Loch; es gibt sogar Hinweise, dass im Zentrum unserer Milchstraße das Schwarze Loch wahrscheinlich von weiteren, kleineren umgeben wird.

Unter einem Schwarzen Loch wird heute die Kleinigkeit von zig Millionen Sonnen verstanden – allerdings zusammengepfercht auf das Volumen unseres Planetensystems. Solche extremen Massenansammlungen auf kleinstem Raum zeigen interessante Eigenschaften, die in Abb. 1.10 veranschaulicht sind. Da ein Schwarzes Loch nicht direkt sichtbar ist – daher der Name – zeigt das Bild eine künstlerische Illustration. Dargestellt ist ein Schwarzes Loch zusammen mit einem umlaufenden Objekt. Obwohl dieses größer ist, besitzt es nur einen Bruchteil an Masse. Die Gravitationskraft des hochkonzentrierten Massenmonsters von Schwarzem Loch zieht über eine Materiebrücke immer mehr Material auf sich, dessen Verschwinden in der *Akkretionsscheibe* des Schwarzen Loches durch intensive Röntgenstrahlung sichtbar wird.

Feststellung 3: Aufgrund der relativ kurzen Zeit, in der der Mensch den Kosmos messend erfasst, sind die diskutierten Entwicklungswege von Objekten nicht direkt zu beobachten.
Wir erhalten nur dadurch eine Entwicklungsvorstellung, indem wir einzelne Szenen von unterschiedlichen Objekten als Zwischenstadien eines Objekttyps interpretieren und sie zu einem Film zusammenfügen, den wir z. B. „Lebenslauf der Sterne" nennen und im *Hertzsprung-Russell-Diagramm* darstellen (s. Stichwortverzeichnis und Kapitel 2.1.3).

Obwohl in der Natur ein Lichtstrahl als akkurat gerades Element dient, z. B. bei Landvermessung, kann ein massereiches Objekt in Abhängigkeit von dessen Abstand einen Lichtstrahl gewaltig verbiegen. Bei einem Grenzabstand wird er gar auf eine gebundene Bahn um das Zentrum des Schwarzen Loches gezwungen. Diese hat die illustrative Bezeichnung „Ereignishorizont". Damit wird eine Grenze markiert, jenseits derer wir nicht mehr beobachten können. Sie wird als Grenze unserer Raumzeit bezeichnet, an der auch unsere Physik sich ändert, so dass wir jenseits davon buchstäblich ein Jenseits haben – inmitten unserer Raumzeit! Damit wird nicht nur ausgedrückt, dass es andere Raumzeit-Elemente gibt, sondern dass wir jenseits eines Ereignishorizonts grundsätzlich nicht mehr beobachten können.

Nach Steven HAWKING soll es zwar die nach ihm benannte Hawking-Strahlung geben, die den Ereignishorizont gelegentlich durchtunneln kann – aber was nützen an der Stelle theoretische Voraussagen, die praktisch nicht messbar sind?

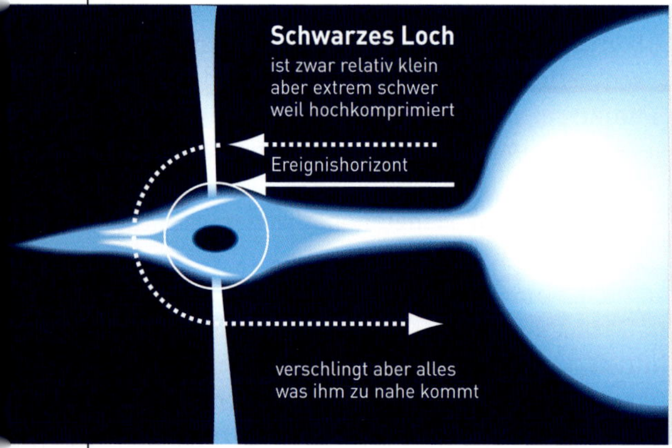

Abb. 1.10: Schematische Darstellung der Verhältnisse um ein Schwarzes Loch (links) mit seinem großen, aber deutlich masseärmeren Partner (rechts), mit dem es eine Materiebrücke bildet. Ein Lichtstrahl (Pfeil von rechts) mit einem bestimmten Abstand wird vom Schwarzen Loch beeinflusst, wobei zwei Extreme dargestellt sind:
- der Lichtstrahl wird gerade um 180° zurückgebogen
- der Lichtstrahl wird auf eine gebundene Bahn gezwungen, die den Ereignishorizont markiert, der die Grenze zu einer nicht mehr zugänglichen eigenen Raumzeit-Einheit bildet. Der nach unten und oben gerichtete Jet dient wahrscheinlich der Drehimpulsführung.

Nahezu gleichzeitige Beobachtungen von CHANDRA und XMM-Newton wollen supermassive Schwarze Löcher nachgewiesen haben, die bereits eine Milliarde Jahre nach besagtem Urknallereignis entstanden sein sollen, was die Theorien über die Galaxienentstehung nachhaltig stört. Bislang wurden Schwarze Löcher eher als Endstadium kosmischer Entwicklung gesehen, während sie nun als „indispensible forces of creation" gelten. Wie können aber Schwarze Löcher so schnell so groß werden? *„The distribution of X-rays is indistinguishable from that of nearby, older quasars. Likewise, the relative brightness at optical and X-ray wavelength of SDSSp J1306 (Name des Objekts) was similar to that of the nearby group of quasars. Optical observations suggest that the mass of the black hole is about one billion solar masses."* [3] (Roy & Watzke 2004 und Schwartz & Virani 2004). *„These two results seem to indicate that the way supermassive black holes produce X-rays has remained essentially the same from the very early date of the Universe."* [4] In diesem Fall fehlen sämtliche Hinweise auf ansonsten erwartete Entwicklungen, was in Anbetracht der unterlegten Zeiträume zumindest bemerkenswert ist.

Abb. 1.11: Die eingekreisten Objekte im Hubble Ultra Deep Field werden als die entferntesten jemals beobachteten Objekte (Galaxien) bezeichnet. © NASA/ESA, Windhorst, Yan 2004.

Rogier Windhorst und sein Kollege Haojing Yan entdeckten mit dem Hubble-Weltraumteleskop und mit Hilfe einer Gravitationslinse die mit rund 13 Milliarden Lichtjahren am weitesten entfernte „normale" Galaxie – vergleichbar mit der unsrigen, wie sie versichern (Abb. 1.11). Die Entdeckungen fernster Schwarzer Löcher und die fernster „normaler" Galaxien wurden zusammen auf der American Astronomical Society AAS im Januar 2003 gemeinsam vorgestellt. Der Kontrast zwischen beiden Objekttypen in so unerwarteter zeitlicher Nähe zum modellierten Urknallereignis hätte nicht größer sein können.

Zentrale Fragen tun sich auf:

- Was war zuerst da? Das Schwarze Loch oder die Galaxie?
- Formte sich um das im Innern entstehende Schwarze Loch gleichzeitig eine Galaxie?

Ein Ansatz, der uns zumindest in die Nähe eines Schöpfungskonzepts bringt.

„Somewhere between 300 million and 800 million years after the Big Bang, the first black holes were born and managed to each gulp down a mass of more than 1 billion suns" [5] (Britt 2003). Diese Beispiele zeigen erneut die bunte Mischung von jung und alt erscheinenden Phänomenen im Kosmos, die sich mitnichten zwanglos in eine Entwicklungsreihe einordnen lassen, sondern eher für den Aspekt einer Schöpfung sprechen.

Implikationen der Rückblickzeit

Was wir heute am Himmel sehen, ist Vergangenheit. Licht, das heute vom 8,7 Lichtjahre entfernten Stern Sirius auf die Erde fällt, ist bereits 8,7

Feststellung 4: Unserer Neugier sind Grenzen gesetzt. Sie liegen – z. B. gegeben durch den Ereignishorizont Schwarzer Löcher – selbst inmitten unserer Raumzeit. Nachdem Schwarze Löcher in der Zwischenzeit als übliches Zubehör einer Galaxie gelten, sind sie wohl (mehrfach) in jeder der Hundert Milliarden Galaxien vorhanden. Ein anderes Beispiel für eine absolute, unzugängliche Grenze sind z. B. Größen, die kleiner sind als die Plancksche Elementarlänge.
Angesichts solcher Gegebenheiten scheint die Frage berechtigt, was die menschliche Vernunft in Bezug auf das Ganze zu leisten vermag.

Jahre alt. Licht vom roten Antares, der 520 Lichtjahre entfernt ist, stammt aus dem 15. Jahrhundert. Alles unter der Voraussetzung der Konstanz der Lichtgeschwindigkeit.

Von Ereignissen im Kosmos erfahren wir nur, wenn ihr Licht (oder andere Strahlungsanteile oder kosmische Teilchen) uns erreicht. Deshalb können Ereignisse in solche eingeteilt werden, die innerhalb unseres Lichtkegels liegen, deren Licht also Zeit hatte, uns zu erreichen, und solche, die außerhalb liegen, von denen wir (noch) nichts wissen können. Man denke in Abb. 1.12 unsere Galaxie sich von links nach rechts bewegend, so dass laufend Ereignisse in unseren Lichtkegel kommen. Damit haben wir immer nur ein vom jeweiligen Abstand abhängiges Bild der Rückblickzeit.

Creation Pointer

„This and many other recent astronomical observations point increasingly to the conclusion that a mature, active, evolving and expanding universe could have come into being in an instant creation." [6]
European Southern Observatory ESO in Spaceflight vom Nov. 2004

Feststellung 5: Wir sehen den Himmel nie, wie er wirklich ist. Wenn wir heute den Blick zum Himmel richten, sehen wir den Zustand von Objekten zu unterschiedlichen Zeiten, je nach deren Entfernung. In den Raum hinausschauen, heißt wegen der Endlichkeit der Lichtgeschwindigkeit, zurück in die Vergangenheit zu sehen. Wir können uns nie ein vollständiges Bild vom Jetztzustand des Kosmos machen und beobachten je nach Entfernung teilweise Sterne, die es längst nicht mehr gibt.

Die Frage nach der Entstehung und dem Erhalt der Information

Naturwissenschaftliches Arbeiten beginnt mit einem Satz von Axiomen, die definitionsgemäß nicht hinterfragt werden. So wird auch die Frage nach der Entstehung der Naturgesetze (=Information) ohne Erklärung vorausgesetzt, wobei gleichzeitig von naturwissenschaftlicher Seite eine Höherentwicklung als selbstverständlich angesehen wird, die aber eines empirisch bisher nicht nachvollziehbaren Informationszuwachses bedarf (denn sonst ließe sich kein evolutionärer Ansatz verfolgen). In Kapitel 5 wird dieser Aspekt weiter ausgeführt.

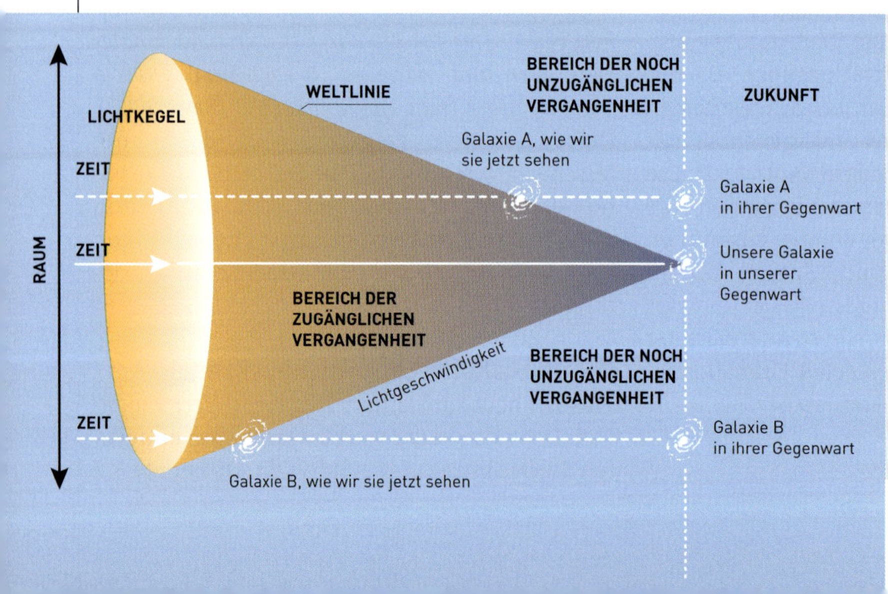

Abb. 1.12: Wir sehen eine Galaxie umso früher in ihrer Geschichte, je weiter sie von uns entfernt ist. Die uns ziemlich nahe Galaxie A erscheint uns so, wie sie vor kurzem war, als ihre Zeitlinie (oft auch Weltlinie genannt) den Rand unseres Lichtkegels schnitt. Ereignisse, die danach in der Galaxie stattfanden, gehören jetzt zur Geschichte dieser Galaxie, liegen aber noch in unserer Zukunft, weil sie noch nicht in unseren Lichtkegel gelangt sind.

Feststellung 6: Es gehört zum Wesen der Information, dass sie einen Absender und einen Adressaten hat. Wo auch immer Information auftritt, haben wir es mit einem Sender und einem Empfänger zu tun. Es ist kein Naturgesetz, kein Prozess und kein Vorgang in der materiellen Welt bekannt, wonach in der Materie Information von selbst entsteht.

Die gesamte Information muss von Anfang an vorhanden gewesen sein, weil nach dem Entropiesatz Information nie zunehmen, sondern nur abnehmen kann. Am Anfang stand also die Information und diese kam von einer Intelligenz. Das ist keine religiöse Aussage. Information und Intelligenz sind real existierende Größen.

Objekte, die älter scheinen als der Kosmos, aus dem sie entstanden sind

Folgt man üblichen Entwicklungslinien, so sind massive Strukturzusammenhänge, wie z. B. Galaxienhaufen oder Sterne mit schweren Elementen in großer Entfernung nicht zu erwarten. Ihre Existenz wurde dennoch immer wieder durch Beobachtungen angedeutet, dann wurden entsprechende Nachweise angekündigt. Wenn eine Eindeutigkeit nicht zweifelsfrei zu bestätigen war, wurde auf Messungen verwiesen, die noch durchzuführen sind, oder auf genauere Messungen, die noch ausstehen. Nun haben sich aber durch den Einsatz größerer Teleskope die angesprochenen Aspekte immer mehr erhärtet. Nicht zuletzt haben aktuelle Missionen im Hochenergiebereich, wie die europäische XMM-Newton-Mission oder die NASA-Mission CHANDRA Beispiele geliefert, die sich in das herkömmliche Bild nicht einordnen lassen (Kapitel 3.1.3): Detaillierte Untersuchungen zeigen zunehmend Objekte, die sich nicht sinnvoll auf einer entwicklungsbasierten Zeitskala anordnen lassen.

Kosmologie hat grenzwissenschaftlichen Charakter

Die Kosmologie, die Theorien über Entstehung und Aufbau des Universums entwickelt, ist eine sehr junge Wissenschaft. Wir stehen mit unserem Wissen sicherlich erst am Anfang. Die Herausforderung des Erforschens des Kosmos darf nicht unterschätzt werden; es muss mit vielen Unwägbarkeiten umgegangen werden. Das Urknallmodell wird „Standardmodell" genannt, obwohl es sich auf weniger als 4% der insgesamt existierenden Masse abstützt (Abb. 1.13) und wir im Wesentlichen nur die elektromagnetische Strahlung als Informationsquelle haben. Das legt den dringenden Verdacht nahe, dass der bisherige Standard ein bald ablaufendes Haltbarkeitsdatum trägt. Ihrem Wesen nach besitzt Wissenschaft einen unvermeidlichen Grad an Vorläufigkeit.

Die Verhältnisse in der Natur sind unvorstellbar kompliziert und raffiniert. Der Naturwissenschaftler kann sich nur damit behelfen, diese Vorgänge zu entflechten und dadurch zu vereinfachen. Dazu macht er sich Modelle, mit denen er dann arbeiten kann, die aber eine teilweise weitgehende Trivialisierung der Welt darstellen und möglicherweise an der Realität vorbeigehen, weil es um eine durch bestimmte Filter präparierte Welt geht (s. Kapitel 5).

Gleichzeitig werden Aussagen an den Grenzen der Nachweismöglichkeiten unserer Instrumente getroffen, wo Aussagen nicht mehr so belastbar sind, wie wir es gerne hätten. Edwin Hubble, der „Erfinder" des expandierenden Kosmos stellte fest: „Schließlich stehen wir an der vom letzten blassen Schein verschwindenden Grenze – der äußersten Reichweite unserer Fernrohre. Was wir messen sind nur noch Schatten, und inmitten gespenstischer Messfehler sucht das Auge nach Meilensteinen, die kaum wirklicher sind als jene."

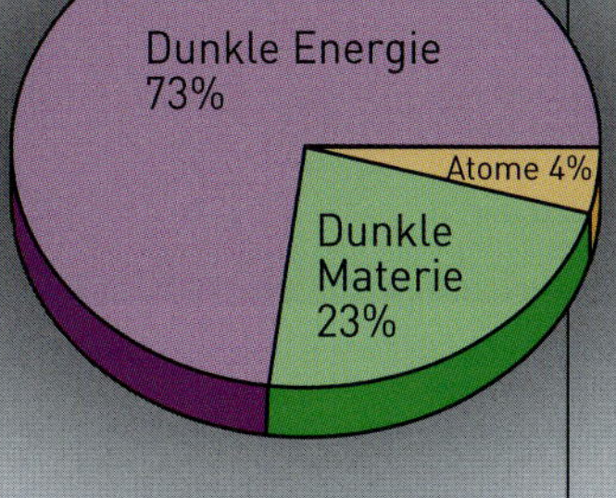

Abb. 1.13: Globale Aufteilung der Materieanteile im Universum. Die sichtbare Materie inkl. der Strahlungsenergie als Basis für unsere Erkenntnis beschränkt sich auf einen kleinen Anteil von gerade 4%. Der Anteil der Dunklen Materie von 23% ergibt sich aus der Notwendigkeit der geforderten Langzeitstabilitäten von Strukturen, während die Dunkle Energie von 73% aus der beschleunigten Expansion des Universums folgt. Damit ist auch gesagt, dass diese Größen modellabhängig sind.

(Bild: NASA, STScl)

2. Kenntnisstand vom Aufbau des Kosmos

„Mich erstaunen Leute, die das Universum begreifen wollen, wo es schwierig ist, in Chinatown zurechtzukommen"
Woody ALLEN, Schauspieler

Kompakt:

- Welten jenseits direkter sinnlicher Erfahrung
- Ihre systematische Erschließung über „Distanzleiter"
- Eigenschaften und Verteilung der Materie

Einleitung: Über die Entdeckung des Raumes

Fast alles, was wir über den Kosmos wissen, haben die Astronomen erst in den vergangenen 100 Jahren herausbekommen. Der Mond gehörte wegen seiner durch seine Nähe bedingten Wahrnehmbarkeit noch zur irdischen Welt. Erst „hinter dem Mond" entzieht sich der Kosmos weitgehend der direkten sinnlichen Erfahrung des Menschen. Noch in den 20er Jahren des letzten Jahrhunderts gab es heftige Debatten unter Astronomen, ob außer unserer Milchstraße überhaupt noch andere Galaxien existierten und ob der Andromeda-Nebel nicht ein Teil unserer Galaxie sei. Die engagierten Diskussionen gingen hin und her, bis der amerikanische Astronom Edwin HUBBLE auf dem Mount Wilson in Kalifornien mit dem damals größten Fernrohr im Jahr 1923 eine Entdeckung machte, die unsere moderne Vorstellung vom Kosmos begründete. Es gelang ihm, den Nebelfleck der Andromeda (Abb. 2.1) so scharf auf Fotos abzubilden, dass er einzelne Sterne entdeckte. Was zuvor nur wie eine nebulöse Wolke aussah, entpuppte sich bei ausreichender Vergrößerung als riesige Ansammlung von Sternen, ganz ähnlich unserer Milchstraße. Damit war die Debatte beendet. Die Zeit der extragalaktischen Astronomie hatte begonnen.

Abb. 2.1: Andromeda-Galaxie mit zwei Zwerggalaxien, die sie begleiten. (Bild: www.noao.edu)

Aus dem Vergleich der Lichtpünktchen auf seinen Aufnahmen mit den Bildern von Sternen in der Milchstraße erhielt HUBBLE eine riesige Entfernung der Andromeda Galaxie, wie sie nun genannt wurde: Mehrere Millionen Lichtjahre, fast das Dreißigfache des Durchmessers unserer Milchstraße! Solch große Dimensionen des Kosmos sind beeindruckend, selbst für diejenigen Zeitgenossen, die die Erde für ein globales Dorf halten. Die Zahlen sind selbst für professionelle Astrophysiker nicht wirklich vorstellbar. Eben weil aber die Entfernungen im Weltall so riesig sind, neigt man verständlicherweise auch dazu, die Entfernungen zu hinterfragen. Wie werden solche Entfernungen überhaupt gemessen und wie verlässlich sind sie? Diesen Fragen soll in dem folgenden Exkurs über Entfernungsbestimmungen im Weltall und über ihre Zuverlässigkeit nachgegangen werden.

2.1 Distanzmessungen

2.1.1 Parallaxe

Zur Entfernungsmessung reicht für den Hausgebrauch gewöhnlich ein Maßband. Aber schon bei Abmessungen von einigen 10 Metern, bei der Grundstücksvermessung und beim Straßenbau, wird die Methode der Dreiecksmessung verwendet. Das Prinzip ist in Bild 1a (Kasten 2.1) erklärt: Wenn man die Entfernung vom eigenen Ort zu einem entfernten Punkt P bestimmen will, steckt man zunächst eine ausreichend große Strecke ab. Die Richtung dieser Strecke ist im einfachsten Fall senkrecht zur Richtung zum entfernten Punkt. Wenn der Winkel zwischen den beiden Strecken nicht 90° beträgt, wird nur die Rechnung etwas länger, sonst ändert sich aber nichts. Nun misst man die Länge der abgemessenen Strecke sowie den Winkel α. Die Entfernung zwischen dem eigenen Ort und dem entfernten Punkt ist dann Tangens α mal Länge der abgemessenen Strecke. Das Verfahren ist schon seit der Antike bekannt und wird genauso auch in der Astronomie angewendet.

Es läuft jedoch kein Astronom mehr mit seinem Fernrohr bei Nacht hin und her, um Winkel zu bestimmen und Strecken abzumessen. Dafür gibt es seit einigen Jahren spezielle Satelliten. Diese messen zwei Winkel, α und β in Bild 1b, und bestimmen daraus den Parallaxenwinkel γ (siehe Kasten 2.1), der auch trigonometrische Parallaxe oder einfach nur Parallaxe heißt. HIPPARCOS war der erste große Satellit, der auf diese Weise die

Kasten 2.1: Die trigonometrische Parallaxe

Die Entfernung zu den nächsten Sternen ist bereits so groß, dass der Winkel α aus Bild 1a schon fast 90° beträgt. Wenn man bei einem Winkel in der Nähe von 90° einen kleinen Fehler macht, verfehlt man die Entfernung gewaltig. Der Unterschied zwischen 89° und 89.5° ergibt bereits einen Faktor 2 in der Entfernung, weil Tangens 89.5° doppelt so groß ist wie Tangens 89°. Um solche Fehler zu verringern, verkleinert man am besten den Winkel α indem man die Länge der abgemessenen Strecke vergrößert. Ist der Winkel nur noch 85° und die Messgenauigkeit wieder 1/2 Grad, dann beträgt der Fehler in der Entfernung nur noch ca. 20%. Genau das versucht man, indem man die größte direkt messbare Strecke benutzt, die mit Hilfe der Erde definiert werden kann. Es ist die Strecke Sonne – Erde, die *Astronomische Einheit*, das Basislängenmaß der Astronomen. Außerdem verzichtet man darauf, das Dreieck rechtwinklig zu erhalten und benötigt deshalb zwei Winkel. Dies ist in Abb. 1b gezeigt. Da die Erde im Verlauf eines Jahres mal auf der einen, mal auf der anderen Seite der Sonne steht, dauert es ein halbes Jahr bis man beide Winkel, α und β, gemessen hat und daraus 2γ bestimmen kann. Der halbe Winkel, also γ, heißt „trigonometrische Parallaxe". Für die Entfernungsmessung im Weltall braucht man nur γ zu kennen, um die Entfernung bestimmen. Sie ist die astronomische Einheit dividiert durch Tangens von γ. Falls die trigonometrische Parallaxe eines Objektes genau 1 Bogensekunde = 1/3600 Grad beträgt, ist dessen Entfernung genau 3,25 Lichjahre oder 1 parsec. *Parsec*, die Abkürzung für Parallaxensekunde, ist das Entfernungsmaß der Astronomen. 1 parsec oder 1 pc entsprechen ziemlich genau 30 000 000 000 000 Kilometer ($3x10^{13}$km).

Entfernung von rund 120 000 Sternen genau bestimmt hat. Die kleinsten gemessenen Parallaxen waren nicht größer als 1/1 800 000 eines Winkelgrades. Eine bemerkenswerte Leistung, mit der Entfernungen von Sternen bis etwa 500 Lichtjahre gemessen werden konnten. Inzwischen sind Satelliten in Vorbereitung, die noch kleinere Parallaxen von Objekten bis zu einer Entfernung von über 30 000 Lichtjahren werden bestimmen können.

2.1.2 Spektroskopische Parallaxe

Selbst bei Verwendung der besten zurzeit verfügbaren Technologien sind die Parallaxen von Sternen und anderen Objekten in noch größeren Entfernungen als demnächst rund 30 000 Lichtjahre nicht mehr messbar. Im astronomischen Sinn befinden wir uns bei diesen Entfernungen aber immer noch in der weiteren Umgebung der Sonne innerhalb der Milchstraße und haben den Kosmos noch nicht wirklich vermessen. Die findigen Astronomen benutzen nun einem Trick, um die Messlatte weiter hinaus in den Raum vorzuschieben. Das Licht der Sonne wärmt die Erde, indem es jeden Quadratmeter der Atmosphärenschicht mit 1.4 Kilowatt oder 2 PS Leistung bescheint. In der Nähe des Jupiters, in 5 facher Entfernung von der Sonne, ist die Lichtleistung auf einen Quadratmeter viel geringer; nur noch 56 Watt oder 1/25 des Wertes treffen auf die Erde. Das Licht der Sonne verteilt sich in größerer Entfernung einfach auf eine größere Fläche. Im freien Raum nimmt deshalb die Lichtleistung jedes Strahlers mit dem Quadrat der Entfernung ab. Dieses universale Gesetz machen sich die Astronomen zunutze.

Sie vergleichen dazu die Lichtleistung, die ein Stern an seiner Oberfläche abgibt, mit der Leistung, die wir am Ort der Erde pro Quadratmeter empfangen. Die vom Stern an seiner Oberfläche abgegebene Leistung wird aus den Sternfarben bestimmt, genauer aus seinem Spektrum. Der Trick besteht darin, dass Sterne mit identischen Spektren auch in etwa gleiche Lichtleistungen an ihren Oberflächen abstrahlen (siehe Kasten 2.2). Die Astronomen unterscheiden mehr als 500 verschiedene Sterntypen, jeder Typ mit seinem charakteristischen Spektrum und seiner bestimmten Lichtleistung (Kasten 2.2). Wenn man also die Farben eines Sterns, sein Spektrum bestimmt hat, kennt man sofort die von der Sternoberfläche abgegebene Lichtleistung. Die auf der Erde empfangene Leistung wird dagegen

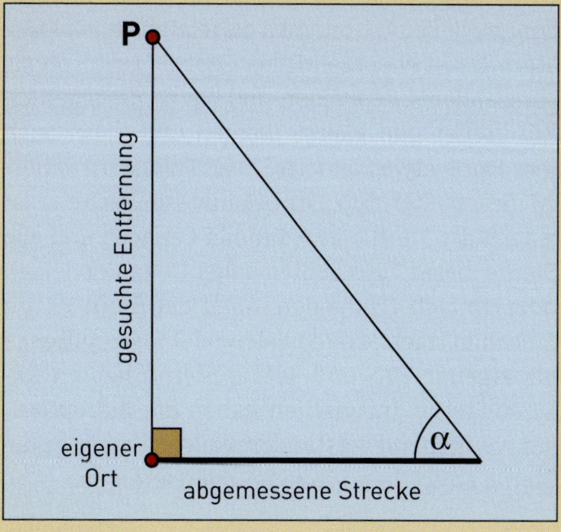

Bild 1a Entfernungsbestimmung mittels Trigonometrie auf der Erde.

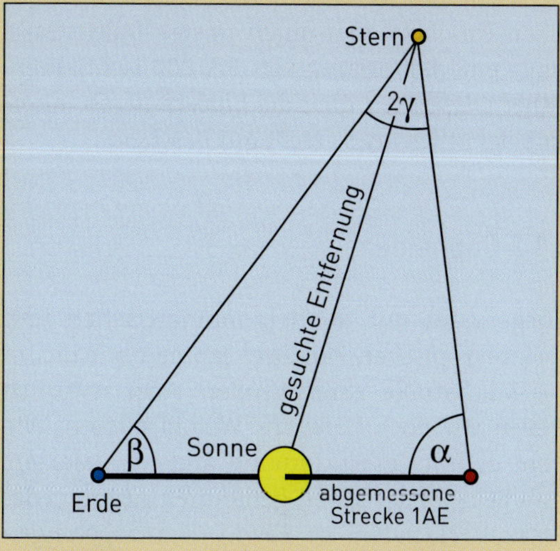

Bild 1b Entfernungsbestimmung mittels Trigonometrie im Weltraum.

Kasten 2.2: **Lichtleistung und Lichtfarbe**

Es ist bei Sternen anders als bei Glühbirnen. Eine 60 Watt-Birne strahlt zwar heller als eine 30 Watt-Birne, aber die empfundene Farbe des Lichtes beider Glühbirnen ist vergleichbar: Die 60 Watt-Glühbirne strahlt ziemlich genauso wie mehrere 30 Watt-Birnen zusammen. Man könnte also eine 60 Watt-Glühbirne durch mehrere 30 Watt-Birnen ersetzen, ohne, cum grano salis, einen Unterschied zu bemerken. Versucht man jedoch, die Lichtleistung eines bestimmten Sterns durch mehrere schwächere Sterne zu ersetzen, wäre zwar die Lichtleistung gleich, die Farbe des Lichtes, genauer sein Spektrum, sähe aber anders aus und fiele dem Astronomen sofort auf. Es wäre so, als wollte man eine 60 Watt-Glühbirne durch eine Reihe von rötlich leuchtenden Glimmlampen ersetzen. Bei gleicher Lichtleistung ergäbe sich eine auffällig andere Farbverteilung. Die Lichtleistung von Sternen mit charakteristischen Spektren wird an geeigneten Sternen in unserer Nachbarschaft geeicht, das sind Sterne mit messbarer Parallaxe. Hier haben wir wieder die Bedeutung der Parallaxe als Basis jeder weiteren Entfernungsbestimmung.

mit Hilfe eines Teleskops und eines geeichten Detektors bestimmt. Aus beiden Zahlen kann man dann nach dem quadratischen Entfernungsgesetz aus dem vorherigen Abschnitt die Entfernung aller Sterne berechnen, zumindest solcher Sterne, deren Spektren einzeln beobachtbar sind. Diese Methode heißt in der Astronomie „spektroskopische Parallaxe“, weil man aus dem Spektrum die Entfernung und daraus wieder die Parallaxe bestimmen kann. Natürlich dürfen die Sterne in Blickrichtung nicht so eng zusammenstehen, dass sich die Spektren oder die Sternbilder überlagern. Solche Sterndichten findet man leicht in der Blickrichtung des Milchstraßenbandes am Himmel. Dort ist die Sterndichte auch am größten. Sieht man von solchen Komplikationen ab, reicht die Messmethode der spektroskopischen Parallaxe quer durch unsere Milchstraße bis in eine Entfernung von 100 000 Lichtjahren. Daher wissen wir über die Entfernungen innerhalb der Milchstraße recht gut Bescheid.

2.1.3 Cepheiden

Ausgerüstet mit der trigonometrischen und spektroskopischen Parallaxe können wir uns in der Milchstraße zurechtfinden. Aber natürlich wollen wir noch tiefer ins Weltall blicken. Wie steht es mit der Entfernung anderer Galaxien, zum Beispiel der schon genannten Andromeda-Galaxie? Nachdem es Edwin Hubble gelungen war, einige der Sterne am äußeren Rand der Andromeda-Galaxie zu fotografieren, konnte er zwar deren Helligkeit bestimmen, für eine Messung der Sternfarben jedoch waren die Sterne zu schwach und seine Fotoplatten noch zu unempfindlich. Trotzdem gelang es ihm mit Hilfe vieler Aufnahmen von der Andromeda-Galaxie im Verlauf einiger Wochen, die Entfernung der Galaxie zu bestimmen. Hier kommt die Besonderheit einiger Sterne ins Spiel, mit deren Hilfe man sogar große Entfernungen bestimmen kann.

Unter all den Sterntypen, die man in das Hertzsprung-Russell-Diagramm (Abb. 2.2) eintragen kann, findet man viele interessante und merkwürdige Gestalten und nicht nur so durchschnittliche Sterne wie unsere Sonne, die mit großer Zuverlässigkeit eine konstante Lichtleistung abstrahlt. Diese Eigenschaft ist gut für die Erde, aber die Sonne gilt bei Astronomen als relativ langweiliger Stern. Da ist ein ordentlicher Cepheid schon etwas ganz anderes. Cepheiden sind Sterne, die regelmäßig größer und kleiner werden und dabei auch ihre Farbe etwas ändern. Unser Polarstern gehört zu diesem Sterntyp. Der bekannteste Vertreter ist jedoch der Stern δ im Sternbild Cepheus und alle Sterne dieses Typs heißen daher Delta-Cepheiden oder einfach Cepheiden. Auch der Stern RR im Sternbild Leier ist ein pulsierender Stern, gilt aber als eigener Typ und solche Sterne heißen RR-Lyrae-Sterne. Inzwischen haben die Astrophysiker weitgehend verstanden, welche Vorgänge die Sterne zu solchen Schwingungen anregen.

Die Cepheiden sind nicht nur interessante Sterne, weil sie pulsieren, sondern vor allem, weil ihre Schwingungsdauer über viele Jahre konstant bleibt und sehr eng mit ihrer abgestrahlten Lichtleistung verknüpft ist. Bild 1 in Kasten 2.3 zeigt, dass hellere Cepheiden langsamer schwingen als schwächere. Dabei ändert sich die Pulsationsdauer von 50 Tagen bis hinunter zu etwa einem Tag. Auch der Verlauf der Helligkeitsschwankungen ist sehr charakteristisch für Cepheiden. Cepheiden sind außerdem sehr schwere Sterne und deshalb sehr hell. Sie sind also bestens als kosmische Leuchtfeuer geeignet: Ihren charakteristischen Lichtwechsel kann man über intergalaktische Entfernungen hin beobachten und dabei aus der Blickfrequenz sogar die Lichtleistung ablesen (Kasten 2.3). Wenn man diese mit der gemessenen vergleicht, erhält man mit dem quadratischen Entfernungsgesetz wieder die Entfernung des Cepheiden.

Jemand könnte auf die Idee kommen zu fragen, warum man denn Cepheiden benutzt, wo es doch in anderen Galaxien noch hellere Sterne als die Cepheiden gibt? In der Tat gibt es in der Andromeda-Galaxie und auch in anderen Galaxien viel hellere Sterne als die Cepheiden. Aber – großes „aber" – die Vermessung des Spektrums eines einzelnen hellen Sterns in einer anderen Galaxie zur Bestimmung der spektroskopischen Parallaxe ist wegen der Schwäche der Signale und der vielen Umgebungssterne viel schwieriger als die Bestimmung seiner Pulsationsperiode, zu der man die Kamerabilder gleich mit verwenden kann. Deshalb haben sich Cepheiden als kosmische „Landmarken" durchgesetzt. Genau wie bei der spektroskopischen Parallaxe darf man auch hier fragen, ob die Vorgänge in Cepheiden genau genug verstanden sind, so dass man unliebsame Überraschungen ausschließen kann. Solch einen Fall hat es in der Tat gegeben. Der deutsche Astronom Walter Baade fand 1952 heraus, dass Cepheiden in Sterngruppen mit geringerem Anteil schwerer Elemente bei gleicher Pulsationsdauer etwa vier Mal schwächer waren als die übrigen Cepheiden. Diese Effekte werden aber inzwischen mitberücksichtigt. Die größte intergalaktische Distanz, die mit dieser Methode gemessen wurde, beträgt stolze 56 Millionen Lichtjahre, und zwar zur Galaxie M100 im Virgo-

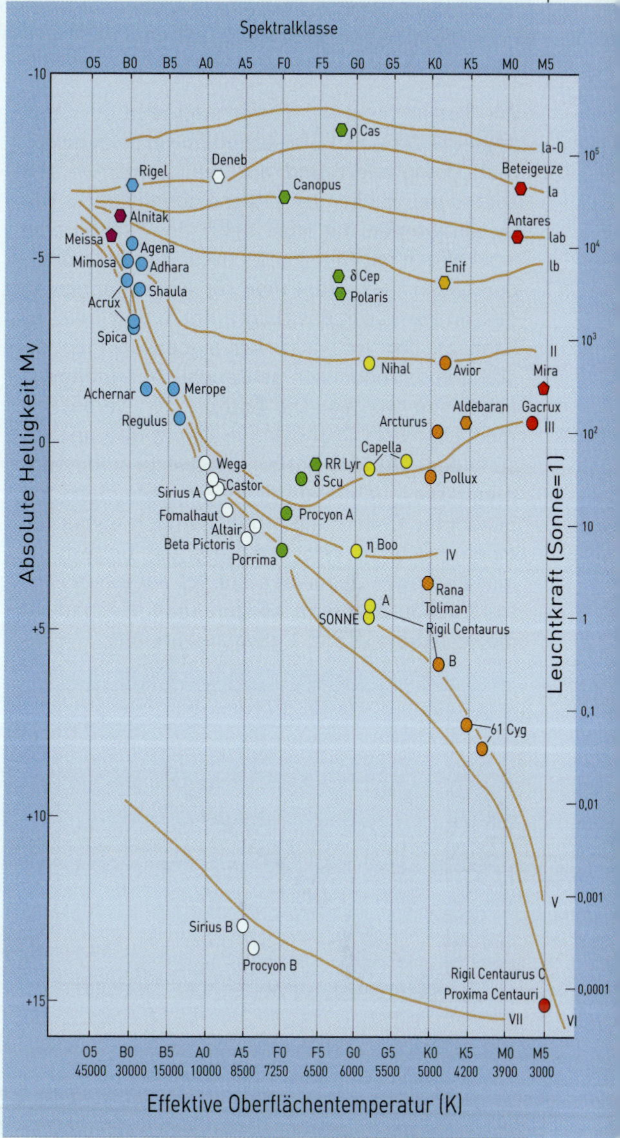

Abb. 2.2: Hertzsprung-Russell-Diagramm. Alle bekannten Sterne lassen sich in diesem Diagramm unterbringen. Einige bekannte Sterne sind mit Namen versehen. Entlang der waagerechten Achse steigt die Sternoberflächentemperatur von rechts nach links von etwa 3000 Grad bis zu 40 000 Grad an. Die Gesamtstrahlung des Sterns ist entlang der senkrechten Achse aufgetragen. Die Herren Hertzsprung und Russell waren die ersten, die dieses für die Astronomen wichtige Diagramm erstellten. Erst nachdem die Vorgänge im Inneren der Sterne verstanden waren, konnten die Astronomen erklären, warum die Sterne sich vorzugsweise entlang der eingezeichneten Linien gruppieren und nicht wahllos verteilt sind. (Nach Kaler, Stars and Stellar Spectra, Cambridge 1989)

Kasten 2.3: **Ermittlung der Lichtleistung von Cepheiden**

Zur Bestimmung der Entfernung wird ein Sternenfeld oder eine Galaxie zeitlich versetzt mehrmals fotografiert und auf den Fotos werden zuerst die blinkenden Sterne identifiziert. Von diesen werden mit Hilfe der Fotos Lichtkurven erstellt und mit Hilfe der Lichtkurven die Cepheiden aussortiert. Trägt man für einen Cepheiden dessen Periode in das Diagramm in Bild 1 ein, so kann an der vertikalen Achse dessen Lichtleistung in astronomisch gebräuchlichen Einheiten abgelesen werden. Die Astronomen versuchen möglichst viele Cepheiden in einem Raumgebiet zu finden, um viele Entfernungswerte zu bestimmen. Die Lichtleistung der Cepheiden mit bekannter Entfernung streut nämlich etwas um einen mittleren Wert, so dass die Entfernung eines einzigen Cepheiden nur bis auf einen Faktor 2 genau bestimmt werden kann. Deshalb ist die Verteilung in Bild 1 etwas verbreitert.

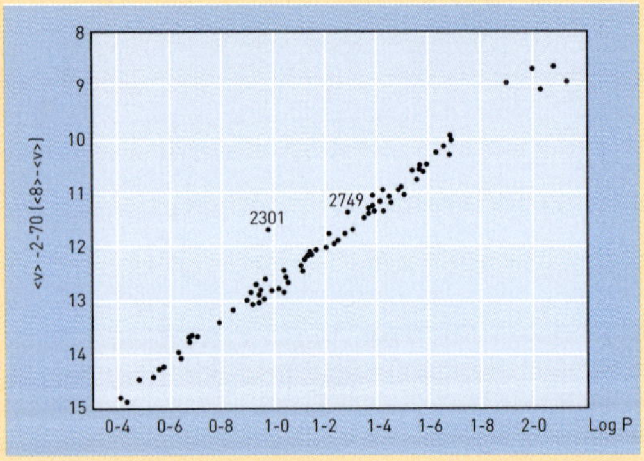

Bild 1: Eine moderne Eichkurve zur Bestimmung der Helligkeit von Cepheiden. Entlang der waagerechten Achse ist die Blickdauer P als Logarithmus der Anzahl der Tage aufgetragen. Entlang der senkrechten Achse ist die Helligkeit aufgetragen, wieder als Logarithmus, jedoch in nur für Astronomen verständlichen Einheiten; kleinere Zahlen bedeuten größere Helligkeiten. Die Cepheiden liegen alle mit sehr geringer Streuung entlang einer gedachten Linie. (Aus Martin et al. 1979)

Galaxienhaufen. Es war das Hubble-Weltraumteleskop, das 1994 diesen Rekord aufstellte (Abb. 2.3).

Mit dieser Entfernung bewegen wir uns schon ein schönes Stückchen im offenen Weltall jenseits unserer Milchstraße. Auch hier wollen wir nochmals überlegen, welche Zuverlässigkeit diese Methode der Entfernungsbestimmung hat. Die empirisch, d.h. durch Beobachten und Messen, gefundene Gesetzmäßigkeit zwischen Pulsationsfrequenz und Lichtleistung (Kasten 2.3: Bild 1) streut etwas und führt so zu einer Unsicherheit in der Entfernung von einem Faktor 2. Die Streuung fällt in Bild 1 nur deshalb nicht so auf, weil beide Achsen einen logarithmischen Maßstab haben. Die Pulsationsfrequenz selbst ist gut messbar, wenn man nur lang genug beobachtet. Der Lichtwechsel und die Pulsationsdauer sind ebenso unverwechselbar.

Die möglichen Unsicherheiten bei der Bestimmung der verschiedenen Cepheidentypen hatten wir schon kurz angesprochen. Die Klassifizierung ist inzwischen jedoch gut verstanden. Dabei hilft natürlich enorm, dass Sterne im Prinzip sehr einfache Gebilde sind, die in der Astrophysik nur durch drei Basisgrößen beschrieben werden:
- Gesamtmasse
- Anteil schwerer Elemente
- Zeit, die seit der ersten Zündung des nuklearen Feuers vergangen ist.

Wenn wir annehmen, dass das Weltall homogen ist, also großräumig überall etwa gleich aussieht und den gleichen physikalischen Gesetzen folgt, dann können sich weit entfernte Cepheiden nur in dem Anteil schwerer Elemente von

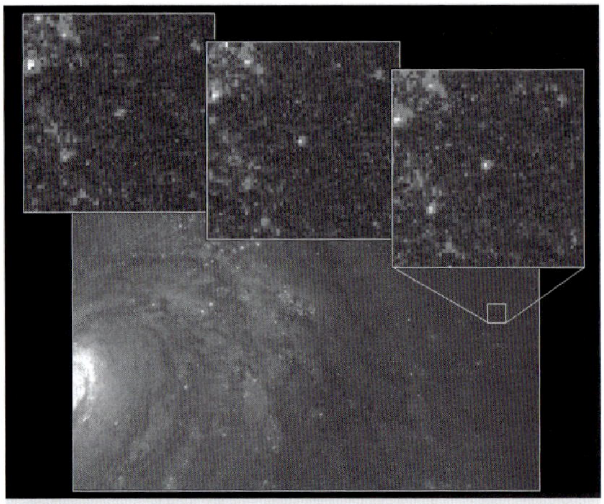

Abb 2.3: Das Hubble-Weltraumteleskop beobachtete Cepheiden in der Galaxie M100. Die daraus bestimmte Entfernung beträgt 56 Millionen Lichtjahre. (Bild: http://hubblesite.org)

den nahen Cepheiden unterscheiden. Falls der Astronom also einen Cepheiden falsch zuordnet, ergibt es einen Fehler um einen Faktor 2. Deshalb versucht man, in einer entfernten Galaxie stets mehrere Cepheiden zu finden. Diese Maßnahme hilft nicht nur, die Cepheiden richtig zu klassifizieren, sondern führt auch zu einer Verringerung der gesamten Messunsicherheit. Die Genauigkeit der Entfernungsbestimmung der entferntesten Galaxien mit Cepheiden ist sicher besser als 30% (in der Fachliteratur wird etwa 10% angenommen) und damit schon ziemlich zuverlässig.

2.1.4 Supernovae

Obwohl 56 Millionen Lichtjahre eine kaum vorstellbare Entfernung ist (500 000 000 000 000 000 000 km), kann man mit modernen Teleskopen leicht noch weiter in das Weltall hinausschauen. Nur ist die Lichtleistung unserer Teleskope zu klein, um noch weiter entferne Cepheiden zu entdecken. Die Astronomen mussten sich nach helleren Leuchtfeuern umschauen. Noch hellere Sterne mit so schönen Lichtwechseln wie die Cepheiden gibt es leider nicht, denn große

Kasten 2.4: **Supernovae als Standardkerzen**

Die Supernovae vom Typ Ia waren ursprünglich Sterne mit weniger als 8 Sonnenmassen, die nicht explodiert sind, sondern sich zu Weißen Zwergen entwickelt haben. Diese Sterne haben noch eine Restmasse von einer halben Sonnenmasse, die übrige ging ihnen im Laufe ihres „Lebens" verloren. Als Einzelsterne bleiben solche Sterne stets, was sie waren, eben Weiße Zwerge. Wenn sie jedoch Teil eines Doppelsternsystems sind – die meisten Sterne sind Teil von Mehrfachsystemen – können merkwürdige Dinge passieren. Die Gravitationswirkung des kleinen kaum erdgroßen Weißen Zwergs ist so gewaltig, dass er wie ein kosmischer Staubsauger die Sternhülle des Begleitsterns absaugt. Ein solches System ist in Bild 1 gezeigt. Das abgesaugte Material fällt auf den Weißen Zwerg und sendet dabei intensive Strahlung, vor allem Röntgenstrahlung, aus. Sie heißen deshalb Röntgendoppelsterne. Das Spannende daran ist nun, dass sich die Masse des Weißen Zwergs im Laufe der Zeit ständig vergrößert, genauso wie auch ein Staubsauger mit je vollerem Beutel umso schwerer ist. Spannend ist es deshalb, weil dieses Ansaugen nicht ewig gut geht. Wenn der Weiße Zwerg nämlich soviel Masse aufgesaugt hat, dass seine Masse von einer halben Sonnenmasse auf etwa 1,4 Sonnenmassen, also auf etwa das Dreifache, angestiegen ist, bekommt er ganz plötzlich schreckliche „Verdauungsstörungen". Die zusätzlichen Massen lasten wegen der immensen Schwerkraft so sehr auf dem Zentrum des Sterns, dass dieser wie auf Anpfiff einen Großteil seines Vorrats an Kohlenstoff und Sauerstoff blitzschnell zu Eisen fusioniert. Wenn die kritische Masse einmal überschritten ist, beginnt ein Prozess, der nicht mehr zu stoppen ist. Es ist wie bei einem See, den ein Tropfen zum Überlaufen bringt, wodurch ein Dammbruch verursacht wird, der den ganzen See auslaufen lässt. Bevor die Hülle des Weißen Zwergs richtig „merkt" wie ihr geschieht, hat sich im Zwerginneren eine gewaltige Energiemenge freigesetzt, die an die Oberfläche drängt und den Stern in einer Explosion völlig zerreißt.

Der Explosionszeitpunkt hängt sehr empfindlich nur von der Gesamtmasse des Weißen Zwergs ab. Alle Supernovae vom Typ Ia haben deshalb stets die gleiche Masse, genau wie Sylvesterknaller eines bestimmten Typs. Da die Explosion mit nur kleinen bekannten Variationen immer gleich abläuft, kann man diese Typ Ia Supernovae in der Tat inzwischen als kosmische Leuchttürme verwenden. Supernovae vom Typ Ib und Ic sind massereiche Einzelsterne speziellen Typs. Ihre Einordnung in die Typ I - Reihe hat historische Gründe.

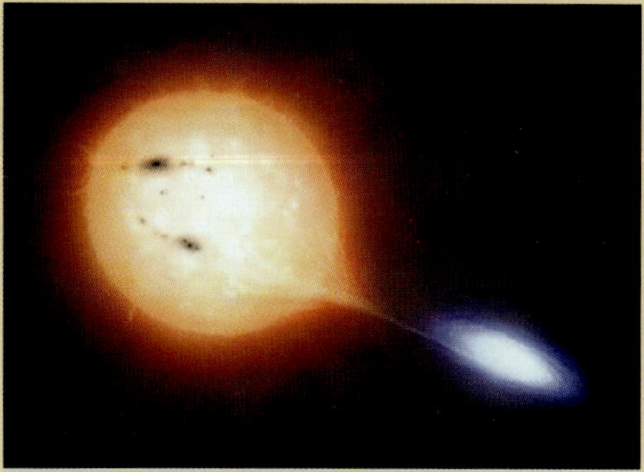

Bild 1: Ein Weißer Zwerg umkreist einen Riesenstern. Dieses Bild wurde von einem Künstler nach den Vorgaben der Wissenschaftler gemalt. Masse strömt unaufhörlich auf den Weißen Zwerg im Zentrum der blau leuchtenden Akkretionsscheibe. (NASA)

Sterne werden zunehmend instabil und leuchten nur relativ kurze Zeit. Dafür verabschieden sie sich dann aber mit einem grandiosen Spektakel und explodieren in einem großen kosmischen Lichtblitz als Supernova. Der Lichtschein einer Supernova ist für einige Tage bis Wochen so hell wie etwa das Licht einer ganzen Galaxie zusammen. Wo immer man Galaxien beobachtet, hat man deshalb auch die Chance, Supernovae zu sehen. Deshalb haben die Astronomen schon frühzeitig überlegt, ob sich die Supernovae als Entfernungsmesser eignen könnten. Es gibt zwei verschiedene Klassen von Supernovae, die sinnigerweise Typ I und Typ II heißen. Als Supernova vom Typ Ib, Ic und II explodieren irgendwann alle Sterne, die zu Beginn ihres Sternleuchtens mehr als achtfach so schwer waren wie die Sonne. Leider weiß man jedoch bei Supernovae dieses Typs nur selten Genaues über den ursprünglichen Stern. Deshalb kann man die Helligkeit dieser Supernovae nicht genau eichen und erhält eine ziemliche Streuung, die sie für die Entfernungsbestimmung unbrauchbar macht. Nicht so bei der Supernova vom Typ Ia (siehe Kasten 2.4). Diese Supernovae sind mit nur geringer Streuung stets etwa gleich hell.

Wenn in einer Galaxie eine Supernova entdeckt wird, beobachtet man sowohl den Helligkeitsverlauf der Explosion bei verschiedenen sichtbaren und infraroten Wellenlängen wie auch das sichtbare Spektrum. Aus diesen Messungen werden sowohl der Typ der Supernova bestimmt wie auch ihre maximale Helligkeit, wobei die Absorption des Lichtes auf dem Weg zu uns herausgerechnet wird. Die Absorption des Lichtes innerhalb unserer Milchstraße sowie die mittlere intergalaktische Absorption ist bekannt und nicht sehr groß. Sonst könnten wir entfernte Galaxien überhaupt nicht sehen. Die Absorption des Lichtes der Supernova in ihrer eigenen Galaxie ist dagegen unbekannt. Eine geringe merkliche Absorption ist jedoch immer mit einer *Rotverfärbung* des Lichtes der Supernova verbunden: Die Form der spektralen Energieverteilung ändert sich. Dies lässt sich leicht durch Vergleich mit nahen Supernovae feststellen (Abb. 2.4). Aus dem Vergleich der so bestimmten maximalen Helligkeit der Supernova – falls vom Typ Ia – mit der Helligkeit einer „Standard-Supernova Ia“ kann man wiederum durch Anwendung des quadratischen Abstandsgesetzes (siehe oben) die Entfernung der Supernova und damit der ganzen Galaxie bestimmen (Riess et al. 1995 und Barris & Tonry 2004).

Weil die Supernovae kurzzeitig so hell werden wie eine gesamte Galaxie, kann man ihr Auftreten selbst in den fernsten Galaxien beobachten. Den aktuellen Rekord hält die Supernova 1997ff, für die eine Entfernung von etwa 11.5 Milliarden Lichtjahre angegeben wird (Abb. 2.4) (Riess et al. 2001). Dies ist mehr als 200 mal weiter als die Cepheiden in M100 (Virgohaufen) und eine unglaubliche Entfernung, selbst wenn die Entfernungsbestimmung noch fehlerbehaftet sein sollte (z. B. durch eine nicht exakt rotationssymmetrisch ablaufende Explosionsgeometrie).

Sind solche Entfernungsbestimmungen zuverlässig? Der Typ einer Supernova kann aus dem Spektrum und dem Helligkeitsverlauf relativ leicht bestimmt werden. Die uns interessierenden Supernovae vom Typ Ia verraten sich zum Beispiel in den Spektren durch eine sehr typische hohe Siliziumhäufigkeit. Da es nur noch eine weitere Unterklassifizierung gibt, die im Wesentlichen Einzelheiten des Helligkeitsabfalls der Supernova nach der Explosion betrifft, hat man ein ausgezeichnetes Helligkeitsnormal. Abi Saha und seine Kollegen sind sogar der Meinung, dass *„SNe Ia (Supernovae Ia), once they are corrected for variations in decline rate and intrinsic color, are the best-known standard candles“* [7] (Saha et al. 2001). Deshalb muss man nur den gemessenen Helligkeitsverlauf an eine Standardkurve anlegen und erhält sofort den Unterschied zwischen beobachteter und wirklicher Helligkeit. Falls die Rotverschiebung merklich ist, muss noch für die Farbverschiebung korrigiert werden. Die Genauigkeit ist sicher besser als 30% (in der Fachliteratur wird ca. 10% angenommen).

Aber wie sieht es mit der Standardkurve aus? Wie zuverlässig ist sie? Dazu benötigen wir die Beobachtungen mehrerer Supernovae Ia, und dazu deren korrekte Entfernungen. Da die Supernovae in Galaxien aufleuchten, müsste man die Entfernungen der Muttergalaxien genau bestimmen. Aber hier genau bestand lange Zeit ein Problem. Alle zuverlässigen Entfernungsmesser, die wir bislang betrachtet haben, reichten nicht bis zu den Galaxien, in denen Supernovae des Typs Ia beobachtet wurden. Das änderte sich erst mit dem Hubble Weltraumteleskop. Inzwischen sind neun Supernovae beobachtet worden, die in Galaxien stehen, deren Entfernungen mit Hilfe unserer nun schon gut bekannten Cepheiden bestimmt werden können. Zum Beispiel wurden zu der Supernova 1998aq (die Supernovae werden im Kalenderjahr fortlaufend mit Buchstaben versehen, um sie zu benennen) in der Galaxie NGC 3982 insgesamt 26 brauchbare Cepheiden gefunden. Für jede dieser neun Supernovae kann ihre Maximalhelligkeit bestimmt werden, wobei in die Berechnung die Unsicherheit der Entfernungsbestimmung mit den Cepheiden bereits eingeht. Die Streuung der neun so gefundenen Helligkeitswerte sollte uns dann einen Eindruck vermitteln, wie ähnlich sich die verschiedenen Supernovae verhalten. Diese Rechnung wurde von Abi SAHA und Kollegen (Tabelle 6 in SAHA et al. 2001) ausgeführt. Sie finden eine bemerkenswert kleine Streuung von nur 7%. Das ist in der Astronomie ein sehr guter Wert und er bestätigt gleichzeitig die Qualität der Cepheiden-Methode, wenn jeweils genügend viele Cepheiden gefunden werden.

Wenn also die Eichung der Supernovae so zuverlässig ist und die weitere Rechnung nur das quadratische Abstandsgesetz benutzt, sollte die Entfernungsbestimmung in der Tat einigermaßen vertrauenswürdig sein. Für große Entfernungen gibt es allerdings noch vier weitere mögliche Komplikationen, die wir betrachten müssen.

a) Eine bedeutende Änderung der Maximalhelligkeit einer Supernova infolge eines veränderten Anteils an schweren Elementen mit zunehmender Entfernung ist wegen des relativ einfachen Mechanismus einer Typ Ia Supernova nicht zu erwarten. Man würde es auch im Spektrum der Supernova bemerken.

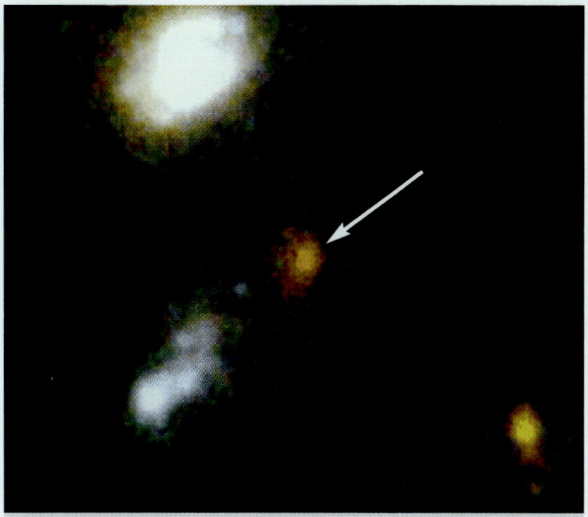

Abb. 2.4: Supernova 1997ff mit einer Rotverschiebung von $z = 1{,}7$ (s. Kasten 2.5) und einer Entfernung von 11,5 Milliarden Lichtjahren. (Bild: www.nersc.gov)

b) Falls das Licht der Supernova durch eine Gravitationslinse verstärkt wird, gilt dies ebenso für die Muttergalaxie und kann dort ziemlich sicher festgestellt werden. Es sollten aber nur Einzelfälle sein, die man als Ausreißer leicht erkennt.

c) Gilt in großen Entfernungen noch das Gesetz des Lichtabfalls mit dem Quadrat der Entfernung? Wir hoffen es. Auf diesen Punkt kommen wir später nochmals zurück.

d) Die Absorption durch intergalaktischen „grauen" Staub, der nur wenig Verfärbung verursacht. Hierbei könnte es sich zum Beispiel um relativ große Staubkörner handeln. Aber auch solcher Staub sollte Verfärbung im infraroten Licht zeigen. Diese Möglichkeit wurde vor kurzem von amerikanischen und schwedischen Wissenschaftlern untersucht (AGUIRRE & HAIMAN 2000 und GOOBAR et al. 2002). Sie finden, dass beim derzeitigen Kenntnisstand nur geringe Korrekturen und auch die nur bei großen Entfernungen zu erwarten sind. Hier kann man noch etwas weiter fragen, ob vielleicht die Dunkle Materie (s. Kapitel 2.3.2) in der Lage wäre, eine merkliche intergalaktische Abschattung zu erzeugen. Natürlich müssten die einzelnen Klumpen größer als Staubkörner sein, also mindestens im Bereich einiger Zentimeter, eher eine Art Schneeball. Bei dieser Größe reicht aber die Dichte der Dunkeln Materie nicht mehr aus, um selbst auf intergalaktischen Entfernungen von 10 Milliarden Lichtjahren eine deutliche Absorption des Lichtes zu erzielen.

Wir haben auf dem Weg von der Erde durch das Weltall einen langen Weg zurückgelegt und sind schließlich bei einer minimalen Größe des Weltalls von 12 Milliarden Lichtjahren angelangt. Ob es ein paar Milliarden Lichtjahre mehr oder weniger sind, muss uns hier nicht interessieren. Grundsätzlich ist dies jedoch die beobachtete Mindestgröße des Weltalls unter der Annahme der Homogenität im beobachtbaren Weltraum, das heißt die Naturkonstanten sind überall gleich und die Raumstruktur ist eben und damit die Winkelsumme im Dreieck stets 180°.

2.1.5 Rotverschiebung

Bislang haben wir noch nicht über die Rotverschiebung gesprochen. Es war wieder Edwin Hubble, der als erster feststellte, dass wir ferne Galaxien nicht in ihren Originalfarben sehen, sondern dass die Farben und mit ihnen auch die spektralen Muster in Richtung der Farbe Rot verschoben sind. Mit einem Farbzerlegungsgerät, einem Spektrometer, konnte er die Farbverschiebung z (Kasten 2.5) messen und stellte fest, dass sie proportional zur Entfernung der Galaxien war. Die Farben von fernen Galaxien waren viel stärker verschoben, als die Farben von nahen Galaxien, jedenfalls so weit er deren Entfernung bestimmen konnte. Die Farbverschiebung in diesen Galaxienspektren kann man verschieden deuten. Sie wird von der überwiegenden Zahl der Astrophysiker als Dopplerverschiebung angesehen (s. auch Kapitel 3.1.2) und deshalb als Relativgeschwindigkeit der Galaxien bezogen auf unsere Milchstraße interpretiert. Das werden wir zunächst ebenfalls tun und alternative Deutungen später diskutieren.

Abb. 2.5 zeigt das erste Diagramm Hubbles, in dem Rotverschiebung gegen Entfernung aufgetragen ist. Solche Diagramme heißen inzwischen Hubble-Diagramme. Die Rotverschiebung ist entlang der senkrechten Achse aufgetragen und wird in der Doppler-Deutung in Kilometern pro Sekunde gemessen. Positive Geschwindigkeitswerte bedeuten dabei, dass sich die Galaxien von uns wegbewegen, negative, dass sie sich auf uns zu bewegen. Die Geschwindigkeiten der Galaxien in Hubbles Diagramm betragen einige hundert Kilometer pro Sekunde in Richtung Expansion, so als flögen die Galaxien von uns fort. Die Geschwindigkeiten sind ziemlich beachtlich. Bei 500 km pro Sekunde hätten wir die Erde schon in 80 Sekunden statt in 80 Tagen umrundet. In Abb. 2.5 ist die Entfernung der Galaxien entlang der waagerechten Achse in parsec (Kasten 2.1) aufgetragen. In dem Diagramm von Hubble kann die Verteilung der Messpunkte durch eine Gerade angenähert werden und deshalb postulierte Hubble, dass sich die Galaxien umso schneller von uns fort bewegen, je weiter sie entfernt seien. Am Ort unserer Milchstraße ist die Rotverschiebung und damit die „Fluchtgeschwindigkeit" natürlich null. Die Steigung der Geraden wird durch die Proportionalitätskonstante angegeben, die folgerichtig Hubble-Konstante H_0 heißt. Sie gibt die Geschwindigkeitszunahme von Galaxien mit deren Entfernung an. Sie wird auf eine Entfernung von 1 Million parsec, also ca. 3 Millionen

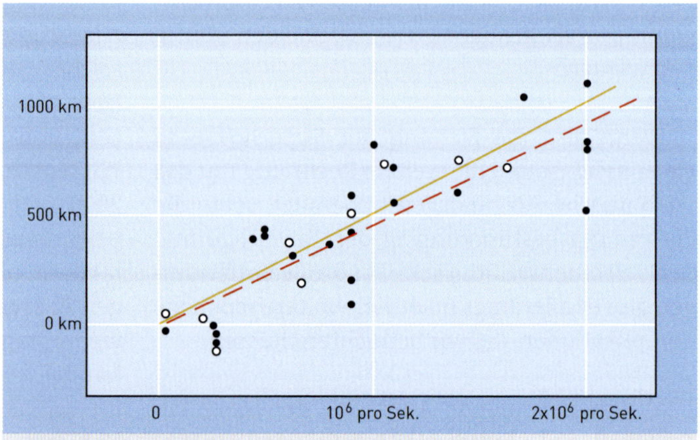

Abb. 2.5: In diesem Diagramm von Edwin Hubble ist die Entfernung einiger Galaxien gegen ihre Rotverschiebung, gemessen als Geschwindigkeit, aufgetragen. Hubble war sparsam mit der Achsenbeschriftung: 500km bedeuten 500km/sec. Aus diesem ersten Hubble-Diagramm kann die Hubble-Konstante als Steigung der Geraden abgelesen werden. (Nach: Hubble, Realm of the Nebulae, New Haven 1936)

Kasten 2.5: Rotverschiebung *z*

Die Farbverschiebung entfernter Galaxien kann man genau messen. Jeder Farbe wird in der Physik eine bestimmte Wellenlänge zugeordnet und mit λ bezeichnet. Rote Farben haben längere Wellenlängen als blaue. Eine Farbverschiebung bedeutet dann, dass sich die Wellenlänge einer Farbe von λ_0 nach λ_1 ändert. Die Rotverschiebung bezeichnet man mit z. Sie ergibt sich aus der Farbverschiebung als $z = (\lambda_1 - \lambda_0)/\lambda_0$ oder $1+z = \lambda_1/\lambda_0$, was das Gleiche ist.

Deutet man die Rotverschiebung als Dopplereffekt, so ist die Relativgeschwindigkeit für kleine Geschwindigkeiten $v = cz$, wobei c die Lichtgeschwindigkeit ist. Inzwischen sind Galaxien mit einer Rotverschiebung von $z = 7$ bekannt. Bewegen sich die Galaxien deshalb mit 7-facher Überlichtgeschwindigkeit? Nein! Man muss für *z*-Werte größer als etwa 0,2 die Relativitätstheorie berücksichtigen. Deren komplexere Formeln stellen sicher, dass stets v kleiner als c ist.

Lichtjahre bezogen und deshalb in Geschwindigkeit pro 1 Million parsec Entfernung gemessen. Der Wert 1 Million parsec oder 1 Megaparsec ist auf der Achse als 10^6 eingezeichnet. Die zugehörige Geschwindigkeit beträgt etwa 500 Kilometer pro Sekunde. Damit hätte die erste Hubble-Konstante den Wert von 500 km/s pro Mpc (Mpc heißt Mega parsec). Das bedeutet, dass sich eine Galaxie in einer Entfernung von 1 Mpc mit einer Geschwindigkeit von 500 km pro Sekunde von uns fortbewegt; die Geschwindigkeit einer Galaxie in 2 Mpc Entfernung wäre dann schon 1000 km/s.

Warum hat Edwin Hubble nicht die Rotverschiebung anstelle der Geschwindigkeit gegen die Entfernung aufgetragen? Dann wäre er mit einer Hypothese weniger ausgekommen, ohne dass sein Diagramm anders ausgesehen hätte. Es wird berichtet, dass er bis zu seinem Tod im Zweifel an der Expansionsdeutung war. Wir wissen es nicht. Es gab und gibt bis in unsere Zeit hinein Fachleute, die dieser Deutung nicht folgen und dafür ernsthafte Argumente vorgebracht haben. Wir werden sehen, dass ein Teil dieser Diskussion erst in jüngster Zeit entschieden wurde.

Das Hubble-Diagramm und mit ihr die Hubble-Konstante H_0 waren eine Sensation und haben in der Astrophysik eine fundamentale Bedeutung erlangt. Sie sind bei der überwiegenden Zahl der Astrophysiker zum Maßstab geworden, mit dem das Weltall vermessen wurde, sowohl im Raum, als auch in der Zeit. Wir werden das Diagramm deshalb noch etwas genauer betrachten und auch verschiedentlich darauf zurückkommen. Wenn man nämlich erst einmal nachgewiesen hat, dass die Messpunkte durch eine Gerade angenähert werden können, und wenn man die Steigung der Geraden, also den Wert der Hubble-Konstanten bestimmt hat, kann man die Entfernung von allen Galaxien sehr leicht aus ihrer Rotverschiebung ermitteln. Die Eichung der Entfernung, also die Bestimmung der Hubble Konstanten H_0 selbst, ist aber alles andere als einfach. Zwar kann man die Rotverschiebung von Galaxien ziemlich einfach mit einem *Spektrometer* messen. Es war aber schwierig, die Entfernung derjenigen Galaxien, die zur Eichung verwendet wurden, korrekt zu bestimmen. Über diese Schwierigkeiten haben wir bereits bei der Entfernungsbestimmung gesprochen. Edwin Hubble hat die Entfernungen der Galaxien in Abb. 2.5 seinerzeit erheblich zu klein gemessen. Wenn die Entfernungen der Galaxien zu größeren Werten korrigiert werden, wird die Gerade flacher und damit die Hubble-Konstante kleiner. Der moderne Wert liegt etwa zwischen 60 und 70 statt bei 500 km/s pro Mpc, und an seiner Bestimmung wird immer noch gearbeitet.

Die Bestimmung der wirklichen Entfernungen der Galaxien beschäftigt die Astronomen bis in unsere Zeit. Zurzeit sind neben der Cepheiden-Methode noch weitere Methoden in Gebrauch, um die Entfernung beliebiger Galaxien zu bestimmen. Denken wir daran, dass bis vor ganz kurzer Zeit die Reichweite der Cepheiden noch sehr begrenzt war! Außerdem braucht man sowohl für Cepheiden wie für Supernovae Ia aktive Sternentstehung. Es gibt jedoch viele Galaxien, in denen nur wenige Sterne neu entstehen und in denen dieses Verfahren versagt. Für eine bestimmte Galaxie nimmt man die jeweils am besten passende Methode. Die gebräuchlichsten weiteren Methoden sind: Leuchtkraft planetarer Nebel, Galaxienoberflächenhelligkeit und die Tully-Fisher-Beziehung. Sie sind im Kasten 2.6 näher erläutert.

Wenn man Abb. 2.5 genau anschaut, fällt auf, dass die Geschwindigkeiten für einige Galaxien negativ sind. Diese Galaxien bewegen sich auf uns zu und nicht von uns fort. Dies ist eine der Komplikationen mit dem Hubble-Diagramm. Dem Rotverschiebungsgesetz überlagert sind die Eigenbewegungen der Galaxien im Raum. Sie bewegen sich ja in ihren Gruppen und Haufen

Kasten 2.6: **Planetarische Nebel**

Wenn ein Stern, der zu Beginn der Kernfusion eine Masse zwischen 0,4 und 8 Sonnenmassen hatte, schließlich einen großen Teil seiner Wasserstoffvorräte verbraucht und auch schon einen Teil seiner Masse verloren hat, beginnt irgendwann in seinem Inneren das Helium zu Kohlenstoff zu fusionieren. Diese Fusion verläuft relativ rasch und führt dazu, dass der Stern etwa 10% seiner Masse abstößt. Diese Masse scheint als Hülle von dem Stern fortzufliegen. Der Rest des Sterns wird zu einem Weißen Zwerg; das ist ein Stern von etwa der Masse der Sonne, der allerdings nur die Größe der Erde hat, aber extrem heiß ist, etwa 150 000 K *(Kelvin)*. Dieser Stern strahlt soviel energiereiches Licht aus, dass die abgestoßene Hülle in diesem Licht wie ein bunter Nebel zu leuchten beginnt. Bild 1 zeigt einen planetarischen Nebel, der seinen Namen dem Umstand verdankt, dass in früheren Zeiten kleiner und optisch schlechter Fernrohre die runden Nebel wie Planetenscheiben aussahen; mit diesen haben sie aber überhaupt nichts zu tun.

Erst 1989 gelang es, die Leuchtkraft der planetaren Nebel soweit zu verstehen, dass man sie zur Entfernungsmessung einsetzen konnte (Jacoby 1989). Gase leuchten nicht wie eine Glühbirne, sondern eher wie eine Leuchtstoffröhre. Man benutzt für die Leuchtkraft deshalb nicht die allgemeine optische Lichtleistung, sondern nur die Lichtleistung in einer bestimmten Farbe, die vom Sauerstoff in diesem Gas abgestrahlt wird. Diese Lichtleistung entspricht zwar nur 10% der gesamten Lichtleistung, aber man kann extrem schmale Farbfilter verwenden und damit die störende Umgebungsstrahlung der Galaxie fast vollständig unterdrücken. Die relativ helle Strahlung der planetarischen Nebel bleibt für einige tausend Jahre erhalten und kann bis zu Entfernungen des Virgo-Galaxienhaufens (siehe oben) entdeckt werden.

Bei dieser Methode gibt es jedoch noch eine Hürde. Während Typ Ia Supernovae mit hoher Zuverlässigkeit gleich hell sind, trifft dies für planetarische Nebel nicht zu. Der Mutterstern kann ja, wie oben schon bemerkt, Massen von 0,4 bis 8 Sonnenmassen haben und die Helligkeit der planetarischen Nebel variiert dementsprechend. Der Ausweg besteht darin, die Helligkeit möglichst vieler planetarischer Nebel einer Galaxie zu messen und dabei den hellsten zu erwischen. Dies ist möglich, weil es sehr viel mehr planetarische Nebel als Supernovae gibt. Außerdem ist zu beachten, dass es zwar viele schwache planetarische Nebel gibt, aber nur wenige helle und nur ein paar sehr helle. Man kann eine Funktion zeichnen, in der die Helligkeit der planetarischen Nebel gegen ihre Häufigkeit aufgetragen ist.

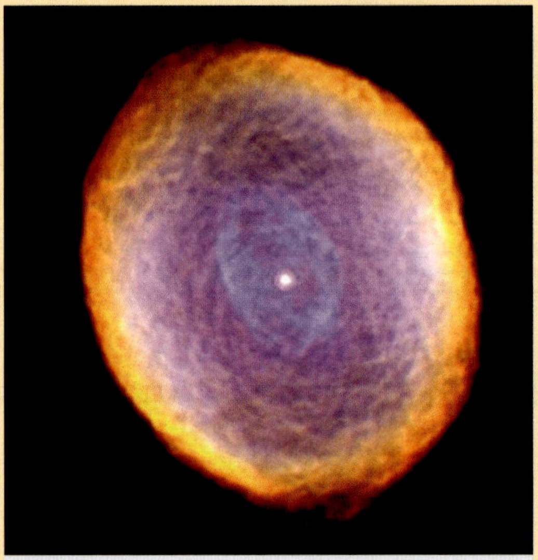

Bild 1: Planetarischer Nebel IC418, aufgenommen mit dem Hubble-Weltraumteleskop. Der bläuliche Schimmer ist Strahlung, die von Sauerstoffatomen abgestrahlt wird. Der Zentralstern, ein Weißer Zwerg, ist ebenfalls zu sehen.

Bild 2 zeigt eine solche Funktion. Der Schnittpunkt der Fitkurve mit der Helligkeitsachse liegt für verschiedene Probegalaxien immer bei der gleichen Helligkeit (etwa 20,2) Diese maximale Helligkeit erhält man von planetarischen Nebeln in Galaxien, deren Entfernung von uns anderweitig bekannt ist. Der Schnittpunkt ist die Helligkeit des hellsten planetarischen Nebels, der noch existieren kann, also die Helligkeit des planetarischen Nebels eines Sterns mit acht Sonnenmassen. Ist ein Stern etwas schwerer, gibt es statt eines planetarischen Nebels eine satte Supernova. Interessanterweise wird die Helligkeit eines planetarischen Nebels nur sehr wenig von unterschiedlichen Anteilen schwerer Elemente im Mutterstern beeinflusst, so dass bei Berücksichtigung der Staubabsorption die Entfernungen etwa korrekt sein sollten. Ein Vergleich zwischen Entfernungen, die mit Hilfe von Cepheiden und planetarischen Nebeln bestimmt wurden, zeigt, dass die Unsicherheiten in der Entfernungsbestimmung bei beiden Methoden gleich sind, wenn man bei den planetarischen Nebeln die veränderlichen Anteile schwerer Elemente zusätzlich noch mit berücksichtigt (CIARDULLO et al. 2003a). Der Fehler in der Entfernungsbestimmung mit denselben Annahmen über die Raumgeometrie und Ausbreitung des Lichtes (siehe oben) ist dann sicher kleiner als 30% (Fachliteratur 10%, CIARDULLO et al. 2003a).

Galaxienoberflächenhelligkeit

Genauer gesagt geht es nicht um die Oberflächenhelligkeit der Galaxien selbst, sondern um die kleinen Schwankungen der Oberflächenhelligkeit, wenn man eine Galaxie beobachtet. Diese werden durch Sterne verschiedener Helligkeit verursacht. Das Verhältnis der Helligkeitsschwankungen zur Oberflächenhelligkeit ist ein Maß für die mittlere Helligkeit eines Riesensterns (TONRY et al. 1990). Mit einer entsprechenden Eichung ist die Zuverlässigkeit etwa gleich groß wie die der Methode der planetarischen Nebel (CIARDULLO el al. 1993). Wir wollen die Details hier übergehen.

Tully-Fisher-Relation

Diese Methode wurde von den Herren TULLY und FISHER im Jahre 1977 vorgestellt (TULLY & FISHER 1977). Sie stellten fest, dass eine Galaxie umso schneller rotiert, je heller sie leuchtet. Ein solches Verhalten entspricht auch der Erwartung: Die Rotation der Sterne und der Staub- und Gaswolken um das Zentrum einer Galaxie kann man beschleunigen, wenn man die Masse in der Galaxie erhöht. Eine Erhöhung der Masse bedeutet aber ebenso eine Erhöhung der Anzahl der Sterne und damit eine höhere Energieabstrahlung der Galaxie. Ein Beispiel für eine Tully-Fisher-Relation ist in Bild 3 gezeigt. Die Galaxien ordnen sich relativ gut entlang der Geraden an. Man muss jedoch auf Vieles achten, bevor die Gerade sich so schön ergibt:

a) Man kann nur Spiralgalaxien oder irreguläre Galaxien verwenden, die eine eindeutige Rotationsachse zeigen.
b) Man muss stets die maximale Rotationsgeschwindigkeit bestimmen. Diese ergibt sich nur dort, wo sich die Sterne, der Staub und das Gas in der Scheibe direkt von uns fort oder auf uns zu bewegen.
c) Die Scheiben der Galaxien sind außerdem gegen uns als Beobachter unterschiedlich geneigt. Dies muss ebenso berücksichtigt werden.
d) Galaxien, auf deren Scheibe man senkrecht draufschaut, können nicht benutzt werden.
e) Die Oberflächenhelligkeiten der Galaxien müssen für die Absorption der Strahlung durch Staub auf dem Wege zu uns korrigiert werden.
f) Bei dem Fornax-Galaxienhaufen (Bild 3) muss man annehmen, dass alle Mitglieder in etwa derselben Entfernung stehen. Die Streuung der Punkte zeigt, dass dies wahrscheinlich nicht ganz stimmt.

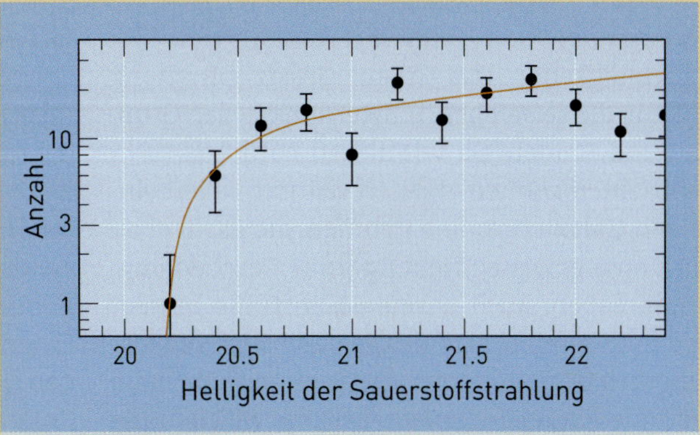

Bild 2: Anzahl der planetarischen Nebel in einer Galaxie als Funktion ihrer Helligkeit. Die Helligkeit ist in Magnituden gemessen und nimmt nach links zu. Aus dem Schnittpunkt der Fit-Kurve mit der Helligkeitsachse lässt sich die Entfernung der Galaxie bestimmen. (Nach CIARDULLO 2003b)

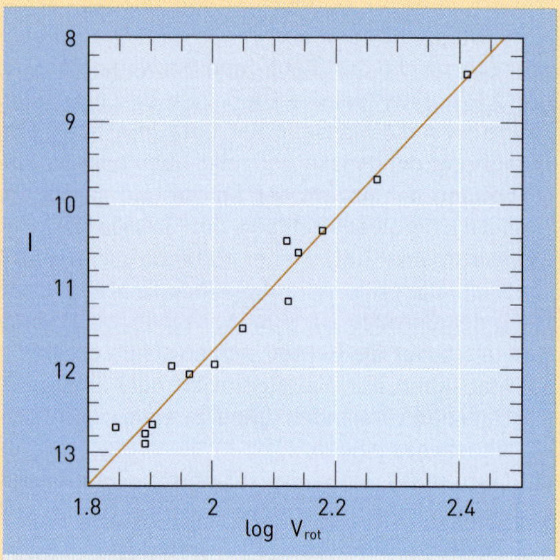

Bild 3: Tully-Fisher-Relation für 14 Galaxien des Fornax-Galaxienhaufens. Auf der waagerechten Achse ist der Logarithmus der Rotationsgeschwindigkeit in km/s aufgetragen. Der Wert 2 entspricht also 10^2 = 100 km/s. Entlang der senkrechten Achse ist die Helligkeit der Galaxien im spektralen I Band (Farbe rot) in Magnituden aufgetragen. Die Helligkeit nimmt nach oben zu. (Nach MATHEWSON et al. 1992)

Es zeigte sich, dass die Messpunkte für Galaxien mit bekannten Entfernungen stets auf der Kurve von Bild 3 zu liegen kommen, wenn man die verschiedenen Entfernungen berücksichtigt. Es gibt jedoch kleine Variationen. Für einige Galaxientypen muss die Relation individuell erstellt und angepasst werden. Ebenso, wenn man statt des sichtbaren Lichtes Infrarotstrahlung verwendet. Ebenso ergeben sich Variationen für Galaxien mit Sternen, die andere Anteile schwerer Elemente haben, oder deren Sterne einer anderen Alterspyramide entsprechen. Es ist noch nicht vollständig klar, warum die Tully-Fisher-Relation so gut „funktioniert". Deshalb wird an ihrer theoretischen Begründung immer noch gearbeitet.

Wie kann man mit Bild 3 Entfernungen messen? Nehmen wir an, wir messen die maximale Rotationsgeschwindigkeit einer unbekannten Galaxie zu 200 Kilometer pro Sekunde. Dann erwartet man aus der Kurve eine Intensität von 10,1. Da die unbekannte Galaxie nicht in derselben Entfernung steht wie der Fornax-Galaxienhaufen, wird die Intensität einen anderen Wert haben, zum Beispiel den Wert 12. Aus dem Helligkeitsunterschied kann man dann mit dem quadratischen Helligkeitsabfallsgesetz die relative Entfernung der unbekannten Galaxie bestimmen. Die absolute Entfernung bekommt man, wenn man zuvor die Entfernung des Fornax-Galaxienhaufens durch andere direkte Methoden geeicht hat. Letztlich sind wir also wieder bei unserem quadratischen Abstandsgesetz angekommen. Die Genauigkeit der Tully-Fisher-Relation ist nur dann ausreichend, wenn man alles richtig macht. In diesem Fall ist die Genauigkeit der Entfernungsbestimmung besser als 30%. Die Reichweite beträgt zur Zeit etwa 100 Millionen Lichtjahre.

umeinander, und zwar mit erheblichen Geschwindigkeiten. Das Hubble-Gesetz gilt streng nur für die jeweiligen Schwerpunkte der Gruppen und Haufen. Da wir diesen natürlich nicht beobachten können, müssen wir mit vielen einzelnen Galaxien vorlieb nehmen, die dann eben auch eine gewisse Streuung ihrer Geschwindigkeiten haben. Auch unsere Milchstraße bewegt sich in unserer lokalen Gruppe und auch in Richtung Virgo-Superhaufen (siehe unten). Deshalb wird die Raumgeschwindigkeit der Milchstraße eine zusätzliche Streuung hervorrufen. Diese und weitere Komplikationen führten dazu, dass die Astronomen durchaus Mühe hatten, den Wert der Hubble-Konstanten H_0 festzulegen. Abb. 2.6 zeigt die erhebliche Streuung der Messwerte um fast einen Faktor zwei. Damit war dann auch die Größe des Universums um einen Faktor zwei unsicher. Dennoch haben die Astronomen bei der Absicherung der Entfernungen in den letzten 20 Jahren erhebliche Fortschritte erzielt. Die modernen Hubble-Diagramme sehen deshalb etwas anders aus: Abb. 2.7 zeigt ein solches Diagramm für einige Supernovae. Das ursprüngliche Diagramm von Edwin HUBBLE reichte nur bis in den Bereich des schwarzen Rechtecks unten links.

Jeder Messpunkt in Abb. 2.7 steht für eine Galaxie. Deren Entfernungen wurden mit Hilfe von Ia-Supernovae bestimmt, genau nach dem Verfahren, das wir oben schon betrachtet hatten.

Die Rotverschiebung lässt sich aus dem Galaxienspektrum unabhängig von Supernovae relativ leicht und mit guter Genauigkeit bestimmen. Damit sind Supernova-Hubble-Diagramme die genauesten, die wir zurzeit haben. Die Rotverschiebung taugt also tatsächlich als Maß für die Entfernung, aber der Nachweis war ein hartes Stück astrophysikalischer Arbeit. Wenn aber die Rotverschiebung z als Maß für die Entfernung geeignet ist, so bedeutet dies auch, dass ihre Deutung als Dopplerverschiebung an Gewicht gewinnt, selbst wenn diese immer noch nicht zwingend ist. Interpretiert man die Rotverschiebung nicht als Dopplereffekt, haben wir kein weiteres Indiz für eine Expansion oder Kontraktion des Kosmos. Wir müssten dann von einem statischen Weltall ausgehen, das weder expandiert noch kontrahiert. Ein solches Universum ist im Rahmen des Standardmodells jedoch nur über astronomisch kurze Zeit stabil. Es gibt alternative kosmologische Modelle, die gerade ein in etwa statisches Weltall fordern. Darauf kommen wir in Kapitel 3 zurück.

Beim Betrachten von Abb. 2.7 kommen einem doch noch Fragen. Wenn die Rotverschiebung mit der Entfernung immer weiter zunimmt, muss man doch irgendwann eine Fluchtgeschwindigkeit erreichen, die der Lichtgeschwindigkeit entspricht? Oder nicht? Das ist im Prinzip richtig, aber erinnern wir uns, dass für sehr hohe Geschwindigkeiten Einsteins Relativitätstheorie ins Spiel kommt. Sie sorgt dafür, dass das Hubble-Diagramm für hohe Geschwindigkeiten keine Gerade mehr ist. Außerdem kann man sich auf die Messung der Rotverschiebung zurückziehen und die Deutung als Dopplerverschiebung vermeiden. Das hatten wir oben ja schon vorgeschlagen. In diesem Fall hat man statt der Fluchtgeschwindigkeit die Rotverschiebung z (Kasten 2.5) auf der Achse aufzutragen. Das wird in der Tat auch so gemacht. Dennoch muss man damit rechnen, diese Gerade nicht beliebig weit fortsetzen zu können. Es haben sich tatsächlich in den letzten Jahren durch die Beobachtung von Supernovae Anzeichen ergeben, dass die Messwerte bei großen Entfernungen von der Geraden abbiegen.

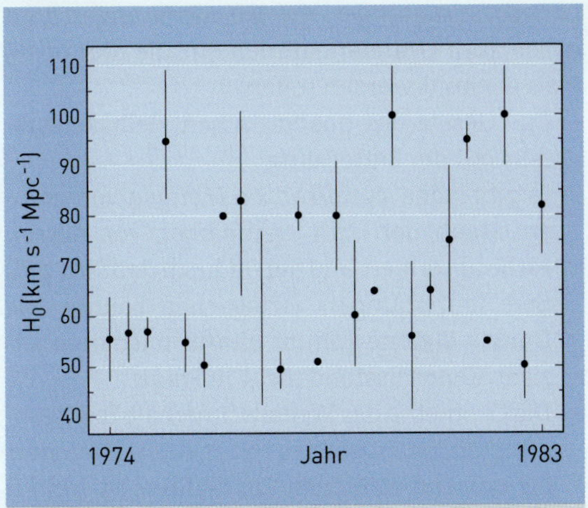

Abb. 2.6: Zwischen den Jahren 1974 und 1983 haben viele Forschergruppen den Wert der Hubble-Konstanten bestimmt. Die Streuung war enorm, fast einen Faktor zwei. Inzwischen sind die Messpunkte zusammengerückt und streuen nur noch zwischen den Werten 60 und 70. (Nach ROWAN-ROBINSON 1985)

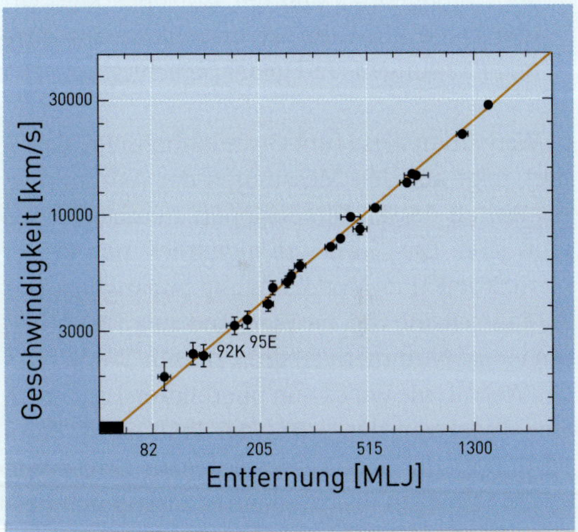

Abb. 2.7: Modernes Hubble-Diagramm. MLJ bedeutet: Millionen Lichtjahre. Der Bereich des ursprünglichen Hubble-Diagramms (Abb. 2.5) beginnt links unten im Bereich des schwarzen Rechtecks. Die Steigung entspricht einer Hubble-Konstanten von 63 km/s pro Mpc. (Nach RIESS et al. 1996)

2.1.6 Zusammenfassung und Bewertung

Die großen Entfernungen im Weltall müssen im Rahmen des Diskutierten bis auf kleine Abweichungen im Bereich 10–20% als korrekt bestimmt gelten. Dabei gehen in alle Entfernungsbestimmungen, die wir näher angeschaut haben, fünf Grundannahmen ein, die hier nochmals genannt werden sollen:

- Das Gesetz des quadratischen Helligkeitsabfalls mit der Entfernung.
- Es gibt keine signifikanten Mengen von grauem Staub, der Licht unabhängig von dessen Farbe absorbiert und der dadurch deutlich größere Entfernungen vortäuschen könnte. Die Dunkle Materie kommt hierfür nach dem jetzigen Kenntnisstand nicht in Frage.
- Die Geometrie des Weltalls innerhalb des beobachteten Raumgebietes mit mehreren hundert bis tausend Millionen Lichtjahren ist hinreichend flach (euklidisch), so dass die Entfernungsmessungen nicht signifikant verfälscht werden.
- Bestimmte Naturkonstanten haben sich im Verlauf der Zeit nicht merklich geändert.
- Es gilt im (beobachtbaren) Weltall das Kosmologische Prinzip (siehe Kapitel 3.1), das Prinzip der Homogenität und der Isotropie: Kein Ort und keine Richtung ist besonders; alle Orte und Richtungen sind gleichberechtigt.

Wenn man diese fünf Grundannahmen akzeptiert, folgt aus den Messungen der Astronomen ein Weltall, dessen Dimensionen atemberaubend groß sind. Die Größe ist eigentlich nur in der Abstraktion und Modellbildung zugänglich. Das Weltall scheint für die Erde und uns Menschen um einige Nummern zu groß zu sein. Wenn man das Weltall, wie wir es nun überblicken können, in eine Kugel von der Größe der Erde packt, dann schrumpft die Erde selbst auf eine Größe von einem winzigen Bruchteil eines Atomdurchmessers. Was für eine Schöpfung! Und wozu? Ist ein so riesiges Weltall nötig, um dem Menschen auf der Erde eine Heimat zu geben und für ihn ein himmlisches Schauspiel in Szene zu setzen? Vielleicht war es nötig, wir wissen es nicht. Mag auch sein, dass das Ziel des Weltalls noch über das Ziel der Erde hinausweist. In der Bibel wird der Himmel häufig mit Gottes Größe in Verbindung gebracht, etwa in Jesaja 55, 9: *„Denn [so viel] der Himmel höher ist als die Erde, so sind meine Wege höher als eure Wege und meine Gedanken als eure Gedanken"* (Elberfelder Übersetzung). Das Beste was wir tun können ist, zunächst einmal mit der Größe des Weltalls zu leben und darin ein Zeichen für Gottes Größe zu sehen.

Mit den großen Räumen sind große Zeiträume verbunden. Dies gilt notwendig wegen der Endlichkeit der Lichtgeschwindigkeit und solange man annimmt, dass das Licht, das wir von den fernsten Galaxien nachweisen, dort auch tatsächlich ausgesandt wurde. Die Räume können selbst mit Lichtgeschwindigkeit nur in sehr langen Zeiträumen überbrückt werden. Hat es diese langen Zeiträume gegeben? Mit den oben genannten Voraussetzungen muss diese Frage bejaht werden. Man kann natürlich einige Voraussetzungen hinterfragen: Waren die Naturkonstanten und war insbesondere die Lichtgeschwindigkeit immer konstant? Ist die Geometrie des Raumes nachgewiesenermaßen flach? Selbst wenn man hier und dort Fragezeichen anbringt, kann man das Verhältnis zwischen den etwa 10 000 Jahren überlieferter biblischer Geschichte und etwa 10 Milliarden Jahren astronomischer Geschichte nicht leicht überbrücken. Dazwischen liegt ein Faktor von einer Million. Das ist keine Kleinigkeit, auch nicht für uns Autoren. Für den Augenblick soll der Sachverhalt so stehen bleiben. Wir kommen in Kapitel 6 nochmals darauf zurück.

Kompakt:

- Gestalt der Galaxien
- Großräumige Verteilung der Galaxien
- Der kosmische Horizont

2.2 Großräumige Strukturen

2.2.1 Die Materie und der Raum

Durch einen Blick in den sternklaren Nachthimmel kann man sich leicht davon überzeugen, dass der Himmel voller Sterne ist. Nach einer ersten Adaption des Auges wird man, zumindest in den tropischen Zonen, mit bloßem Auge außerdem drei Nebelfleckchen ausmachen, die beiden Magellanschen Wolken und den

Andromeda-Nebel. Außerdem ist da noch das hell schimmernde Band der Milchstraße und die sich bewegenden Sterne, die Planeten. Viel mehr ist außer der Sonne und dem Mond mit bloßem Auge nicht zu entdecken, zumal die Kometen, Meteore und sonstigen Erscheinungen früher allesamt der Erdatmosphäre zugerechnet wurden. Natürlich nahmen die Himmelsbetrachter – und unter ihnen insbesondere auch die Astronomen – in frühen Zeiten stets an, dass der Raum oder die Sphäre der Sterne schon in gehöriger Entfernung zur Erde stehen werden, wie es sich eben für himmlische Sterne schickt. Ob es dort außer einem gewissen Abstand zur Erde noch mehr zu denken oder zu entdecken gäbe, war über Jahrtausende hinweg eine nicht wirklich angemessene Frage, allenfalls für Philosophen interessant.

Das änderte sich schlagartig mit der Erfindung des Fernrohrs. Plötzlich gewann der Himmel Tiefe und Weite und, vor allem mit der Erfindung der Fotografie, auch Struktur. Die plötzliche Erkenntnis des großen Raumes hat damalige Zeitgenossen sehr stark bewegt. Der französische Mathematiker Blaise Pascal (1623 - 1662) bekennt einmal: *„Das Schweigen der Ewigkeit und der unendliche Raum erschrecken mich."* Man könnte meinen, ihm sei bei dem Gedanken an den großen Raum das Zelt fort geflogen und er selbst unbehaust geworden. Selbst für uns heute ist es schwierig: Das Wort „Sternenhimmel" betont die Anschauung des Nachthimmels als eher kuppelartiges Zeltdach. So nehmen wir ihn am häufigsten wahr. „Weltraum" hat dagegen schon mehr mit Mond, Planeten und eben Raumfahrt zu tun. Das „Weltall" oder auch „Universum" ist dagegen in unserer Anschauung eher unvorstellbar groß und unanschaulich. Zu recht, wie wir schon sahen, wenn unsere Annahmen richtig sind.

Weil das Weltall so riesengroß ist, ist es vor allem eines, nämlich leer. Das Weltall ist so unglaublich leer, dass, wenn man alle Materie im Weltall gleichmäßig im Raum verteilen würde, man in einem Würfel der Kantenlänge von einem Meter noch nicht einmal ein einziges Atom fände (siehe auch Kapitel 1.3). Dabei ist die Erde ziemlich groß und die Planeten ebenso und erst recht die Sonne! Aber trotzdem: Selbst dann, wenn man alle Materie innerhalb der Plutobahn von etwa 40 Astronomischen Einheiten, also alle Planeten, die Sonne und was sonst noch so da ist, gleichmäßig über diese Kugel verteilt, erhält man in dem Würfel von einem Meter Kantenlänge doch nur etwa die Hälfte der Masse des Papiers unter dem Punkt am Ende dieses Satzes. Während früher die Menschen eher über die Weite des Raumes erschraken, kann uns heute ein seltsames Gefühl bei dem Gedanken beschleichen, dass die Lichtjahre im Weltraum, die uns inzwischen so locker über die Lippen gehen, im Wesentlichen leer sind. Nichts da. Nur ein paar einzelne Atome. Deshalb ist der Himmel dunkel. Zu wenig Sterne zum Leuchten. Zu groß die Abstände. Die Lichtgeschwindigkeit zu klein, um mit den Mitteln gegenwärtiger Physik auf der Zeitskala eines Menschenlebens im Weltall herumzureisen. Deshalb braucht es die fantastischen Antriebe in Science Fiction-Raumschiffen. Warum? Sind wir auf die Erde verwiesen? Die Bibel sagt nicht viel über Gottes Gedanken zum „Außenraum" oberhalb der Erde, außer, dass er „sehr gut" war.

Zum Glück für uns ist die Materie im Weltall nicht gleichmäßig verteilt. Es gibt eine Menge zu sehen. Das Weltall hat Struktur. Das zeigt der Blick zum Himmel: Die Milchstraße zieht sich wie ein Band über den Sternenhimmel. Auch Sterne schließen sich hier und dort zu größeren Verbänden zusammen. Trotzdem: Der Kontrast zwischen dem Leben auf der hellen Erdoberfläche und dem dunklen, stillen und ziemlich leeren Raum ist immens. Diese Erfahrung haben die meisten Astronauten gemacht. Wer die Gelegenheit hat, einmal nachts allein auf einem einsamen Berg unter dem klaren Himmel zu übernachten, dem kann es ebenso ergehen.

2.2.2 Die Milchstraße

Wenn man das Planetensystem verlässt, so ist die nächste größere Ordnungsstruktur unsere Milchstraße. Es ist nicht so leicht, einen Überblick über sie zu bekommen, weil sich die Sonne mit der Erde mittendrin befindet. Abb. 2.8 zeigt die Galaxie M 83 aus dem *Messierkatalog*, die etwa so aussieht wie unsere Milchstraße. Was dort leuchtet sind überwiegend Sterne. Einzelne Sterne sind jedoch nicht zu sehen: Wenn man in das Bild ein winziges Loch von 1/5 mm stäche, hätte es immer noch einen Durchmesser von etwa 100 Lichtjahren, und böte Platz für viele tausend Sterne. Etwa 100 Milliarden Sterne umfasst unsere Milchstraße, eine kaum vorstellbare Zahl. Wenn jede Sonne so groß wäre wie die Salzkörner in der Küche, bräuchte man 1,6 Kubikmeter oder sechs Badewannen voller Kochsalzkörner für alle Sterne unserer Milchstraße!

Die dunklen Staubbänder der Galaxien bilden zusammen mit leuchtenden Gaswolken eindrucksvolle Spiralen. Die einzelnen Gaswolken leuchten rot vom Wasserstoff, dem häufigsten Element. Gleichzeitig leuchten in ihnen viele Sterne. Man sieht vor allem kurzlebige massereiche Sterne, die wegen ihrer hohen Oberflächentemperatur von mehreren 10 000 K im blauen Licht leuchten und viel heller strahlen als alle anderen. Das Zusammenspiel von interstellarem Staub, der das Licht der Sterne abschattet (und selbst dabei warm wird) und den Gebieten mit heißen Sternen und Gaswolken erzeugt die filigrane Spiralstruktur der Milchstraße. Dazwischen findet sich natürlich auch vieles andere. Überreste von Novae- oder Supernovae-Explosionen, Überreste von Sternhüllen und Sternwinden und natürlich auch kalte, neutrale, dunkle Gaswolken mit gefrorenem Sternenstaub und vielen organischen Molekülen.

In der Bibel werden „die Himmel" als wunderbare Schöpfung Gottes bestaunt (zum Beispiel in Psalm 8). Wir wissen heute, dass der Himmel nicht einfach nur einige Sterne und Galaxien enthält, sondern komplex strukturiert ist und viele sonderbare Erscheinungen birgt. Einigen werden wir auf unserer Reise durch die Strukturen des Weltalls begegnen. Der Himmel ist in der Tat zum Staunen, nicht nur wegen seiner Ausdehnung.

Schaut man die Milchstraße von der Seite an, dann sieht sie aus wie eine flache Scheibe mit einem Knubbel in der Mitte (Abb. 2.9). Die flache Scheibe mit einem Durchmesser von etwa 100 000 Lichtjahren ist nur etwa 1000 Lichtjahre dick. Eine CD hat etwa die gleiche Form. In dieser

Abb. 2.9: So wie die Galaxie NGC 4565 sähe auch unsere Milchstraße von der Seite aus. (Bild: www.noao.edu)

Abb. 2.8: Blick auf die Galaxie M 83 zeigt, wie er von außen auf die Milchstraße etwa aussehen könnte. (Bild: ESO)

Scheibe finden wir die Sonne etwa auf dem halben Weg von der Mitte bis zum Rand. Die Scheibe wird umgeben von einem sphärischen Halo von etwa 150 Kugelsternhaufen mit jeweils mehreren 100 000 Sternen und dazu vielen einzelnen Sternen, die keiner Gruppierung angehören. Die Kugelsternhaufen bilden nicht etwa eine Kugel, sondern die Sterne in ihnen stehen in ihren Zentren so dicht zusammen, dass man mit kleinen Teleskopen den Eindruck einer hellen Kugel erhält (Abb. 2.10).

Abb. 2.10: Um die Milchstraßenscheibe herum verteilen sich etwa 150 solche Kugelsternhaufen mit jeweils mehreren 100 000 Sternen. (Bild: http://hubblesite.org)

Die Sterne im Halo haben im Mittel einen deutlich geringeren Anteil an schweren Elementen, so dass sie als besonders alte Sterne gelten. Über ihre Entstehung wissen die Astronomen wenig. Da sie allgemein annehmen, dass die Galaxien vor langer Zeit aus Verdichtungen kosmischer Materie entstanden sind, müssen diese Sterne bereits sehr früh entstanden sein, noch vor der Ausbildung der Scheibe der Galaxie. Abb. 2.11 gibt einen künstlerischen Eindruck von unserer Milchstraße. Der Künstler hat versucht, unser gegenwärtiges Wissen über das Aussehen der Milchstraße und den Verlauf der Spiralarme möglichst genau wiederzugeben. Der zentrale Knubbel ist auffallend gelb-rötlich. Diese Farbgebung ist richtig, wie man schon bei M 83 (Abb. 2.8) sehen konnte. Im Zentralbereich der Milchstraße bilden sich nur wenig massive Sterne, weshalb das Licht von älteren und kühleren Sternen wie unsere Sonne bestimmt wird. Die zentrale Struktur ist außerdem verlängert. Erst vor kurzem stellte sich heraus, dass unsere Milchstraße einen zentralen *Balken* besitzt. Das eigentliche Zentrum unserer Milchstraße ist nicht zu sehen, weil zu viele Staub- und Gaswolken davor schweben. Mit vielen Gebieten der Milchstraße ergeht es uns ähnlich; sie sind hinter Staubwolken verborgen. Sehr energiereiche Röntgenstrahlung kann jedoch den Staub durchdringen. Ebenso durchdringt Infrarotstrahlung den Staub, jedoch aus einem anderen Grund. Die Infrarotstrahlung hat eine Wellenlänge, die größer ist als der Durchmesser der interstellaren Staubkörner. Die Strahlung kann die Staubkörner deshalb quasi umkurven. Kasten 2.7 zeigt verschiedene Aspekte des großräumigen Aufbaus der Milchstraße am Beispiel der Andromeda-Galaxie.

Auch die Mitte unserer Milchstraße ist ein besonderer Ort; um ihn dreht sich nicht nur die

Abb. 2.11: Künstlerische Darstellung unserer Milchstraße nach den Vorgaben der Astrophysiker. Diese Darstellung ist in vielen Details korrekt. (Bild: www.space-art.co.uk)

Kasten 2.7: **Aufbau von Spiralgalaxien**

In Bild 1 wird das Aussehen der Andromeda-Galaxie bei verschiedenen Farben verglichen. Jede Farbe erläutert einen anderen Aspekt der Galaxie. Viele dieser Farben können wir Menschen von Natur aus nicht sehen und deren Strahlung wird auch fast vollständig von der Atmosphäre absorbiert und damit ausgelöscht. Nur mit Hilfe von Satelliten sind diese Aufnahmen möglich geworden. Die Druckfarben sind deshalb willkürlich gewählt. Das Zentrum der Andromeda-Galaxie ist im Lichte der Röntgenstrahlung (a) am besten zu sehen. Die Ultraviolettstrahlung (b) zeigt vor allem heiße Sterne und das heiße Gas im Zentrum. Im sichtbaren Licht (c) erscheinen die meisten Sterne hell, während die Ferninfrarotaufnahme (d) vor allem den kühlen Staub in den Spiralarmen zeigt. (Bild a): Astronomy & Astrophysics 317; 1997)

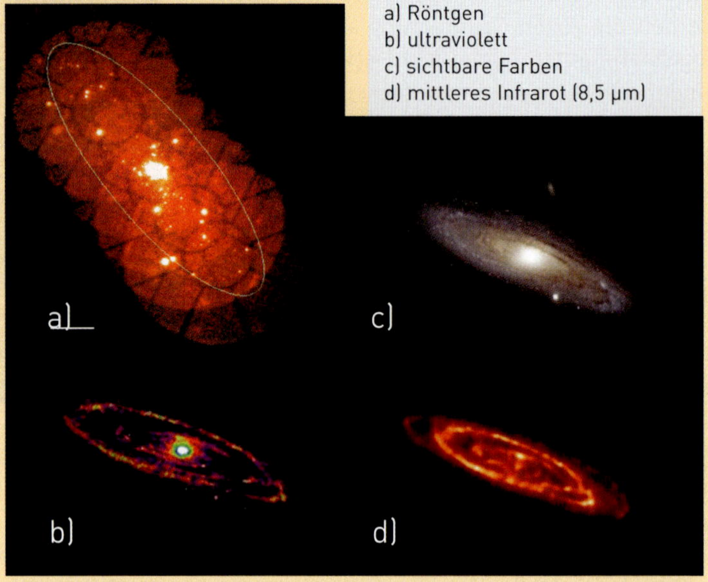

Bild 1: Die Andromeda-Galaxie im Lichte verschiedener Spektralbänder:
a) Röntgen
b) ultraviolett
c) sichtbare Farben
d) mittleres Infrarot (8,5 μm)

Kasten 2.8: **Schwarzes Loch**

Von einem Schwarzen Loch bemerkt man in einiger Entfernung nur die starke Gravitationskraft, die dafür sorgt, dass sich alle Objekte in ihrer Umgebung sehr schnell bewegen. Wenn ein Objekt, sei es Staubklumpen, Gaswolke oder selbst ein Stern dem Schwarzen Loch zu nahe kommt, wird es zerrieben, während es das Schwarze Loch in immer engeren Spiralen immer schneller umkreist. Dabei heizt sich die Materie sehr stark auf und beginnt zu leuchten. Falls genügend Nachschub vorhanden ist, bildet sich sogar eine leuchtende rotierende Materiescheibe, einem kosmischen Strudel gleich, der wie ein Staubsauger alle Materie einsammelt und sie noch einmal in ein gleißendes Licht taucht, bevor diese an der *Roche-Grenze* unsere Raumzeit verlässt und in einem zunehmend geröteten Licht unwiederbringlich verschwindet (Bild 1). Die beiden dünnen Materiestrahlen (Jets) nach beiden Seiten transportieren wahrscheinlich Drehimpuls und Magnetfelder vom Schwarzen Loch fort.

Bild 1: Kosmischer Strudel. Schwarzes Loch in einer künstlerischen Darstellung. Die in das schwarze Loch einfallende Materie wird durch die Gravitationskräfte zerrieben und zu hellem Leuchten angeregt. Die beiden Jets transportieren wahrscheinlich den Drehimpuls nach außen.

Das Zentrum wird umgeben von einem Sternhaufen, den man im infraroten Licht durch den Staub hindurch beobachten kann. Bild 2a zeigt diesen Sternhaufen. Die hellsten der Sterne in unmittelbarer Nähe des Zentrums haben so hohe Geschwindigkeiten, dass sich ihre Positionen zueinander innerhalb von wenigen Jahren deutlich verändern. Bild 2b zeigt zwei Aufnahmen, die im Abstand von zehn Jahren aufgenommen wurden. Das Kreuz markiert die

Position der Masse, die genau im Zentrum der Milchstraße steht. In der Nähe des Zentrums wurden Sterngeschwindigkeiten von mehreren tausend Kilometer pro Sekunde gemessen. Ein kosmisches Sternenrennen, bei dem die Sterne um das Schwarze Loch kreisen wie die Planeten um die Sonne. Aus der Analyse der Sternbewegungen findet man eine dunkle Zentralmasse von 4 Millionen Sonnenmassen innerhalb eines Raumgebietes von etwa einem Lichttag Durchmesser. Ein Sternhaufen kommt nicht in Frage, ebenso kann man fast alle exotischen Materieformen inzwischen ausschließen. Selbst ein Haufen kleiner Schwarzer Löcher kann dort nur einige Millionen Jahre leben, bevor er durch Gravitationswechselwirkung der Haufenmitglieder zerstreut wird. Deshalb ist die beste Erklärung in der Tat ein Schwarzes Loch. Auch Lichtausbrüche wie von sporadischem Materieeinfall in ein Schwarzes Loch hat man entdeckt, sowohl im Röntgen-, wie auch im Infrarotlicht. Sie finden mehrmals täglich statt und dauern einige Minuten bis Stunden. Bild 3 zeigt einen Helligkeitsanstieg der Infrarotstrahlung am Ort des Zentrums, der auf einen solchen Ausbruch hindeutet. Die Hypothese der Existenz Schwarzer Löcher gilt im Augenblick schon als ziemlich gut gesichert.

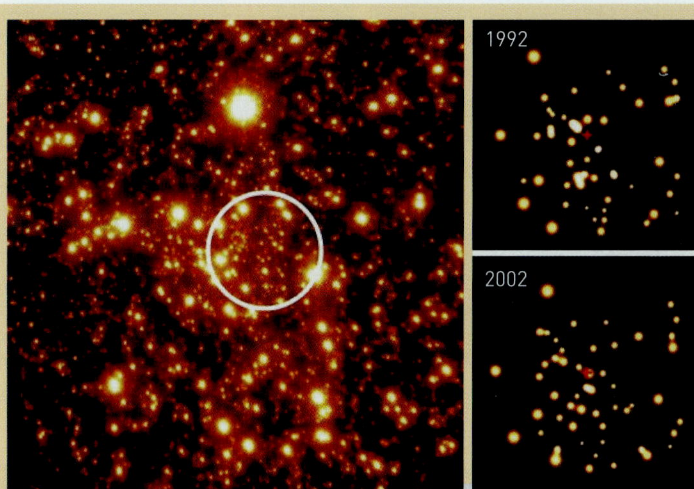

Bild 2: a: Der Sternhaufen unserer Milchstraße, so wie er im Infrarotlicht strahlt. **b:** Die beiden Bilder rechts zeigen die Veränderung der Sternorte innerhalb des Kreises im Verlauf von 10 Jahren. Das rote Kreuz markiert die Position des Schwarzen Lochs. Diese Bilder sind gegenüber der linken Abbildung etwa um 30° gegen den Uhrzeigersinn gedreht.

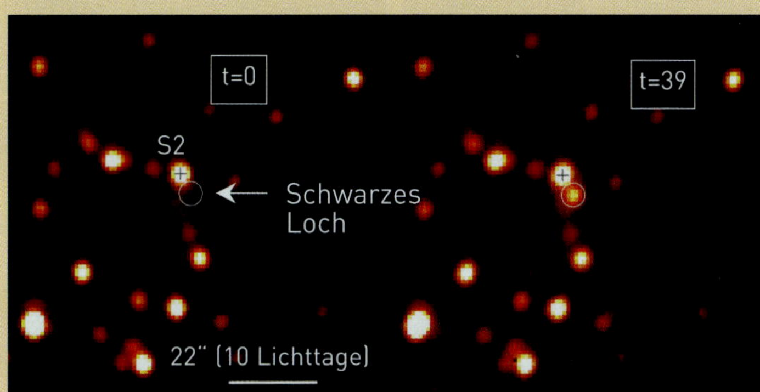

Bild 3: Lichtausbruch des Schwarzen Loches. Solche Lichtausbrüche erwartet man, wenn ein Materieklumpen in das Schwarze Loch stürzt. Merkliche Lichtausbrüche geschehen mehrmals am Tag und dauern bis zu etwa einer Stunde.

Hohe Sterngeschwindigkeiten und Lichtausbrüche findet man auch in anderen Galaxien. Im Augenblick deutet vieles darauf hin, dass in den Zentren der meisten Galaxien Schwarze Löcher existieren. Wenn die Beobachtungen in diesem Sinne interpretiert werden, haben wir es mit Schwarzen Löchern von vielen Millionen bis Milliarden Sonnenmassen zu tun, und dagegen ist das Schwarze Loch in unserer Milchstraße geradezu noch ein Leichtgewicht.

Milchstraße. Dort vermuteten die Astronomen schon seit längerem ein Schwarzes Loch (Kasten 2.8). Die Indizien für ein Schwarzes Loch im Zentrum unserer Milchstraße haben sich in den letzten 10 Jahren so sehr verdichtet, dass viele Astronomen von dessen Existenz überzeugt sind.

2.2.3 Die Galaxien

Bislang haben wir nur unsere Galaxie betrachtet und einige Facetten ihre Gestalt beschrieben. Viele Galaxien sehen unserer ähnlich, andere dagegen nicht. Unsere Milchstraße gehört zu den

Abb. 2.12a: Elliptische Galaxien sehen elliptisch oder auch kugelrund aus. Sie bestehen aus alten Sternen und haben fast kein Gas und keinen Staub. Links M87 rechts M 86. (Bild links: http://seds.lpl.arizona.edu; rechts: www.noao.edu)

b: Im Unterschied zu reinen Spiralgalaxien wie M 101 (links) haben Galaxien wie NGC 1300 einen geraden zentralen Balken. Der Balken von NGC 1300 ist riesig. Er ist länger als es dem Durchmesser der Milchstraße entspricht. (Bild: www.noao.edu)

Abb. c: Die irregulären Galaxien haben keine erkennbare Symmetrie. Häufig handelt es sich um kleinere Begleiter größerer Galaxien wie bei der kleinen Magellanschen Wolke (rechts) Der Kugelsternhaufen 47 Tuc ist ebenfalls zu sehen. M 82 (links) ist eine der großen irregulären Galaxien. (Bild links: www.allthesky.com; rechts: www.aao.gov.au)

Spiralgalaxien mit ausgeprägten Spiralarmen, die fast direkt an der zentralen Verdickung, genauer an den Enden des kurzen Balkens ansetzen. Andere Galaxien haben eine viel ausgeprägtere Balkenstruktur, an deren Enden erst die Spiralarme ansetzen (Abb. 2.12b) Wieder andere Galaxien haben überhaupt keine Spiralstruktur, sondern sehen aus wie ein riesiger Kugelsternhaufen (Abb. 2.12a). Zu diesen gehören M 87 im Sternbild Virgo (Jungfrau) sowie M 86. Diese Galaxien heißen wegen ihrer Form elliptische Galaxien. Sie sind die Galaxien mit der größten Masse im Weltraum. M 87 hat 30 mal so viel Masse wie die Milchstraße. Elliptische Galaxien bestehen fast nur aus alten Sternen, und es gibt sehr wenig Anzeichen für aktuelle Sternentstehung, für Gas und für Staub in diesen Gebilden.

Irreguläre Galaxien zeigen überhaupt keine erkennbare Gestalt oder Symmetrie. Sie sind häufig chaotisch verzerrt. Wenige große Galaxien gehören dazu wie M 82 (Abb. 2.12c). Meist handelt es sich jedoch um kleinere Galaxien in der Nähe von großen Nachbarn. Ein Beispiel ist die kleine Magellansche Wolke in der Nähe unserer Milchstraße. Diese Grundtypen wurden schon von Edwin Hubble vor etwa 90 Jahren festgestellt. Beim Betrachten dieser Sequenz in Abb. 2.12 stellt man sich natürlich auch die Frage, wie man die verschiedenen Formen erklären kann. Die Frage ist nicht so leicht zu beantworten.

Mit Hilfe unserer Cepheiden sind wir in der Lage, die Entfernung zumindest der nahen Galaxien zuverlässig zu bestimmen. Da wir schon deren Richtung am Himmel kennen, ist damit die Lage der Galaxien im Raum

Abb. 2.13: Galaxiengruppe M 81 – M 82 in der Nähe des großen Wagens. M 81 ist die größte Galaxie im Feld rechts, M 82 steht darüber. Weitere Galaxien dieser Gruppe erscheinen als verwaschene Fleckchen zwischen den Sternen, die noch zur Milchstraße gehören. (Bild: www.astromatt.com)

festgelegt und wir können uns anschauen, wie die Galaxien im Raum verteilt sind. Dabei fällt sofort auf, dass Galaxien überwiegend in Gruppen auftreten. Die Galaxien bilden eine Art hierarchische räumliche Struktur. Unsere Milchstraße bildet dabei mit der Andromeda-Galaxie und etwa 40 weiteren kleinen Galaxien die „Lokale Gruppe“; das ist sozusagen unser Galaxienclan. Der Durchmesser der Lokalen Gruppe beträgt etwa 6 Millionen Lichtjahre, dabei sind es schon bis zur Andromeda-Galaxie 2,5 Millionen Lichtjahre. In unserer „Nähe“ gibt es noch einige weitere Galaxiengruppen, wie zum Beispiel die etwa 12 Millionen Lichtjahre entfernte M81–M82-Gruppe, die in der Abb. 2.13 zu sehen ist.

Gruppen haben in der Regel weniger als 50 Objekte. Verbände von Gruppen oder größere Gruppen nennt man Galaxienhaufen. Der uns nächste ist der Virgo-Haufen mit der Zentralgalaxie M 87 (Abb. 2.12a) in 50 Millionen Lichtjahren Entfernung. Er allein umfasst schon mehr als 2000 Objekte. Zusammen mit den anderen umliegenden Haufen und Gruppen, unsere Lokale Gruppe eingeschlossen, ist er zugleich Zentrum des lokalen Superhaufens, der etwa 150 Millionen Lichtjahre Durchmesser hat. Weitere Superhaufen in unserer intergalaktischen Umgebung sind der Herkules-Haufen oder der Coma-Haufen. Zurzeit wird darüber spekuliert, ob es vielleicht eine noch höhere Ordnung gebe, die Hyperhaufen. Diese würde dann wiederum viele Superhaufen umfassen und hätte Ausmaße von fast 1 Milliarde Lichtjahre (vgl. Abb. 2.14).

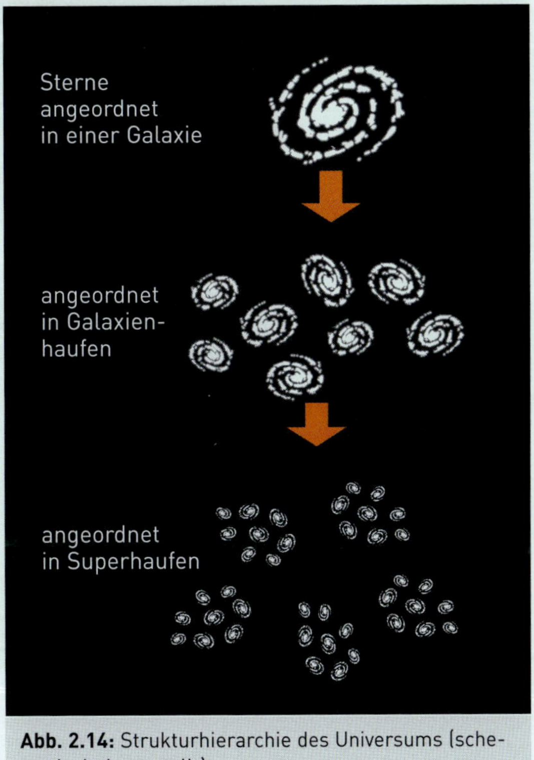

Abb. 2.14: Strukturhierarchie des Universums (schematisch dargestellt).
Bis zur Mitte des 20. Jahrhunderts hatten wir folgende Vorstellung von den Strukturen im Universum:
Die Sonne als Stern ist Mitglied einer aus 100 Millionen anderer Sterne bestehenden Galaxie (Milchstraße), außerhalb derer andere Galaxien ohne erkennbare Ordnung verstreut liegen. Seither wurden Beobachtungen durchgeführt, die nachweisen, dass unser Milchstraßensystem und weitere relativ nahe Galaxien eine eigene Struktur aus Galaxien bilden, sog. Galaxienhaufen. Jenseits solcher Galaxienhaufen sind sog. Superhaufen ausgemacht worden. Heute überrascht der Kosmos durch neu entdeckte hochgradige Ordnung.

Abb. 2.15: Zusammenstoß der Galaxien NGC 2207 (links) und IC 2163 (rechts). (Bild: http://hubblesite.org)

Abb. 2.16: Nahe Begegnung zwischen zwei Galaxien. Die kleinere Galaxie ist hinter einem Spiralarm der größeren halb verborgen. Die Gezeitenkräfte haben einen Spiralarm der großen Galaxie bereits fast völlig abgewickelt. (Bild: http://hubblesite.org)

Bevor wir uns noch weiter in das Weltall hinaus vortasten, betrachten wir einige Besonderheiten bei Galaxien. Wenn mehrere hundert oder tausend Galaxien in einem Haufen durch die Gravitation zusammengehalten werden, ist es durchaus wahrscheinlich, dass zwei Galaxien sich so nahe kommen, dass sie die Gravitationskräfte voneinander spüren. Die Auswirkungen solcher Wechselwirkungen kann man in der Tat sehen; und sie sind in der Regel einschneidend und verändern das weitere „Leben" der Galaxien. Die beteiligten Galaxien müssen dabei noch nicht einmal zusammenstoßen. Schon ein Abstand, der etwa dem vierfachen Durchmesser der Galaxien entspricht, reicht, um die filigranen Strukturen durcheinander zu wirbeln. Abb. 2.15 zeigt den Zusammenstoß zweier Galaxien. Bei solchen nahen Begegnungen werden die Geschwindigkeiten vieler großer Gaswolken und Sterne so sehr gebremst, dass diese sich nicht mehr in ihren Bahnen halten können und zu den Zentren der Galaxien fallen. Andere Gasmassen und Sterne werden nach außen geschleudert und bilden lange Bögen im intergalaktischen Raum (Abb. 2.16). Das Ergebnis einer zu nahen Begegnung ist in der Regel ein Verschmelzen der beiden Gala-

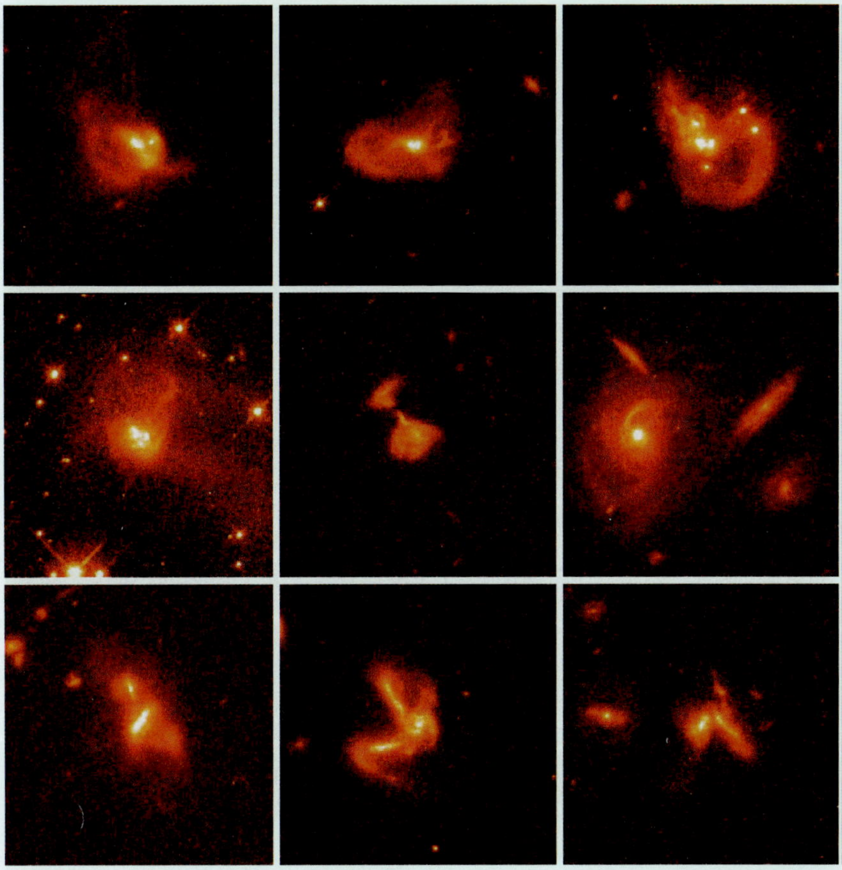

Abb. 2.17: In ultrahellen Infrarotgalaxien wie auf diesen Bildern des Hubble-Weltraumteleskops wird der interstellare Staub durch gleichzeitige Sternentstehung sehr stark aufgeheizt und beginnt vor allem im infraroten Spektralbereich zu strahlen. Die Zusammenstöße und Wechselwirkungen von Galaxien wie hier sind die vermutete Ursache für diese Aktivität. Häufig sind mehrere Galaxien gleichzeitig beteiligt. Die nachträgliche Farbgebung soll an die Infrarotstrahlung der Galaxien erinnern. (Bild: http://hubblesite.org)

xien. Dabei wird die Spiralstruktur in den Galaxien stark gestört oder sogar völlig aufgelöst.

Die Wechselwirkung zwischen Galaxien ist vermutlich für eine ganze Reihe weiterer Phänomene verantwortlich. Beispielsweise könnten die elliptischen Galaxien das Ergebnis vieler Galaxienbegegnungen sein, bei denen viele kleinere Galaxien zu großen verschmelzen. Irreguläre Galaxien könnten in diesem Sinne als von außen gestörte Galaxien gelten. Da sind die *Quasare*; Galaxien, deren Zentralgebiet so hell leuchtet, dass es den Rest der Galaxie um ein Vielfaches überstrahlt. Dort strömen ungeheure Materiemengen in das zentrale Schwarze Loch, das wiederum diese immense Energie freisetzt. Man vermutet, dass auch die dort einströmende Materie durch Begegnung zwischen Galaxien nach innen gelenkt wurde. Massive Schwarze Löcher wiederum könnten aus einer Vereinigung mehrerer Schwarzer Löcher aus verschiedenen Galaxien entstanden sein.

Ein Zusammenstoß zwischen Galaxien hat aber noch weitere Auswirkungen. Durch den Zusammenstoß vieler Gas- und Molekülwolken im Inneren solcher Galaxien beginnt dort in vielen Gebieten fast gleichzeitig eine Phase intensiver Sternentstehung. Die geradezu explosive Sternentstehung führt zu einer deutlichen Erwärmung des Staubes in den Molekülwolken zwischen den vielen heißen Sternen. Der Staub absorbiert den überwiegenden Teil der Sternstrahlung und beginnt selbst im fernen Infrarot-Spektralbereich so stark zu leuchten, dass viele von diesen Galaxien mehr als 1000mal mehr Energie im Ferninfraroten als im sichtbaren Spektralbereich abstrahlen. Dies sind die ultrahellen Infrarotgalaxien (Abb. 2.17), die erst vor etwa 20 Jahren vom amerikanischen Satelliten *IRAS* entdeckt wurden. Unter diesen Galaxien sind die leuchtkräftigsten Galaxien im sichtbaren Weltall; die hellsten sind etwa 10000mal so hell wie die Milchstraße.

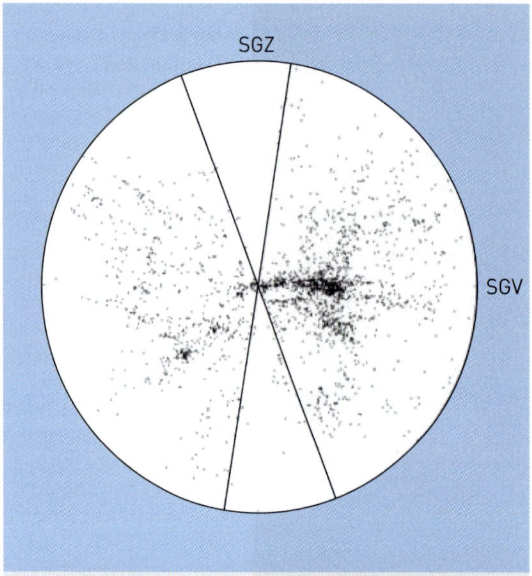

Abb. 2.18: Die Verteilung von 2175 Galaxien des lokalen Superhaufens. Die Milchstraße im Schnittpunkt der Linien befindet sich eher am Rand des Superhaufens. Der Bereich zwischen den beiden Linien repräsentiert die undurchsichtige Scheibe unserer Milchstraße. Der Radius des Kreises beträgt etwa 500 Mpc. (Tully 1982)

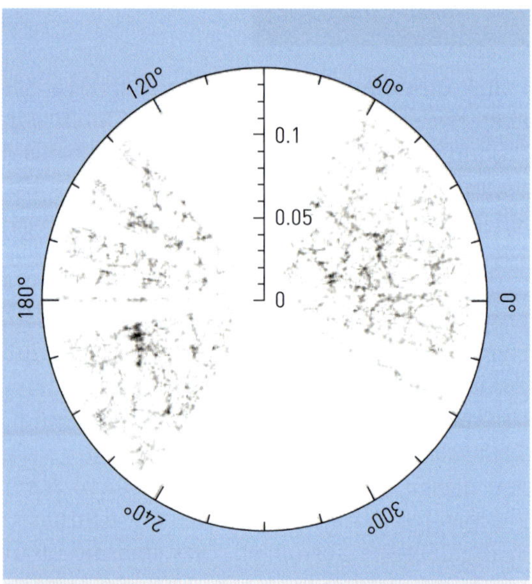

Abb. 2.19: Die Verteilung von 16300 Galaxien in einem 5° großen Segment am Himmelsäquator. Der Bildradius ist 12 mal größer als in Abb. 2.17. Man erkennt deutlich die zellenartige Struktur der Galaxienverteilung. Dabei scheinen die Galaxien die Zellwände zu bilden. (Zehavi et al. 2002)

2.2.4 Großräumige Verteilung

Die Zugehörigkeit der Milchstraße und anderen Galaxien zu Gruppen, Haufen und Superhaufen beruhte auf einer Analyse der dreidimensionalen Anordnung der Galaxien mit Hilfe der Rotverschiebung als Entfernungsmodul. Wenn man die Messungen einmal durchgeführt hat, kann man auch gleich die räumliche Anordnung der Galaxien darstellen. Als man mit solchen Messungen und Darstellungen in den 80er Jahren des vergangenen Jahrhunderts begann, gab es eine Überraschung. Die Galaxienhaufen und Superhaufen waren keineswegs zufällig angeordnet wie die Rosinen im gleichnamigen Brot. Die Verteilung der Galaxien und der Materie folgte vielmehr einer Struktur ähnlich der eines Schwammes mit großer Zellstruktur. Abb. 2.18 zeigt den Lokalen Superhaufen, so wie man ihn sieht, wenn er auf die schmalste Kante projiziert wird. Diese Beobachtung der Zellstruktur setzt sich fort, wenn man mehr Galaxien hinzunimmt und tiefer in das Weltall hineinschaut. Abb. 2.19 stellt ein ähnliches Bild dar, das aber eine Scheibe aus einem wesentlich größeren Raumgebiet umfasst. Die Messungen wurden im Rahmen eines internationalen langfristigen Beobachtungsprojektes – Sloan Digital Sky Survey SDSS – gewonnen, bei dem große Teile des Himmels mit großflächigen CCD-Chips fotografiert und spektroskopiert werden. War der Radius der Verteilung in Abb. 2.18 noch 50 Mpc, so ist er in diesem Bild, zehn Jahre später, 600 Mpc, also 12mal so groß. Hier treten die Zellstrukturen noch viel deutlicher in Erscheinung. Dabei scheinen die Galaxien die Zellwände zu bilden, während die Innenräume der Gebiete ziemlich leer sind. Diese leeren Innenräume werden als „voids" bezeichnet. Inzwischen sind entsprechende Bilder, die den ganzen Himmel überdecken, verfügbar. Aus dem Two Micron all Sky Survey, 2MASS, konnte die Verteilung von 1,5 Millionen Galaxien und etwa 500 Millionen Sternen unserer Milchstraße bestimmt werden. Die Verteilung der Galaxien ist in Abb. 2.20 dargestellt. Eine so große Zahl von Objekten ist schwer zu überblicken, deshalb sind die Galaxien farbig kodiert. Die blauesten Galaxien haben eine Entfernung kleiner als 40 Mpc; sie entsprechen also etwa der Verteilung in Abb. 2.18. Die roten Galaxien sind etwa 450 Mpc entfernt, etwa vergleichbar mit Abb. 2.19. Eine Theorie, welche die zeitliche Entwicklung des Universums beschreibt, muss natürlich auch in der Lage sein, solch eine Zellen- oder auch Schwammstruktur zu beschreiben. In umfangreichen Computersimulationen wird versucht, die Galaxienverteilung im Rahmen des Standardmodells zu verstehen.

Abb. 2.20: Eine farbige Darstellung der räumlichen Galaxienverteilung über den gesamten Himmel mit der Milchstraße. Jeder farbige Punkt markiert eine Galaxie. Die Farbe steht für die Entfernung: Blaue Galaxien stehen näher, rote ferner. Dies ist das aktuellste Ergebnis zur Galaxienstruktur und wurde im Rahmen des Two Micron all Sky Survey, 2MASS gewonnen. (JARRETT 2004)

2.2.5 Periodische Rotverschiebung

Wir hatten schon darauf hingewiesen, dass nicht alle Astronomen mit der Interpretation der Rotverschiebung als Dopplergeschwindigkeit einverstanden sind. Die Kritik entzündet sich im Wesentlichen an zwei Phänomenen, deren Existenz von den Befürwortern und Kritikern bislang jedoch sehr verschieden beurteilt wird. Es geht um die periodische Rotverschiebung und die Assoziation zwischen Quasaren und nahen Galaxien.

In einer Veröffentlichung aus dem Jahre 1967 hatte der amerikanische Astrophysiker Halton ARP behauptet, Anzeichen für eine Materieverbindung zwischen bestimmten nahen aktiven Galaxien und Quasaren in deren Umgebung gefunden zu haben (Abb. 2.21). Außerdem bemerkte er Häufungen von Quasaren in der unmittelbaren Umgebung von nahen aktiven Galaxien. Dabei, und das war das eigentlich Merkwürdige, sind die Rotverschiebungen der Galaxie und der Quasare sehr verschieden. Wenn zwei Galaxien physikalisch verbunden sind, zum Beispiel über Materiebrücken, dann müssen sie notwendigerweise auch nahe beieinander stehen. Haben sie dennoch deutlich verschiedene Rotverschiebungen, so ist das ein starker Hinweis, dass Rotverschiebung von Quasaren nicht immer etwas mit

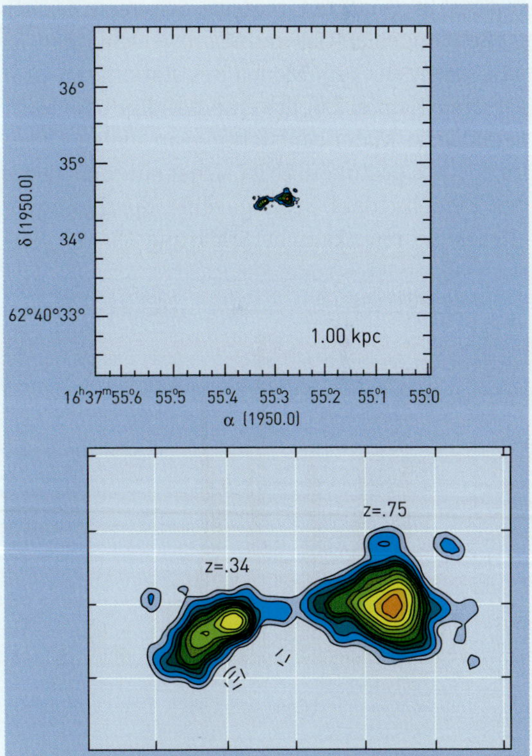

Abb. 2.21: Zwei Galaxien, die am Himmel nahe beieinander im Abstand von 1/4 Bogensekunde stehen, aber sehr verschiedene Rotverschiebung haben. Die z - Werte sind angegeben. Die rechte Galaxie ist ein Quasar mit dem Namen 3C 343. Das untere Bild ist eine Vergrößerung in einer Darstellung mit Konturlinien. (ARP et al. 2004)

Fluchtgeschwindigkeiten im Sinne des Dopplereffektes zu tun hat, deshalb auch nicht als Entfernungsmesser taugt und folglich eine andere Ursache haben muss. Die Evidenz für die behauptete räumliche Assoziation zwischen nahen Galaxien und Quasaren im Bildfeld wird von der Mehrzahl der Astronomen abgelehnt: Die Zahl der Objekte sei zu gering, die Assoziation könne auch durch zufällige Anordnung vorgetäuscht werden und eine physikalische Verbindung sei schwer zu beweisen. Halton ARP und einige Kollegen haben dennoch dieses Modell bislang weiterverfolgt und ausgebaut. In seiner Konsequenz besagt es Folgendes: *„Quasars originate from within, and are ejected by, active galaxies. Thus, in a real sense, active galaxies are parents to quasars"* [8] (ARP et al. 2005). Ihr Modell ist in der Tat völlig verschieden vom Standardmodell, nach dem im jungen Universum in Quasaren massive Schwarze Löcher große Mengen an Gas und Staub verschlingen. Es passt vielmehr zum Modell des stationären Universums (Kapitel 2.4), das eine ständige oder auch periodische Materieentstehung an vielen Orten im Kosmos postuliert. Es ist sicher eine Schwäche des Modells, dass bislang keine durchgängige alternative physikalische Erklärung für die Rotverschiebung gegeben worden ist. Seine Kritiker werfen Halton ARP außerdem immer noch vor, zu wenig statistische Evidenz für die Assoziation zwischen nahen Galaxien und Quasaren geliefert zu haben.

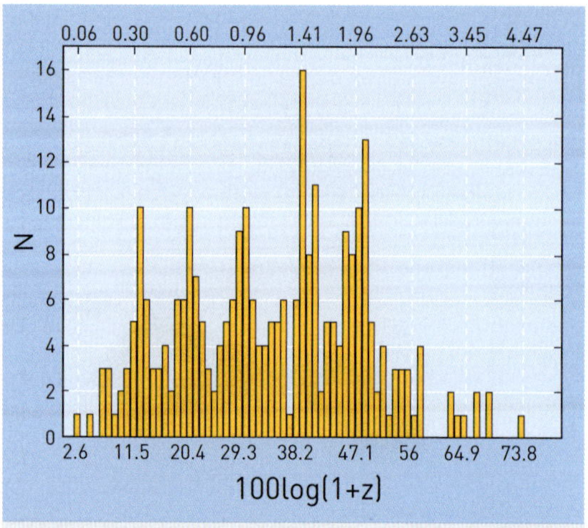

Abb. 2.22: Die periodische Rotverschiebung von Galaxien zeigt sich in einer periodischen Häufung von Galaxien bei bestimmten z-Werten. Die z-Werte sind entlang der oberen waagerechten Achse aufgetragen. Die Anzahl der Galaxien innerhalb kleiner z-Intervalle ist entlang der senkrechten Achse aufgetragen. Die erwartete Periodizität ist durch die senkrechten Striche angedeutet. (NAPIER & BURBIDGE 2003)

Im Jahre 1967 erschien eine weitere bemerkenswerte Arbeit, diesmal von Margaret und Geoffrey BURBIDGE. Sie bemerkten, dass sich die Rotverschiebungen von Quasaren bei dem Wert z = 1,95 besonders häuften. Eine solche Häufung kann im Standardmodell dann auftreten, wenn sich zu einer gewissen Zeit in der Vergangenheit binnen kurzem sehr viele Quasare bilden. Der Schwede K. G. KARLSSON stellte jedoch bei seinen Untersuchungen in den 70er und 80er Jahren des vergangenen Jahrhunderts fest, dass besonders viele Quasare nicht nur bei z = 1,96 auftraten, sondern auch bei anderen Rotverschiebungen: 0,30, 0,60, 0,96, 1,41 sowie 2,64 ... Die Abfolge dieser Maxima konnte er sogar durch eine mathematische Formel beschreiben. Parallel dazu untersuchte William TIFFT ebenfalls die Periodizität von Rotverschiebungen, jedoch über größere Raumgebiete. Er bemerkte, dass die Periodizitäten besonders ausgeprägt erschienen, wenn man die Messungen für alle bekannten Geschwindigkeitskomponenten relativ zum Mikrowellenhintergrund korrigiert. Er entwickelte außerdem zusammen mit dem Finnen Ari LETHO erste Ansätze einer Erklärung für das Auftreten der Periodizitäten, arbeitete jedoch weitgehend unabhängig von BURBIDGE, KARLSSON und ARP (TIFFT 2003). KARLSSON und auch Halton ARP entdeckten, dass die Häufungen von bestimmten Rotverschiebungswerten besonders bei der Gruppe solcher Quasare ausgeprägt ist, die sich wiederum in der Nähe von nahen Galaxien befinden. Ebenso wie zuvor die Assoziation von nahen Galaxien und Quasaren ist auch eine periodische Rotverschiebung, also die Häufung von Galaxien mit bestimmten z-Werten, nicht mit dem Standardmodell vereinbar. Deshalb werden auch die Untersuchungen zur periodischen Rotverschiebung von den Vertretern des Standardmodells kritisch beurteilt: Die Maxima seien ein Effekt kleiner Zahlen und daher statistisch nicht signifikant. Eine neuere Untersuchung von E. HAWKINS et. al (2002) behauptet, in der von ihnen

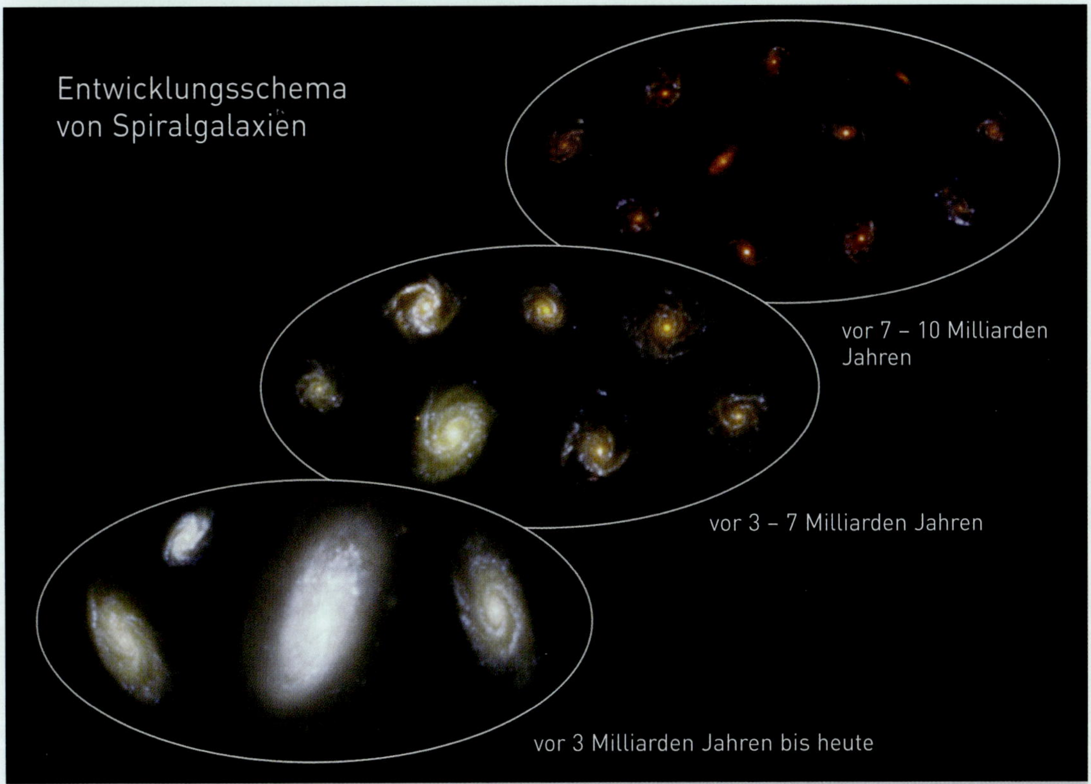

Abb. 2.23: Die Entwicklung der Galaxien, wie man sie sich gegenwärtig vorstellt. Im Laufe der Zeit nimmt die Zahl der Galaxien durch Zusammenstöße ab, dafür ihre Größe zu. (Bild: http://hubblesite.org)

untersuchten Gruppe von Quasaren gebe es keine Periodizität der Rotverschiebung. Dem widersprechen W. Napier und G. Burbidge (2003) und ebenso H. Arp und Kollegen (siehe oben). Sie stellen fest: *„The essential point is that Quasars must be correctly identified with their putative parent galaxy, and moved into the restframe of that galaxy, if the Karlsson peaks are to be observed“* [9] (Arp et al. 2005). Abb. 2.22 zeigt ein aktuelles Ergebnis: Entlang der waagerechten Achse sind die Rotverschiebungswerte in kleinen Intervallen aufgetragen, entlang der senkrechten Achse die Anzahl der Quasare mit *z*-Werten in den jeweiligen Intervallen. Die senkrechten Striche markieren die Perioden. Die Diskussion geht hin und her und wir können dem Ergebnis hier nicht vorgreifen. Die Frage wird sich wahrscheinlich aber innerhalb der nächsten Jahre lösen lassen, denn die Erfassung vieler Galaxien und ihrer Rotverschiebungen macht Fortschritte. Es wird wesentlich besseres statistisches Zahlenmaterial vorliegen, um das Argument der geringen Galaxienzahlen zu entkräften.

Es ist aber jetzt schon klar, dass die Einführung einer periodischen Rotverschiebung zusammen mit der behaupteten Assoziation von Quasaren und nahen Galaxien auf eine Kosmologie führt, die mit fast allen gängigen Erklärungsmustern des Standardmodells bricht. Dies wird besonders durch die weiteren Ausführungen Halton Arps zu diesem Thema deutlich (http://www.haltonarp.com/).

2.2.6 Der tiefe Blick ins Universum

Nachdem wir die Galaxien nach ihren verschiedenen Formen klassifiziert und sie in Gruppen, Haufen und Superhaufen eingeteilt haben, sind wir bereit, den in Kapitel 1.3 angesprochenen tiefen Blick in die Weiten des Weltalls auszubauen. Bei der Untersuchung der Strukturen des Weltalls im Großen müssen wir uns erinnern, dass ein Blick in eine Entfernung von einer Million Lichtjahre auch stets bedeutet, dass wir eine Galaxie so sehen, wie sie vor einer Million Jahre aussah. Es ist wie bei der Briefpost mit einer Laufzeit von, sagen wir, zwei Tagen. Der Brief, den ich bekomme, unterrichtet mich über das, was vor zwei Tagen geschehen ist. Selbst wenn ich jeden Tag einen Brief bekäme, wäre jeder Brief schon zwei Tage alt, wenn ich ihn öffne. Wenn die Entfernungen der Galaxien halbwegs korrekt bestimmt sind und unterwegs keine Probleme mit der Geometrie des Raumes und der Lichtgeschwindigkeit auftreten, dann braucht das Licht der fernen Galaxien Millionen bis Milliarden Jahre, bis es die Erde erreicht. Diese Feststellung hat eine wichtige Konsequenz.

Je weiter wir in das Weltall hinausschauen, zu umso früheren Zeiten sehen wir die Galaxien. Müssten die fernen Galaxien dann nicht jünger aussehen? Vielleicht. Was aber bedeutet „jünger"? Wie kann eine Galaxie jung aussehen? Die Antworten auf diese Fragen sind etwas verzwickt, denn sie berühren bereits unsere Vorstellung von der Welt als Ganze. Die meisten Astrophysiker gehen zurzeit davon aus, dass der Sternenbrennstoff, also der Wasserstoffvorrat, im Weltall begrenzt ist. Dann ist wegen der Unumkehrbarkeit der Fusionsprozesse in Sternen ein quasi immerwährender Kreislauf der Materie in Sternen durch die Gesetze der Physik ausgeschlossen. Mit dieser Begrenzung können wir in der Tat ein Galaxienalter definieren. Und zwar wird die Konzentration der kosmischen „Asche",

Abb. 2.24: Im Dezember 1995 entstand mit Hilfe des Hubble-Weltraumteleskops die damals tiefste Aufnahme in das Weltall hinein. Auf diesem Ausschnitt sind praktisch nur Galaxien in etwa ihren natürlichen Farben zu sehen. Die schwächsten Pünktchen sind etwa von der 29. Magnitude, also extrem lichtschwach. (Bild: http://hubblesite.org)

Abb. 2.25: Der tiefste Blick in das Weltall, den Menschen je getan haben zeigt diese fast 12 Tage lang belichtete Aufnahme mit dem Hubble-Weltraumteleskop. Eine handvoll Vordergrundsterne aus der Milchstraße sind an den Lichtkreuzen leicht zu identifizieren. Alle anderen Objekte sind Galaxien; auf dem ganzen Bild etwa 10 000! Die kleinen roten Pünktchen sind die entferntesten Galaxien, die jemals beobachtet wurden. Sie stehen in einer Entfernung von etwa 14 Milliarden Lichtjahren. (Bild: http://hubblesite.org)

also der schweren Elemente, sich im Laufe der Zeit langsam erhöhen. Mit jeder Sternengeneration reichern sich die schweren Elemente weiter an. Jüngere Galaxien und die Sterne in ihnen hätten demnach einen relativ geringeren Anteil schwerer Elemente. Ganz junge Galaxien haben vielleicht erst wenige Sterne, dafür aber gewaltige Gasmassen. Junge Galaxien sollten außerdem weniger von Galaxienkollisionen gezeichnet sein. In Abb. 2.23 ist ein solches Bild der Entwicklung von Galaxien nachgezeichnet. Diese Fragen werden zurzeit intensiv mit den modernen Großteleskopen untersucht.

Es sei schon hier bemerkt, dass es kosmologische Modelle gibt, die auf einem anderen Ansatz beruhen. Das Modell des stationären Universums, 1948 von Hermann Bondi, Thomas Gold und Fred Hoyle vorgeschlagen, fordert gerade, dass das Weltall zu allen Zeiten etwa gleich aussieht. „Gleich" heißt: etwa so wie wir das Weltall jetzt innerhalb unseres Superhaufens beobachten können. Das geht natürlich nur, wenn das Weltall überall ständig Materie hervorbringt, um die auch in diesem Modell angenommene Materieverdünnung infolge der Expansion auszugleichen. Dann sähe es zu allen Zeiten in der Tat gleich aus, selbst wenn wir die fernen Galaxien zu einem viel früheren Zeitpunkt beobachten. Eine durchschnittliche Galaxie sähe in diesem Modell zu jedem Zeitpunkt immer gleich jung aus. Wir kommen später nochmals auf diesen Punkt zurück (siehe Kapitel 2.4 und Kapitel 3).

Kann man den in den Tiefen des Weltalls Galaxien finden, die zweifelsfrei jünger sind? Das amerikanische Hubble-Weltraumteleskop hat durch seine Beobachtungen unser Bild von dem

Abb. 2.26: Auf diesem Ausschnitt aus Abbildung 2.24 sind einige der extrem roten Galaxien zu sehen. Sie sind die entferntesten Objekte, die wir bislang im Weltall gesehen haben.

frühen Universum schon wesentlich erweitert. Im Jahre 1995 beobachtete es ein Himmelsgebiet in der Nähe des Sternbildes des Großen Wagens abseits heller Sterne mit einer Serie langbelichteter Aufnahmen durch verschiedene Farbfilter. Die Beobachtung dauerte insgesamt etwa 10 Tage und war damit zu der Zeit der tiefste Blick ins Weltall. Abb. 2.24 zeigt einen Ausschnitt des erhaltenen Farbbildes. Es sind nur wenige Sterne auf dem Bild zu sehen, dafür aber Tausende von Galaxien. Die schwächsten Galaxien haben eine Helligkeit von etwa *Magnitude* 28,5 und sind fast 1 Milliarde mal lichtschwächer als die schwächsten mit bloßem Auge erkennbaren Sterne. Das war aber noch nicht das Ende der Fahnenstange. Zwischen September 2003 und Januar 2004 führte das Hubble-Weltraumteleskop eine noch längere Beobachtung durch. Die inzwischen erneuerten Kameras im sichtbaren und infraroten Spektralbereich mit erheblich besserer Empfindlichkeit und größerem Blickfeld beobachteten ein fast sternenleeres Feld im Sternbild Fornax (Chemischer Ofen), das mit etwa 12 Tagen Belichtungszeit belichtet wurde. Auf dem neuen Bild (Abb. 2.25) sind noch Galaxien zu erkennen, die etwa viermal schwächer sind als auf dem vorherigen Feld (Abb. 2.24). Dieses Bild ist eine Sensation in der Astronomie und wird die Astronomen noch lange beschäftigen. Betrachten wir es etwas genauer.

Zählt man alle auf dem Originalbild sichtbaren Galaxien zusammen, so sind es etwa zehntausend! Die Vielfalt der Farben und Formen ist beeindruckend. Die schwächsten Objekte sind als rötliche Pünktchen mit einer Helligkeit von knapp über 30 Magnituden zu erkennen. Diese erscheinen rötlich, weil ihre Rotverschiebung sehr hoch ist: $z = 7$. Abb. 2.26 zeigt einen Ausschnitt aus dem großen Bild mit einigen dieser entferntesten Galaxien. Diese Rotverschiebung entspricht etwa einer Entfernung von 13,5 Milliarden Lichtjahren, wenn man die Hubble Konstante zu 70 km/s pro Mpc ansetzt. Dies ist schon sehr nahe an dem Zeitpunkt Null eines Urknallszenarios, der etwa bei 15 Milliarden Jahren liegt. Wir schauen also schon etwa in die Zeit, in der sich Galaxien überhaupt erst gebildet haben. Wenn das gängige Modell des Universums gültig ist, sollten wir selbst mit einem noch tieferen Blick nicht sehr viel mehr Galaxien zu Gesicht bekommen. Könnten wir noch weiter zurückschauen, sähen wir das Weltall zu einer Zeit, zu der sich noch keine Galaxien gebildet haben sollten, höchstens deren Vorläufer. Damit stehen wir aber vor einer bedeutenden Schlussfolgerung: Es gibt in dem Gesichtsfeld überhaupt nur etwa so viele Galaxien wie wir zählen können, vielleicht noch einige mehr, falls wir noch etwas weiter zurück schauen könnten. Es gibt aber nicht unendlich viele Galaxien, jedenfalls nicht, wenn sie etwa so hell sind wie diejenigen auf dem Bild. Das Feld ist auch nicht voller Galaxien, insbesondere nicht voller roter Galaxien. Das heißt aber auch: Wir schauen bereits bis in die Nähe der Grenze des Galaxien-Universums. Dahinter wird es dunkler, weil die Galaxien noch nicht zu leuchten begonnen haben bzw. es noch keine gab. Abb. 2.27 zeigt einen Schnitt durch das Universum und verdeutlicht, dass wir mit dieser Beobachtung bis in die Anfänge der Galaxienbildung schauen. Wenn unser Modell richtig ist, haben wir damit zumindest an einer Stelle (dort wo Abb. 2.25 entstand) den Rand des Galaxienuniversums erreicht. Die Zahl der Galaxien verdünnt sich und geht, da wir immer weiter in die Vergangenheit schauen, in vorgalaktische Strukturen über. Diese werden noch röter als die roten Galaxien in Abb. 2.25 und scheinen uns deshalb nur

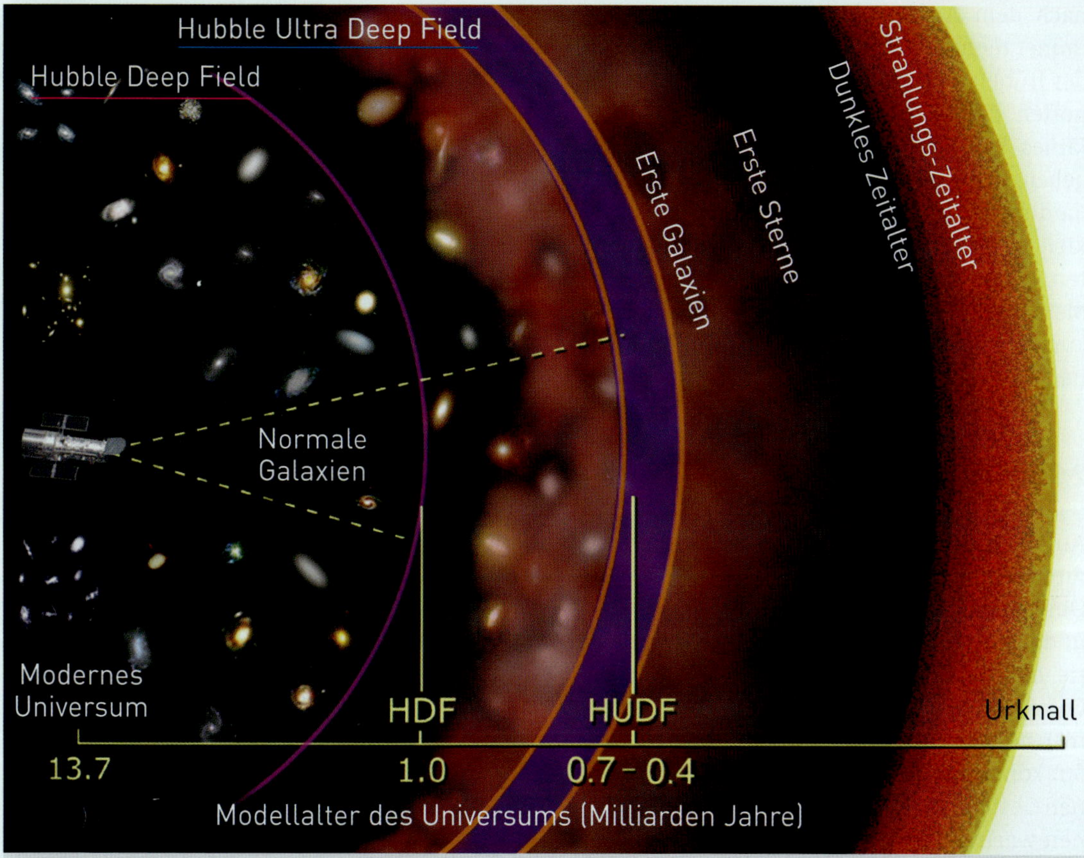

Abb. 2.27: Ein Blick zurück in die Vergangenheit des Universums. Es verdeutlicht, dass wir mit den tiefen Aufnahmen des Hubble-Weltraumteleskops bis in die Zeit zurückblicken, in der Galaxien entstanden sind. Dahinter sollte es keine Galaxien mehr geben, weil zu wenig Zeit zu ihrer Bildung zur Verfügung gestanden hätte.

noch in den nahen infraroten Farben nachweisbar zu sein. Genau zu diesem Zweck wird ein neues Weltraumteleskop entwickelt, das James Webb Space Telescope JWST, dass in der Zukunft der Nachfolger des Hubble-Weltraumteleskops werden soll. Größer als das Hubble-Teleskop wird es vor allem im Infrarotbereich beobachten. Wir dürfen gespannt sein.

Sehen diese fernen Galaxien nun jünger aus als die nahen? Gibt es eindeutige Anzeichen für eine Entwicklung im Weltall? Die neuen Aufnahmen sind noch nicht vollständig ausgewertet. Aber die ersten Ergebnisse sind gerade publiziert worden (Eyles et al. 2005). Es scheint so, dass bereits diese sehr fernen Galaxien alte Sterne enthalten, die bereits relativ kurze Zeit nach dem postulierten Urknall entstanden sein müssen. Neue Fragen tun sich auf, aber lassen wir die beteiligen Wissenschaftler selbst zu Wort kommen:

„The real puzzle is that these galaxies seem to be already quite old when the Universe was only about 5 percent of its current age. This means star formation must have started very early in the history of the Universe – earlier than previously believed,...“ [10] kommentiert Richard Ellis, California Institute of Technology, USA (Ellis 2005).

Bei einem angenommenen Alter des Universums von etwa 15 Milliarden Jahren hätten wir also nach etwa 750 Millionen Jahren bereits alte Sterne. Wie und wann sind die ersten Sterne entstanden? Dies müsste schon in den ersten hundert Millionen Jahren geschehen sein. Die Frage nach dem Anfang der Sternentstehung rückt immer mehr in den Mittelpunkt der Erforschung des frühen Universums. Auch auf diese Frage, so hoffen die Astronomen, wird das zukünftige James Webb Weltraumteleskop eine Antwort geben, denn es wird in der Lage sein, das Standardmodell zu testen. Sollte es noch viele Galaxien in noch größeren Entfernungen beobachten, hätte das Standardmodell ein ernstes Problem. Die Zeit seit dem Urknall wäre dann zu kurz, um aus den anfänglichen Dichtefluktuationen schon Galaxien zu bilden (siehe Kapitel 2.4).

2.2.7 Zusammenfassung und Bewertung

Auf der weiten Reise durch das Weltall haben wir die wesentlichen Strukturen kennengelernt. Obwohl das Weltall relativ wenig Masse enthält und deshalb ziemlich leer aussieht, ist die Materie dennoch in komplexen Sternensystemen, Galaxien und Galaxienhaufen geordnet. Zusammenstöße zwischen Galaxien innerhalb der Haufen können sehr wahrscheinlich die verschiedenen Gestalten von Galaxien erklären. Bei Kollisionen wachsen die großen Galaxien, während die Zahl der kleinen Galaxien abnimmt. Auch die Milchstraße beteiligt sich an diesem großen Fressen. Wenn die Rechnungen zutreffen, werden die beiden Magellanschen Wolken einmal in der Milchstraße aufgehen. Die Zahl der Galaxien im Weltall ist begrenzt. Zum Rand des beobachtbaren Weltalls nimmt ihre Zahl ab und nicht zu. Die frühesten Galaxien sind schon erstaunlich weit entwickelt und enthalten viele alte Sterne (siehe Kapitel 3.1.2).

Die Struktur des Weltall bis etwa $z = 7$ ist gut gesichert. Darüber hinausgehende Erkenntnisse sind wegen der begrenzten Größe der Teleskope eingeschränkt. Zukünftige größere Teleskope werden diese Grenze weiter hinausschieben können. Einige Wissenschaftler deuten sowohl die Rotverschiebung als auch die raum-zeitliche Geschichte des Universums auf eine alternative Weise, die nicht mit dem Standardmodell vereinbar ist. Sie bestreiten unserer Kenntnis nach allerdings nicht die großen Entfernungen im Weltall.

Creation Pointer

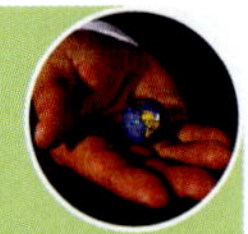

Es ist fraglich, ob es zwei Sterne gibt, die sich exakt gleichen. Zudem ist die interstellare Chemie hochgradig von der Rezeptur der Materie vor Ort abhängig und ebenso von den Eigenschaften des lokalen Strahlungsfeldes. Auf diese Weise manifestiert sich im Weltall eine bemerkenswerte Vielfalt der Erscheinungen. Ihre Ordnung wird mit der physikalischen Homogenität des Weltalls begründet, aber ihre Schönheit macht sprachlos.

Überall im Weltall zeigen sich die Strukturen von Ordnung und Individualität. Galaxien und Galaxienhaufen sind in allen Richtungen zu sehen. Doch ist jede Galaxie unverwechselbar. Auch die Bestandteile der Galaxien mit Sternen, Staub und Gas und mit den in ihnen ablaufenden Vorgängen sind gleichermaßen gut geordnet und andererseits auch sehr individuell. Es ist fraglich, ob es zwei Sterne gibt, die sich exakt gleichen. Zudem ist die interstellare Chemie hochgradig von der Rezeptur der Materie vor Ort abhängig und ebenso von den Eigenschaften des lokalen Strahlungsfeldes. Auf diese Weise manifestiert sich im Weltall eine bemerkenswerte Vielfalt der Erscheinungen. Ihre Ordnung wird mit der physikalischen Homogenität des Weltalls begründet, aber ihre Schönheit macht sprachlos. Der Begriff des Kosmos als wohlgestaltete Ordnung ist gerade auch vor dem Hintergrund des modernen Wissens immer noch angemessen.

Wird es ein grundsätzliches Problem mit den Zeiträumen geben, die für die Entwicklung der ersten Sterne nach gängiger Theorie zur Verfügung stehen? Das bleibt abzuwarten. Die Entwicklung der Astrophysik ist bislang stets spannend verlaufen. Es mehren sich die Vermutungen bei den Astronomen, dass die erste Generation der Sterne vielleicht gar nicht in Galaxien entstanden sei, sondern sich wegen der damaligen hohen Materiedichte überall im freien Weltraum gebildet haben könnten. Vielleicht gibt es noch viele Überreste von solchen Sternen zwischen den Galaxien und vielleicht könnten diese kompakten Reste ein Teil der rätselhaften Dunklen Materie sein, nach der allenthalben gesucht wird. Aber das ist ein neues Thema, und darum soll es in Kapitel 2.3.2 gehen.

2.3 Dynamische Strukturen

2.3.1 Bewegung von Galaxien

> **Kompakt:**
> - Sonne und Milchstraße auf der Waage
> - Unerwartete Probleme beim Wiegen von Galaxien
> - Rätselhafte dunkle Materie

So wie die Erde um die Sonne kreist, kreisen auch alle Sterne und alle anderen Bestandteile der Milchstraße um deren Zentrum. Wie die Bewegung aussieht, hatte schon Johannes Kepler herausgefunden. Isaak Newton dagegen entdeckte, warum die Massen umeinander kreisen: Das stabile Gleichgewicht zwischen Schwerkraft und Fliehkraft hält sie auf ihren Bahnen. Mit Hilfe genau dieser Gesetze schicken wir inzwischen Satelliten kreuz und quer durch das Planetensystem. Was im Kleinen vor unserer Haustür prima funktioniert, sollte, da es sich um fundamentale physikalische Gesetze handelt, auch im großen Maßstab gelten, zum Beispiel bei der Bewegung der Sonne um das Zentrum der Milchstraße. Auch diese Bewegung müsste man verstehen und berechnen können, dachten sich zumindest die Astronomen. Es stellte sich jedoch zur allgemeinen Verwunderung heraus, dass sich hinter dieser für Astronomen relativ simplen Rechenaufgabe eines der größten aktuellen ungelösten Probleme der Astronomie verbirgt. Das ist erstaunlich, und es kam so:

Isaak Newton hat gezeigt, dass die Anziehungskraft der Sonne auf die Erde in dem Maße steigt, wie die Masse der Sonne sich vergrößert: Bei doppelter Masse wäre die Anziehung doppelt so stark. Um dennoch auf der Bahn zu bleiben, müsste die Erde eine höhere Fliehkraft entwickeln, sie müsste sich schneller um die Sonne drehen. Man kann sogar Zahlenwerte angeben, so dass sich aus der Bahngeschwindigkeit der Erde und aus ihrem Abstand von der Sonne dann die Masse der Sonne berechnen lässt. Man kann die Sonne quasi wie mit einer kosmischen Waage wiegen und das Ergebnis in Kilogramm angeben. Das ist eine tolle Methode und sie lässt sich immer dann anwenden, wenn Massen umeinander kreisen, deren Abstand bekannt ist. Zum Beispiel kann man damit Doppelsterne wiegen oder auch die ganze Milchstraße. Warum nicht! Die Masse der Milchstraße hat die Astronomen schon lange interessiert. Aber es gibt eine Komplikation. In der Milchstraße kreisen viele Massen auf unterschiedlichen Bahnen umeinander. Wie soll man das Newtonsche Gesetz dort anwenden?

Aber da naht schon die Hilfe. Bei genauerer Betrachtung der Schwerkraftgesetze zeigt sich nämlich, dass bei diesem Wiegeprozess nicht nur die Masse der Sonne gewogen wird, sondern die gesamte Masse, die sich innerhalb der Erdbahn befindet, genauer, innerhalb einer gedachten Kugel mit dem Durchmesser der Erdbahn. Also nicht nur die Sonne, sondern auch dazu die Planeten Merkur, Venus und noch die Erde, sogar noch der Staub, der sich zwischen den Planetenbahnen befindet. Nun ist hier aber noch gewisse Vorsicht geboten, da weder die Erde auf einer Kreisbahn um die Sonne läuft – die Bahn ist eine Ellipse – noch die beteiligten Massen gleichmäßig kugelförmig verteilt sind, wie es für einen genauen Wiegeprozess nötig wäre. Außerdem benutzt man als Kugelradius die große Halbachse der Erdbahn, was für den mittleren Abstand zur Sonne etwas zu groß ist. In der Praxis macht man damit aber beim Wiegen der Sonne nur kleine Fehler. Auch das Mitwiegen einiger Planeten, die irgendwo auf ihren Bahnen stehen, macht keinen nennenswerten Unterschied, weil die Sonne viel schwerer ist.

Damit steht der Bestimmung der Masse der Milchstraße fast nichts mehr im Wege, zumindest nicht der Bestimmung der Masse innerhalb der Bahn der Sonne um den Mittelpunkt der Milchstraße. Der Abstand der Sonne vom Zentrum ist etwa 26 000 Lichtjahre, ihre Geschwindigkeit ist etwa 220 km/sec. Da die Bahn der Sonne nicht zu elliptisch ist, müsste man direkt die Milchstraßenmasse innerhalb der Sonnen-

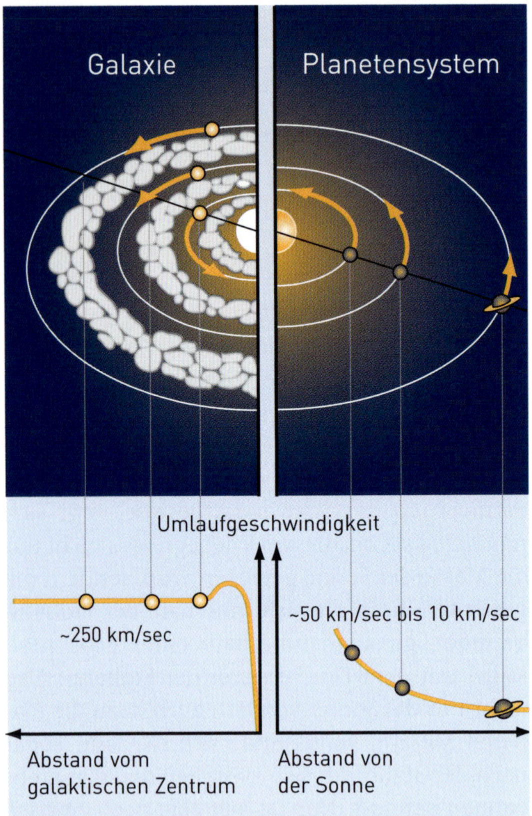

Abb. 2.28: Grafik illustriert den unterschiedlichen Verlauf der Umlaufgeschwindigkeiten.

bahn abschätzen können. Hier ist allerdings noch zu bedenken, dass die Masse der Milchstraße nicht kugelförmig verteilt ist. Der überwiegende Teil der Masse befindet sich in der Scheibe der Milchstraße, die eher einem flachen Zylinder gleicht. Eine solche zur Drehachse symmetrische Masseverteilung führt auf etwas andere Formeln, die für die Sonne und ihre Geschwindigkeit etwas kleinere Massen innerhalb der Sonnenbahn ergeben als die kugelförmige Masseverteilung.

Mit dem Ergebnis gaben sich die Astronomen aber noch nicht zufrieden. Warum nicht weitere Sterne wählen, die etwas weiter außen um das Zentrum kreisen? Aus deren Bahngeschwindigkeiten und Abständen vom Zentrum ergaben sich in der Tat größere Massenwerte, die die Gesamtmasse der Milchstraße besser repräsentierten. Die Astronomen wählten nun Sterne oder andere sichtbare Objekte, die zunehmend weiter vom Zentrum entfernt waren und bestimmten aus deren Bewegung die Milchstraßenmasse. Die Ergebnisse wuchsen und wuchsen. Der Verlauf der Bahngeschwindigkeiten für unser Planetensystem und für die Milchstraße wird in Abb. 2.28 verglichen. Zusätzliche Materie in den Spiralarmen und im Halo der Milchstraße sorgt dafür, dass die Bahngeschwindigkeiten der Sterne weiter außen nicht absinkt. Schließlich gab es nur noch wenige sichtbare Körper am Rande der Milchstraße. Man konnte erwarten, dass dort die Milchstraße aufhöre, dass keine weitere Materie dazukäme und die Bahngeschwindigkeiten schließlich abnähmen. Da kam die Überraschung: Mit der Entfernung vom Zentrum stieg die Masse der Milchstraße unaufhörlich immer weiter an, selbst bei Abständen, bei denen nur noch vereinzelt Sterne leuchteten und keine schweren Staub-, Gas- und Molekülwolken mehr zu finden waren. Die Astronomen addierten die Massen aller Objekte, die sie in der Milchstraße identifizieren konnten, aber das Ergebnis war äußerst frustrierend: Die mit Hilfe des Newtonschen Gravitationsgesetzes bestimmte Masse der Milchstraße war 3 bis 10mal so groß wie die Summe aller bekannten Objekte der Milchstraße zusammen. Da niemand gern an NEWTONS fundamentalen Gesetzen rüttelt, bedeutet diese Messung, dass wir nur einen kleinen Teil der Gesamtmasse der Milchstraße überhaupt sehen können, selbst nachdem die Inventur der Milchstraße mit aller Gründlichkeit verbessert wurde. Die Milchstraße besteht demnach aus noch mindestens einer Materieform, die wir aber bislang nicht beobacht haben: Die Dunkle Materie, wie sie genannt wurde. Abb. 2.29 zeigt ein Beispiel für eine solche Messung. Für die Spiralgalaxie NGC 3198 sind die gemessenen Bahngeschwindigkeiten von Sternen gegen deren Abstand vom Mittelpunkt der Galaxie aufgetragen. Die rote Kurve zeigt den erwarteten Verlauf, der sich aus der Verteilung nur der sichtbaren Materie ergibt. Die Bahngeschwindigkeiten der Sterne weiter außen sind deutlich höher als erwartet und lassen sich nur mit der Annahme erklären, dass die Gravitationskraft

Dunkler Materie für eine zusätzliche Kraft sorgt, die sich dann in einer höheren Bahngeschwindigkeit zeigt.

Aber das war noch nicht alles. Es kam schlimmer. Die Untersuchung unserer Nachbargalaxien, zum Beispiel Andromeda, zeigte dieselben Ergebnisse. Wohin man schaute: Überall das gleiche Bild. Alle Galaxien scheinen von dieser geheimnisvollen Dunklen Materie durchdrungen zu sein. Als Nächstes untersuchte man die Bewegung ganzer Galaxien in Galaxienhaufen. Mit welchen Geschwindigkeiten bewegen sich die Galaxien gegeneinander? Welche Abstände haben sie voneinander? Der amerikanische Astronom Fritz Zwicky vermaß schon in den 30er Jahren des vergangenen Jahrhunderts den Coma-Galaxienhaufen. Die Überraschung: Die Gesamtmasse des Coma-Galaxienhaufens ist ebenso um ein Vielfaches höher als die Massensumme aller Haufengalaxien. Neuere Messungen finden einen Faktor 10. Auch der Lokale Superhaufen mit dem Virgo-Haufen im Zentrum wurde untersucht. Es ergab sich wieder das gleiche Bild: Die aus der Schwerkraft bestimmte Masse einzelner Galaxienhaufen im Superhaufen überstieg die beobachtbare Masse um einen Faktor von etwa 50. Die Faktoren stiegen und damit auch die Ratlosigkeit.

Das Rätsel der Dunklen Materie steht bis heute und ist noch ungelöst. Einen so offensichtlichen Sachverhalt nicht erklären zu können ist unangenehm. Es bedeutet das Eingeständnis nicht nur des Nichtwissens, sondern mehr noch, das Fehlen aussichtsreicher Hypothesen. Als hätte man seine Hausaufgaben nicht gemacht. Normalerweise haben kreative Wissenschaftler für vieles eine einleuchtende oder zumindest eine mögliche Erklärung. Die Schaffung widerspruchsfreier Modelle ist ihr Geschäft. Hier ist es anders. Hier gab es keine schnellen Erklärungen. Wir müssen warten, bis die Nuss geknackt ist. Vielleicht ist es gut so, die eigene Verwunderung wieder zu spüren und die gehegte, gern vorgetragene Souveränität bei der Erklärung der Natur eine Zeitlang beiseite zu lassen und zu versuchen, den Knoten zu lösen.

2.3.2 Dunkle Materie

„Something out there holds swarms of galaxies together and keeps their stars from flying apart, but scientists still haven't learnt what this invisible substance is. Although I'm familiar with many names of God, this was the first time I have heard him called Dark Matter.“ [11]

C. A. Bachelor, aus einem Leserbrief in „National Geografic“, September 2005

Da sich die Existenz der Dunklen Materie in fast allen extragalaktischen Systemen auf unterschiedlichen Längenskalen zeigt und es sich dabei um einen ziemlich einfachen physikalischen Zusammenhang handelt, sind kritische Rückfragen angebracht. Dabei muss man berücksichtigen, dass es hier nicht um 20%-Effekte geht, sondern ums „Eingemachte“: Dunkle Materie wäre etwa 6 mal so häufig wie normale Materie (siehe Abb. 2.29). Die kosmische Wiegemethode benutzt Geschwindigkeiten und Abstände und setzt stabile Bahnen und halbwegs achsen- oder kugelsymmetrische Masseverteilungen voraus. Die Relativgeschwindigkeiten werden mit großer Genauigkeit aus den Spektren der Sterne oder Galaxien abgelesen. Dies ist eine einfache zuverlässige Methode, die schon bei der Bestimmung der Rotverschiebung angewandt wurde. Falls man bei einem Objekt

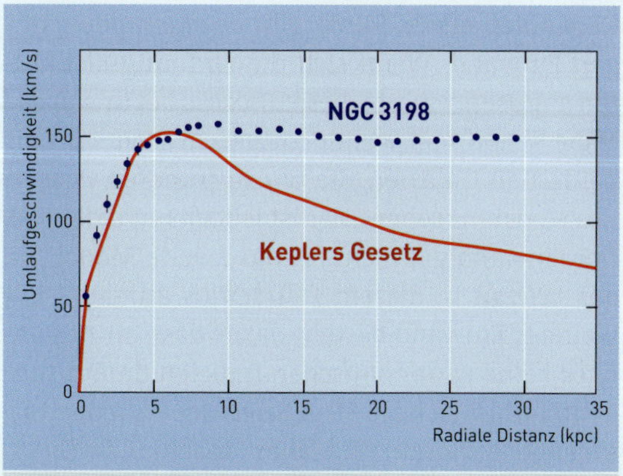

Abb. 2.29: Das Bild zeigt den erwarteten Keplerschen Verlauf der radialen Umlaufgeschwindikeiten und die tatsächlich gemessene Kurve in der Galaxie NGC 3198. Der flache Verlauf im Außenbereich deutet auf die Existenz einer zusätzlichen Masse hin.

nur eine Geschwindigkeitskomponente messen kann, weil es sich schräg zu uns bewegt, hilft das statistische Mittel über viele Objekte, zum Beispiel über viele Galaxien in einem Galaxienhaufen. Die Abstände werden mit Hilfe der schon vorgestellten Distanzleiter inzwischen recht zuverlässig bestimmt. Soweit scheint alles in Ordnung.

Sind die Galaxien dynamisch stabile Gebilde? Man könnte behaupten, es gebe keine Dunkle Materie und sich die Konsequenzen überlegen. Dann hätten die Sterne der Milchstraße zu hohe Bahngeschwindigkeiten und ihre Zentrifugalkraft wäre zu groß. Sie wären nicht mehr durch die Schwerkraft gebunden und entfernten sich mit der Zeit immer weiter vom Zentrum der Milchstraße und bewegten sich schließlich im freien intergalaktischen Raum. Genauso erginge es den Galaxiengruppen und -haufen und sogar den Superhaufen. Die Konsequenz wäre die Auflösung aller großskaligen Ordnungsstrukturen im Weltall innerhalb nur weniger 100 Millionen Jahre. Weiterhin müsste man dann entweder annehmen, das Weltall hätte vor astronomisch kurzer Zeit einen hochkomplexen Anfangszustand eingenommen und befinde sich nun in einer Phase relativer Auflösung oder es gibt einen Nachschub an Materie, der den Bestand des Weltalls sicherstellt. Damit wären wir dann wieder beim Modell des stationären Universums. Gegen den ersten Punkt gibt es einen gewichtigen Einwand: Wenn sich die Ordnungsstrukturen auflösen, müsste dieser Prozess bei uns in der Nähe schon viel weiter fortgeschritten sein als bei fernen Galaxien, die wir in früheren Phasen ihrer Existenz sehen. Dies ist jedoch nicht der Fall. Der Einwand gilt nicht für das zweite Modell, da das Weltall in diesem Fall zeitlos aussieht. Ein weiterer Einwand besteht darin, dass im Augenblick keine astronomischen Indizien darauf hindeuten, dass sich die Strukturen der Galaxien tatsächlich auflösen und alles auseinanderfliegt. Das Fehlen solcher Indizien und die Vermeidung eines hochkomplexen Anfangszustandes vor relativ kurzer Zeit haben als Konsequenz die Aussage, die Bahnen von Sonne und Sterne seien stabil. Aus den stabilen Bahnen wiederum folgt konsequent die Existenz Dunkler Materie. Es sei denn, das *Newtonsche Gravitationsgesetz* gilt nicht allgemein für alle Massen und Radien. Die Möglichkeit, Korrekturterme am Gesetz der Schwerkraft anzubringen, wird diskutiert. Aber ohne direktere Indizien bleiben auch diese Vorschläge vorerst nur zweite Wahl.

Andererseits, was könnte die Dunkle Materie sein? Es ist gut, sich daran zu erinnern, dass die Dunkle Materie nicht erst weit draußen am Rande der Milchstraße existieren soll. Bereits die Sonne bewegt sich erheblich zu schnell (ca. 30%). Die Dunkle Materie muss schon in der Sonnenumgebung existieren. Man benötigt eine Masseform, die mit den bisherigen Methoden nicht beobachtet werden kann, aber dennoch zur Masse beiträgt. Zum Beispiel Eierkohlen. Eierkohlen sind klein und kompakt, sie leuchten nicht und hätten so große Abstände voneinander, dass es auch nicht zu einer merklichen Lichtabschattung im intergalaktischen Raum käme und auch ihre Infrarotstrahlung nicht nachweisbar wäre. Eierkohlen entsprechen jedoch nicht der im Kosmos typischen Elementverteilung, deshalb könnte ein mit Kohlenstoff verschmutzter Wasserstoffeisball schon eher infrage kommen. Wären solche Bälle gegen Kollisionen oder gegen Einwirkungen des intergalaktischen Strahlungsfeldes stabil? Verdampft das interstellare Strahlungsfeld langsam die Oberfläche dieser Bälle? Größere Bälle wären da auf jeden Fall besser. Aber auch solche Eisbälle sind mit den gegenwärtigen Techniken unbeobachtbar, selbst wenn sie die Größe von kleinen erkalteten Sternen hätten. In der Tat sind Ideen im Umlauf, die Dunkle Materie im Rahmen des Standardmodells mit ausgebrannten Sternen der ersten Generation zu erklären, die sich im freien Weltall gebildet haben könnten, aber mittlerweile schon wieder verloschen sind.

Neben der normalen Materie werden auch andere Materieformen im Hinblick auf ihre Eignung als Kandidaten untersucht. Neutrinos wurden vorgeschlagen. Doch ist deren Ruhemasse immer noch nicht endgültig klar. Es wurden die hypothetischen WIMPs (Weakly Interacting Massive Particles) eingeführt. Diese Teilchen sollen etwa 10mal schwerer als Protonen sein, aber wie die Neutrinos nur sehr schwach mit normaler Materie wechselwirken. Es wird schon wegen der für sie geforderten Eigenschaften schwer sein, sie nachzuweisen, sollten sie existieren. Ein möglicher Favorit unter den Kandidaten ist zur Zeit kaum auszumachen. Es bleibt spannend.

2.4 Elektromagnetische Hintergrundstrahlung

Kompakt:

- Die zufällige Entdeckung der Mikrowellen-Hintergrundstrahlung
- Ihre systematische Vermessung durch COBE und WMAP
- Konsequenzen der Beobachtung

2.4.1 Mikrowellen-Hintergrundstrahlung

Die Nachrichten aus dem Weltall werden gewöhnlich per Licht verschickt, so dass wir nur auf diesem Wege Informationen über Vorgänge an fernen Orten erhalten. Das Licht verschiedener Farben, also verschiedener Wellenlängen, gibt uns Auskunft über die unterschiedlichsten physikalischen Vorgänge. Die Entdeckung der kosmischen Nachrichten im Mikrowellenbereich ist eine jener Zufälligkeiten, über die man sich verwundert die Augen reibt. Im Laufe der Entwicklung der Telegraphie bauten Arno Penzias und Robert Wilson 1965 bei der Bell Telefongesellschaft in Murray Hill, New Jersey, USA, einen empfindlichen Mikrowellenempfänger auf, der ursprünglich zur Satellitenkommunikation bestimmt war. Sie benutzten dazu eine drehbare Hörnerantenne mit beachtlichen Ausmaßen (Abb. 2.30). Sie hatten vor, Strahlung bestimmter Moleküle im Weltraum zu entdecken. Zu ihrer Überraschung fingen sie jedoch ein Signal auf, das ein merkliches Rauschen verursachte. Es kam am Himmel von überall her. Vielleicht wäre diesem Dreckeffekt keine weitere Beachtung geschenkt worden, hätten sie sich nicht solch eine Mühe damit gemacht, es loszuwerden und hätten nicht Robert Dicke und sein Team in der nahegelegenen Universität von Princeton zufällig davon erfahren. Diese Astrophysiker überlegten sich gerade ein Experiment zur Entdeckung der schon 1948 von George Gamov vorhergesagten Mikrowellenstrahlung.

Gamovs Überlegungen basierten auf der Erkenntnis, dass ein sich (infolge der als Expansion interpretierten Galaxienrotverschiebung) ausdehnendes Weltall früher einmal kleiner und deshalb auch heißer gewesen sein sollte. Zu einem sehr frühen Zeitpunkt, vor etwa 15 Milliarden Jahren, sollte es sogar verschwindend klein gewesen sein. Dieser Zeitpunkt heißt inzwischen „Urknall". Seit diesem sehr frühen Zeitpunkt dehnt sich der Kosmos aus und kühlt sich dabei kontinuierlich ab. Solange die mittlere Temperatur im Kosmos noch über 3 000 Kelvin lag, war die Materie so heiß, dass viele Elektronen von den Wasserstoff- und Heliumatomen abgerissen waren und frei herumflogen. Diese freien Elektronen behinderten die Ausbreitung des Lichtes so sehr, dass ein Beobachter wie in einem heißen

Abb 2.30: Die Hornantenne, mit der Arno Penzias und Robert Wilson 1965 die kosmische Mikrowellenstrahlung entdeckten. Aus der Größe der Treppe am Empfängerhaus kann man auf die beachtlichen Ausmaße der Antenne schließen. © Bell Labs, AT&A Archive.

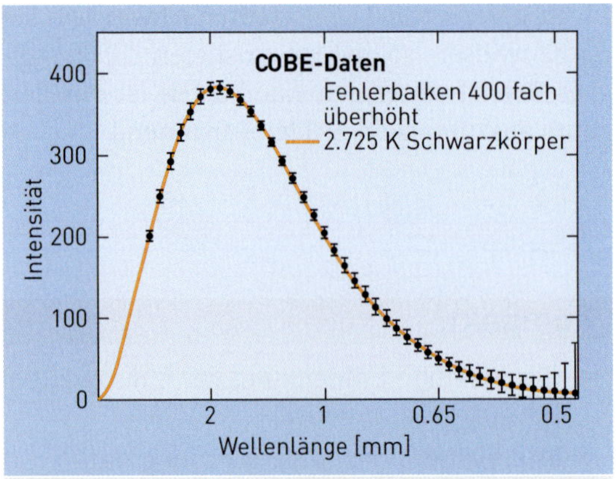

Abb. 2.31: Die vom COBE-Satelliten gemessene Farbverteilung (Spektrum) des Mikrowellenhintergrundes entspricht nahezu perfekt derjenigen eines schwarzen Körpers mit einer Temperatur von 2,726 K. (COBE Archiv & Mather 1990)

Nebel gesessen hätte. Mit der weiteren Abkühlung des Weltalls auf unter 3 000 K, etwa 300 000 Jahre nach dem postulierten Urknall, war das Gas dann kühl genug, dass die freien Elektronen mit den Wasserstoff- und Heliumkernen zu neutralen Atomen kombinieren konnten. Neutrale Gasatome wiederum behindern Licht fast nicht, sonst könnten wir keine Sterne durch die Erdatmosphäre sehen. Für einen Beobachter, wenn es ihn denn gegeben hätte, wäre der undurchdringliche Nebel immer weiter zurückgewichen und der Raumbereich der klaren Sicht hätte sich zusehends vergrößert. Die Nebelwand hätte sich in immer größere Entfernung zurückgezogen und die Strahlung von dort wäre mit zunehmender Expansion des Kosmos zudem immer kühler geworden. Nach George Gamov sollte die Temperatur der Strahlung inzwischen nur noch einige Grad über dem absoluten Nullpunkt betragen. Das war seine Voraussage als direkte Konsequenz der Expansion des Kosmos.

Diese Strahlung nun wollten Robert Dicke und sein Team nachweisen, als sie eher beiläufig von den Experimenten und Messungen von Penzias und Wilson hörten. Sofort machten sie sich auf den Weg und lernten kurze Zeit später, dass die Strahlung, nach der sie suchten, bereits entdeckt war, ohne dass sich die Entdecker dessen bewusst waren. Was Arno Penzias und Robert Wilson für einen Dreckeffekt gehalten hatten, war 1978 immerhin den Nobelpreis wert.

Die Entdeckung der Mikrowellenhintergrundstrahlung hat großes Aufsehen erregt und in der Folgezeit wurde zunächst einmal versucht, zwei weitere Voraussagen über diese Strahlung nachzuweisen: Ihre Gleichmäßigkeit über allen Himmelsrichtungen und ihre charakteristische Farbverteilung, also ihr Spektrum. Das Spektrum sollte eine charakteristische Form haben, die in der Physik mit *Schwarzkörper-Strahlung* bezeichnet wird. Inzwischen wurden zwei Satelliten gestartet, die beide nur das Ziel hatten, die besonderen Eigenschaften des Mikrowellenhintergrundes zu messen. COBE, vermaß die Strahlung über den gesamten Himmel mit hoher Empfindlichkeit, aber begrenzter Winkelauflösung, also begrenzter Schärfe. Die Ergebnisse waren bereits beeindruckend. Das von COBE gemessene Spektrum in Abb. 2.31 zeigt in der Tat eine so perfekte Form eines schwarzen Körpers, wie sie selbst im Labor sonst nur selten gemessen wird. Die charakteristische Temperatur dieser Strahlung beträgt 2.726 K und liegt damit erstaunlich nahe an dem von Gamov vorhergesagten Wert von etwa 5 K. Auch die Richtungsunabhängigkeit der Strahlung, dargestellt in Abb. 2.32 oben, ist perfekt. Es hat sehr genauer Messungen bedurft, um Abweichungen vom idealen physikalischen Spektrum überhaupt zu messen. Die Karte in Abb. 2.32 oben zeigt lokale Temperaturabweichungen im Bereich von nur 0,0002 K.

Warum sind diese anfänglichen Dichteschwankungen so interessant? Die Idee ist, dass im gängigen Modell aus einer perfekt gleichmäßig verteilten Materie nie eine Materieverklumpung entstehen kann, die letztlich zur Bildung von Sternen und Galaxien führt. Die perfekt verteilte Materie ist in der Tat im labilen Gleichgewicht. Die geringste Störung führt dazu, dass sich Dichteunterschiede ausbilden, die durch die Gravitationskraft verstärkt werden, so dass sich nach einiger Zeit richtige Materieverklumpungen bilden können, die durch die Eigengravitation zusammengehalten werden und schließlich zu Sternen und Galaxien kontrahieren. Je stärker die

Verklumpung schon zu Beginn der Durchsichtigkeit ist, je höher also der Temperaturkontrast im Mikrowellenhintergrund, desto früher können sich nachfolgend Sterne und Galaxien bilden und desto mehr Spielraum hat man, im kosmischen Entwicklungsmodell den Übergang von der verteilten Materie zu den Galaxien unterzubringen.

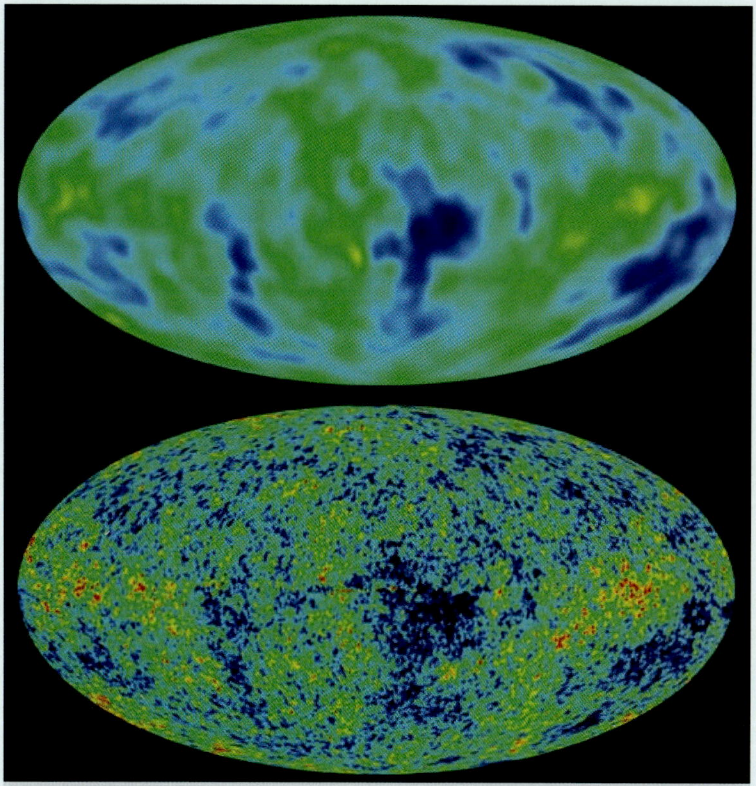

Abb. 2.32: Himmelskarte der Temperaturabweichungen der kosmischen Hintergrundstrahlung vom Mittelwert. Die Farbskala ist von –200 Mikrograd bis +200 Mikrograd kodiert. Niedrige Temperaturen sind blau, hohe Temperaturen erscheinen rot. Oben: Beobachtungen des COBE-Satelliten. Unten: Beobachtungen des WMAP-Satelliten. Die Übereinstimmung ist bemerkenswert.

Die geringen beobachteten Dichteschwankungen haben die Theoretiker jedoch in arge Bedrängnis gebracht, denn sie bedeuten, dass es, den Modellen folgend noch langer Zeiträume bedurfte, um die ersten Sterne zu bilden. Wir haben außerdem schon in Kapitel 2.2 gesehen, dass bereits die ältesten beobachtbaren Galaxien alte Sterne enthalten, die sich schon in den ersten etwa 200 Millionen Jahren nach dem Urknall gebildet haben müssen. Hier lernen wir, dass das Weltall etwa 300 000 Jahre nach dem Urknall noch sehr homogen gewesen sein muss. 200 Millionen Jahre sind für eine kontinuierliche Vergrößerung der Dichteschwankungen eine äußerst kurze Zeit. Ohne weitere Gesichtspunkte könnte es im Modell für die Bildung der Sterne zeitlich eng werden. In der Zwischenzeit wurde ein neuer Satellit, WMAP, gestartet, der nicht nur die Messungen von COBE bestätigen sollte, sondern den Mikrowellenhintergrund auch mit verbesserter Winkelauflösung kartiert hat. Das Ergebnis des ersten Messzyklus zeigt Abb. 2.32 unten. Die sehr gute Übereinstimmung der beiden Karten unter Berücksichtigung der verschiedenen Winkelauflösungen ist bemerkenswert und gibt den Daten ein hohes Maß an Vertrauenswürdigkeit. Ob das gegenwärtige Standardmodell, mit dem die meisten Astronomen arbeiten, der Stern- und Galaxienentwicklung im Kosmos unter diesen Umständen in der Zukunft unverändert gerecht werden kann, ist gegenwärtig noch offen.

Man kann sich fragen, ob die flächige Verteilung der Temperaturschwankungen in Abb. 2.32 zufällig ist, oder ob sich aus ihr weitere Informationen gewinnen lassen. Im Rahmen des Standardmodells ist dies tatsächlich möglich. Es zeigt sich, dass die verschiedenen Gebiete unterschiedlicher Temperatur zueinander nicht zufällig verteilt sind, sondern bestimmte Winkelabstände bevorzugen. Im Rahmen des Modells vom expandierenden heißen Kosmos konnten die Astronomen aus Abb. 2.32 weitreichende Schlüsse ziehen, die hier nur wiedergegeben werden können, weil deren Ableitung über den Rahmen dieses Buches hinausgeht:

a) Die Geometrie des Weltalls ist flach; der Weltraum ist euklidisch und nicht gekrümmt.
b) Etwa 4% der Materie im Weltall liegen in der Form vor, wie wir sie kennen.
c) Etwa 23% der Materie liegen in Form Dunkler Materie vor, deren Natur unbekannt ist.
d) Etwa 73% der Materie liegen in einer unbekannten Form von nichtmaterieller Energie vor, die daher Dunkle Energie genannt wird.

Diese zunächst merkwürdigen und ziemlich unverständlichen Ergebnisse lassen wir hier so stehen und werden sie in Kapitel 3 eingehender beleuchten.

Bislang haben wir den Mikrowellenhintergrund nur im Rahmen des Standardmodells erläutert, weil dies die gängigste Interpretation der Messungen ist. Nun ist jedoch mit der Entdeckung der Mikrowellenstrahlung noch nicht automatisch klar, dass es sich auch um den Effekt handelt, den George GAMOV vermutete. PENZIAS und WILSON hätten dann etwas ganz anderes entdeckt, das vielleicht mit der Expansion des Weltalls überhaupt nichts zu tun hätte. Es ist aber auch sehr klar, dass eine gleichmäßig über den Raum verteilte Strahlung geradezu notwendig wird, wenn man akzeptiert, dass das Weltall expandiert, das heißt wenn die Rotverschiebung im Sinne einer Dopplergeschwindigkeit interpretiert wird. Nun stimmen aber nicht alle Wissenschaftler der These vom Urknall und einem heißen frühen Universum zu; wir hatten schon als Alternative das stationäre Weltall genannt, das von einigen Wissenschaftlern propagiert wird. In diesem stationären Modell muss der Mikrowellenhintergrund anders interpretiert werden, denn es hat ja in diesem Modell keine heiße Phase des Weltalls gegeben, da das Weltall sich wohl ausdehnt, aber trotzdem immer gleich aussehen soll.

In der Tat war die Interpretation der allgegenwärtigen kosmischen Mikrowellen zunächst ein Problem für das Modell des stationären Universums. Es wurde jedoch durch die Annahme gelöst, dass im intergalaktischen Raum eine besondere Form von länglichem Metallstaub, lange Whiskerkristalle, vorhanden sind, die die intergalaktische Strahlung vieler Wellenlängen absorbieren, um sie dann als Mikrowellenstrahlung wieder zu emittieren. Außerdem war es notwendig, die Idee des stationären Universums in Strenge aufzugeben und eine langsame Oszillation des Universums einzuführen. Diese modifizierte Theorie wurde unter dem Namen „Quasi Steady State Cosmology, QSSC" Modell im Jahre 1993 von Fred HOYLE, Geoffrey BURBIDGE und J. NARLIKAR veröffentlicht. Man soll nicht verschweigen, dass die Zahl der Verfechter einer Steady-State-Kosmologie seit der Entdeckung des Mikrowellenhintergrundes deutlich abgenommen hat, weil für viele Wissenschaftler die Annahme, es gebe nadelförmige Metallkristalle, zu exotisch klang. Dennoch wird die Theorie des quasi-

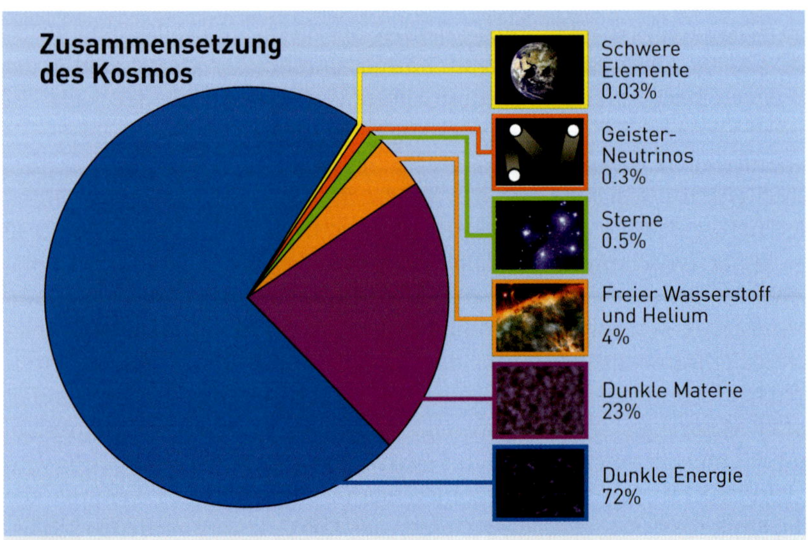

Abb. 2.33: Darstellung der Zusammensetzung der Materie im Kosmos. Die Anteile mögen untereinander noch etwas schwanken, die Größenordnungen sind jedoch korrekt. (NASA, A. RIESS)

stationären kosmologischen Modells bis heute ausgebaut: Im Jahr 2003 erschien eine Veröffentlichung, in der gezeigt wird, wie die Verteilung der Temperaturschwankungen ebenso auch im Rahmen der QSSC erklärt werden kann. Sie beginnt mit den Worten:

„*The quasi-steady state cosmology (QSSC) has been proposed ... as an alternative to the standard hot big bang model. This cosmology does away with the initial singularity, and does not have any cosmic epochs when the universe was very hot. The synthesis of light nuclei and the origin of the microwave background radiation ... have therefore been explained by different physical processes than those invoked in the hot big bang*“ [12] (NARLIKAR et al. 2003).

Fassen wir zusammen: Die Entdeckung des Mikrowellenhintergrundes und seine genaue Vermessung durch COBE und WMAP war und ist äußerst wichtig für die Entwicklung der Theorien über unsere Welt, ganz unabhängig von seiner genauen Interpretation. Im Rahmen des Urknall- oder auch Standard-Modells wird diese 3K-Strahlung als letzter Sichthorizont des überschaubaren Universums zur Zeit der Bildung neutraler Atome interpretiert (wenn die postulierten Perspektiven von Gravitationswellen unberücksichtigt bleiben). Aus der Temperaturverteilung der Strahlung am Himmel werden weitreichende Folgerungen für die Anteile normaler *(baryonischer) Materie*, Dunkler Materie, und einer noch geheimnisvolleren Dunklen Energie gezogen. Im Rahmen des quasi-stationären kosmologischen Modells wird die 3K-Strahlung von intergalaktischen Metallnadeln emittiert. Auch weitere mit der 3K-Strahlung zusammenhängende Phänomene scheinen erklärt werden zu können.

Die Konsequenzen der Existenz des Mikrowellenhintergrundes und seiner Fluktuation sind aber für viele Wissenschaftler unbefriedigend: Entweder müssen sie an die Existenz kosmischer Eisennadeln glauben oder daran, dass wir 95% der Materie des Weltalls nicht sehen können und auch keinen blassen Schimmer darüber haben, um was es sich handeln könnte.

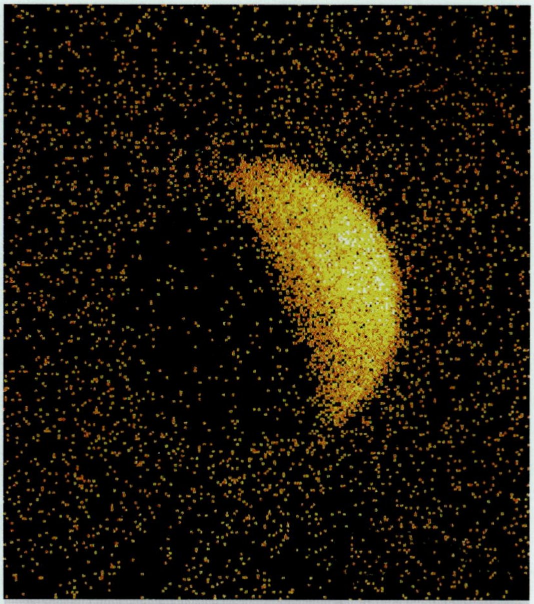

Abb. 2.34: Aufnahme des Halbmondes mit dem Röntgensatellit ROSAT. Man sieht nicht nur die helle beleuchtete Seite des Mondes, sondern auch die unbeleuchtete. Diese ist dunkler als der Hintergrund und beweist, dass der kosmische Röntgenhintergrund wirklich existiert. Übrigens ist auch die unbeleuchtete Seite des Mondes im Röntgenlicht nicht vollständig dunkel. Diese *Bremsstrahlung* wird wahrscheinlich durch schnelle Elektronen erzeugt. (SCHMITT et al. 1991)

2.4.2 Hintergrundstrahlung im Röntgenbereich

Die Geschichte der Hintergrundstrahlung im Röntgenbereich ist nicht so dramatisch wie die des Mikrowellenhintergrundes. Da kosmische Röntgenstrahlung – zum Glück für uns Erdbewohner – nicht vom Erdboden aus beobachtet werden kann, schlug die Geburtsstunde der Röntgenastronomie im Jahre 1962, als eine Aerobee-Rakete mit drei Geigerzählern an Bord innerhalb von nur sechs Minuten Messzeit starke Röntgenstrahlung aus der Richtung des Sternbildes Skorpion beobachtete und außerdem diffuse Röntgenemission über den ganzen Himmel entdeckte. Verantwortlich für dieses Projekt war Riccardo GIACCONI, der 2002 den Nobelpreis für die Entwicklung der Röntgenastronomie erhielt. Richtig bewundern konnte man die kosmische Röntgenhintergrundstrahlung aber erst durch eine Aufnahme des Mondes durch den deut-

Abb. 2.35: Zwei langbelichtete Aufnahmen desselben Gebietes am Himmel im Röntgenlicht. Oben ROSAT, unten XMM. Die XMM-Aufnahme aus dem Jahre 2003 ist deutlich schärfer als das ältere ROSAT-Bild. Kurzwellige und langwellige Röntgenstrahlung sind durch blaue und rote Farben dargestellt. Farbstiche sind dabei unvermeidbar. Fast alle sichtbaren Objekte sind Galaxien.

schen Röntgensatelliten ROSAT knapp 30 Jahre später (Abb. 2.34). Er erscheint dort als heller Hintergrund, der von der unbeleuchteten Seite des Mondes abgeschattet wird, was seine Existenz beweist.

Die Natur des diffusen kosmischen Hintergrundes war lange Zeit rätselhaft, weil es keine offensichtliche Ursache für sie gab. Dafür kursierten mehrere Vermutungen: Es könne sich zum Beispiel um das Ergebnis von Begegnungen zwischen hochenergetischen Photonen und dem Mikrowellenhintergrund handeln. Solche Begegnungen sind zwar selten, aber der Weltraum wäre ja groß genug. Als weitere Möglichkeit wurde *Bremsstrahlung* von intergalaktischem Gas diskutiert. Es könne sich auch um Strahlung von diskreten Objekten am Himmel handeln, die jedoch so klein sind, dass sie mit den Röntgenteleskopen nicht aufgelöst werden können. Diese Vermutung wurde von Giacconi schon zu Beginn favorisiert und damit hatte er auf das richtige Pferd gesetzt.

Inzwischen ist die Auflösungskapazität der Röntgenteleskope so gut und auch ihre Sammelfläche so groß, dass ihre Abbildungsqualität an die kleinerer optischer Teleskope heranreicht. Abb. 2.35 zeigt einen direkten Vergleich zwischen einer ROSAT-Aufnahme aus dem Jahre 1991 und einer Aufnahme mit dem neuen europäischen Röntgensatelliten XMM-Newton aus dem Jahr 2003. Die schärferen Bilder zeigen deutlich mehr Quellen, bei denen es sich meist um entfernte Galaxien handelt. Die Röntgenstrahlung dieser Galaxien kann erfreulicherweise insgesamt den Röntgenhintergrund erklären. Eigentlich etwas enttäuschend. Kein kosmologischer Krimi an Rande des Universums, sondern eine eher profane Erklärung für ein 40 Jahre altes Rätsel. Vielleicht nicht ganz. Warum senden denn einige Galaxien sehr viel mehr Röntgenstrahlung aus als andere wie zum Beispiel unsere Milchstraße und warum sehen viele dieser Galaxien im sichtbaren Licht eher unauffällig aus? Für die starke Röntgenemission sind wahrscheinlich die Schwarzen Löcher in den Zentren dieser Galaxien verantwortlich, das heißt nicht die Schwarzen Löcher selbst, die sind ja dunkel. Aber durch ihre immense Schwerkraft zerreiben sie alle Materie in ihrer Umgebung und heizen sie dabei so stark auf, dass neben sichtbarer und ultravioletter Strahlung auch riesige Mengen hochenergetischer Lichtstrahlung in den Weltraum geschickt werden. Die dichten Staubwolken in der Nähe der Zentren der Galaxien entlang der Sichtlinie absorbieren alles sichtbare Licht und auch einen Großteil der UV-Strahlung, um sie als Infrarotstrahlung wieder abzugeben. Die Röntgenstrahlung aber hat genug Energie, um auch dichte Staubwolken zu durchdringen. Röntgenstrahlung ist deshalb unser direkter Draht zu den meisten Schwarzen Löchern in anderen Galaxien. Da die Röntgenstrahlung nur ausgesandt wird, solange Materie sich dem Schwarzen Loch nähert und in der Akkretionsscheibe wie in einer Mühle zerrieben wird, misst deren Intensität natürlich direkt auch den Nachschub. Weil dieser nicht kontinuierlich eintrifft, sondern eher häppchenweise – hier ein Stern, dort eine interstellare Wolke – flackert die Röntgenstrahlung ständig, sie misst sozusagen die Kalorienzufuhr des Schwarzen Loches. Diese flackernde Röntgenstrahlung ferner Galaxien ist eines der direktesten Indizien für die Existenz Schwarzer Löcher –mit Ausnahme des Schwarzen Loches vor unserer Haustür im Mittelpunkt der Milchstraße. Es gibt bislang keinen anderen Prozess, der ein solches Verhalten zufriedenstellend erklären kann. Damit entpuppt sich der kosmische Röntgenhintergrund als eine der wesentlichsten Zutaten zum Verständnis und zur Theorie der Entwicklung Schwarzer Löcher in Galaxien. So gesehen hat auch die Röntgenhintergrundstrahlung einen gebührenden Platz erhalten.

Albert Einstein schreibt während seiner Gastprofessur an der Princeton-University eine Gleichung zur Dichte der Milchstraße an die Tafel, aufgenommen am 14.1.1931. (Bild: dpa)

«Über die Entstehung des Universums gibt es viele Vorstellungen und Meinungen. Wundere dich nicht, Sokrates, wenn wir nicht im Stande sind, Erklärungen und Begründungen zu geben, die in jeder Hinsicht exakt sind und konsistent.»
PLATO vor 2400 Jahren an SOKRATES

3. Kosmologische Modelle

Kompakt:

- Der Aufbruch ins Sonnensystem
- Die Rolle der Modelle
- Die Entdeckung Dunkler Materie

Einleitung: Der Spagat zwischen Daten und Modellen

Der Sternhimmel hat die Menschheit schon immer fasziniert. Der prachtvolle Anblick der auf- und untergehenden Sonne, die wechselnden Mondphasen und die stille Prozession der Sterne über das dunkle Himmelsgewölbe bieten seit jeher ein grandioses Schauspiel – und ein faszinierendes Rätsel gleichermaßen. Immer größere Teleskope sorgen für immer mehr Details.

Der eigentliche Durchbruch der Weltraumforschung wurde mit Satelliten und Raumsonden erreicht. Unvergessen sind die detailreichen Bilder, welche die Voyager-Raumsonden auf ihrem Weg quer durch das Planetensystem zur Erde funkten, die gestochen scharfen Aufnahmen der Raumsonde Galileo von der bizarren Welt des Jupiter und seiner Monde, die überraschenden Szenen von Cassini-Huygens und die jüngsten Exkursionen der Mars-Landegeräte in der Stein- und Sandwüste des roten Nachbarplaneten. Neben Höhepunkten der jüngsten Planetenforschung faszinieren die Entdeckungen in der Sternenwelt mit großen Weltraumteleskopen über den gesamten Spektralbereich mit ihren spektakulären Einblicken. Wir werfen einen Blick in aktive Gebiete, die für Sternentstehungszonen gehalten werden, sehen das Ergebnis von Sternexplosionen und Galaxienzusammenstößen, wie sie sich in ihren bizarrsten Formen vor uns auftun. Hochaufgelöste Bilder führen uns Objekte einer großartigen Schöpfung in vielfältigsten Formen vor Augen, die uns bisher vielleicht nur als ein wenig beachtetes Lichtgefunkel am Himmel galten. Gleichzeitig geht es darum, den sich aus einem glatten Mikrowellenhintergrund ergebenden, schockierend homogenen frühen Kosmos mit seinen geringen Dichteschwankungen in der Größenordnung von popeligen 0,005% überzuführen in den hochstrukturierten Kosmos, den uns insbesondere das Hubble-Weltraumteleskop heute vor Augen führt.

Deshalb wird es richtig spannend, wenn nun unter Einbeziehung neuester Erkenntnisse Fragen über den Ursprung des Kosmos in Form von Modellen bedacht werden. Doch das erweist sich als schwerer Brocken. Es kann vorab schon einmal festgestellt werden: In den frühen 90er Jahren des letzten Jahrhunderts schien es so, als wäre diese Umsetzung von Beobachtungsdaten in ein Entstehungsmodell vollständig durchführbar. Es gab das Urknallmodell mit der einen oder anderen gewagten Annahme, aber als das einmal akzeptiert war, machte der Rest mehr oder weniger Sinn. Wir alle kennen die Geschichte: Der Kosmos startet aus unerfindlichen Gründen – oft wird eine quantenmechanische Fluktuation im Vakuum genannt – in einem stecknadelkopfgroßen Volumen. Durch einen nicht erklärbaren Prozess, genannt Inflation, expandierte er mit überlichtschneller Geschwindigkeit. Es ist also keine Explosion, wie der von dem profiliertesten Gegner des Modells, Fred HOYLE – zur Verulkung dieses Modells – eingeführte Begriff nahe legt, sondern eher eine geradezu sprunghafte Expansion des Raumes, der dadurch erst aufgespannt wird. In Bruchteilen einer Sekunde war der Beschleunigungsprozess vorbei und das Universum startete seine Coast Phase: Es driftet auseinander. Rund 400 000 Jahre nach dem Urknall, ein Wimpernschlag in kosmischen Zeitskalen, war das Raum-Zeit-Gefüge nur von wenigen „Dichtefalten" durchzogen. Die Gravitation verstärkte diese Kräusel im weiteren Verlauf und das Universum verklumpte schließlich, bis der heute sichtbare hochstrukturierte Kosmos mit seinen Sternen, Galaxien, deren Haufen und Superhaufen entstand. Ironischerweise wird die Genese des Weltalls von einer unsichtbaren Übergröße dominiert, der Dunklen Materie. Der Anteil dieser unsichtbaren kosmischen Kunstmasse ist erheblich und übersteigt die Masse aller Sterne und Galaxien um das etwa Fünffache (Kap. 2.3.2). Dabei lässt sich zur Natur der Dunklen Materie bislang nur sagen, dass sie aus ladungsfreien, aber Masse tragenden Elementarteilchen bestehen soll, die mit ihrer Umgebung über die Schwerkraft wechselwirken. Gesehen hat sie noch niemand. Daher der Name.

Um 1993 war das Anliegen populär, die Abbremsung der jetzigen Expansionsrate durch die Masse im Universum genau zu bestimmen. Das war eine klare Fragestellung, deren Ergebnis allerdings genau in die andere Richtung ging. Wir reden heute – mit guten Argumenten – nicht von der Abbremsung der Expansionsbewegung des Kosmos, sondern von deren Beschleunigung. Die Kosmologen fanden heraus, dass über 70% des Universums aus einer Anti-Gravitationskraft, genannt Dunkle Energie, bestehen muss. Das war ja soweit in Ordnung, nur weiß bislang niemand, was darunter zu verstehen ist. Einige sprechen von EINSTEINS kosmologischer Konstanten, ohne genau zu wissen, was das bedeutet. Andere sprechen von einem mysteriösen Ding, genannt Quintessenz. Aber wenn eine Sache auch einen Namen hat, so ist sie damit noch nicht verstanden. Zusätzlich wurde auch die String-Theorie bemüht – welche nur dann funktioniert, wenn wir unserer Wirklichkeit zumindest sieben zusätzliche Dimensionen zubilligen, die aber weder gesehen noch getestet werden können. Einige Strings sollen Membranen in anderen Dimensionen enthalten. Berühren sie sich gelegentlich, dann passieren explosionsartig Dinge wie unser Universum. Es gibt auch Vorstellungen, nach denen wir in einem Quantenschaum von unbegrenzten Möglichkeiten eingelagert sind. Danach wäre unser Universum ein kleines Bläschen im großen Schaumbad des Gesamt-Universums.

Aus dem Gesagten kann sicher geschlossen werden, dass wir in einer kosmologisch interessanten Zeit leben. Man kann aber auch den Eindruck einer Verwirrung nach dem Motto „Alice in Wonderland meets Stephen HAWKING" nicht ganz verhindern. Jedenfalls ist es zu verstehen, wenn in der amerikanischen Zeitschrift „Astronomy" vom Juli 2004 in Anbetracht einer relativ offenen Situation – man könnte es auch deutlicher Erklärungsnotstand nennen – Bob BERMAN den Kosmologen gar zu einer Auszeit rät. Er brachte einen weiteren Vorschlag, nämlich die Astronomie-Zeitschrift in zwei Teile zu gliedern. Im ersten Teil hätten Dinge Platz wie Optik, Softwareentwicklungen, Planeten- und Sternbeobachtung, also Wissenschaft. Der zweite Teil würde mit einer Warnung beginnen, die auch für das Nachfolgende gelten mag:

„Warning: The following contains contemporary cosmology. Reading it can produce disorientation and confusion. Nobody knows what's going on and nothing you read here is likely to be true" [13] (Bob BERMAN).

3.1 Das Urknallmodell

3.1.1 Beschreibung des Modells

> «Das Universum ist seine eigene Mutter... Wir glauben, dass das Universum nicht aus dem Nichts entstand, sondern von etwas abstammt, und dieses Etwas ist es selbst.»
> R. Gott und LiXin Li

In der Kosmologie geht es um das ehrgeizige Ziel, mit wissenschaftlicher Methodik die Entstehung, Entwicklung und letztlich das zukünftige Schicksal des gesamten Universums zu beschreiben. Es gab schon immer konkurrierende Vorstellungen über den Ursprung des Universums, aber je klarer, reduzierter – und anerkannter – das anfängliche Axiomen-System ist, desto eher werden die daraus abgeleiteten Konsequenzen als „objektiv" akzeptiert. Die Generation unserer Urgroßeltern glaubte vorwiegend an ein statisches Universum. Die Menschen folgten immer noch dem 2000jährigen Dogma des Aristoteles. Erst als Albert Einstein 1917 seine taufrische Allgemeine Relativitätstheorie auf den ganzen Kosmos anwenden wollte, erlebte er eine böse Überraschung: Es gab keine mathematische Lösung, die einem zeitlich unveränderlichen Kosmos entsprach. Seine Gleichungen lieferten ihm stets ein unter der gewaltigen Schwerkraft kollabierendes Universum. Geradezu verzweifelt bemüht, das All zu stabilisieren, führte Einstein als Gegengewicht zur übermächtigen Gravitation einen neuen Term ein, die sog. kosmologische Konstante, was er später als die größte Eselei seines Lebens wieder zurücknahm. Interessanterweise machte Edwin Hubble im gleichen Zeitraum über den Doppler-Effekt (Kap. 3.1.2) seine Entdeckung eines expandierenden Kosmos. Fred Hoyle steht bis heute als exponiertester Opponent mit seinem Gegenentwurf eines statischen Weltmodells gegen das Standardmodell, welches das bekannteste und am besten untersuchte Modell der Kosmologie ist. Seit der versuchten Verballhornung durch Fred Hoyle wird es auch als Urknallmodell bezeichnet. Es soll im Folgenden genauer beschrieben werden.

Kompakt:

- Umfeld des Standardmodells
- Drei Epochen der Kosmosgeschichte
- Der stark strukturierte Kosmos

Das Standardmodell. Es beruht auf zwei Hauptannahmen: Die Gültigkeit der Allgemeinen Relativitätstheorie und des kosmologischen Prinzips. Was bedeutet das?

Die Allgemeine Relativitätstheorie (ART) wurde 1916 von Albert Einstein fertig gestellt und erneuerte die Newtonsche Theorie der Gravitation. Die neue Theorie der Gravitation hat den Vorteil, dass sie im Gegensatz zur alten Theorie mit der Relativitätstheorie vereinbar ist. Die Newtonsche Theorie, wenn auch in vielen Anwendungen immer noch brauchbar, erfüllt diese Bedingung nicht und gilt darum im Prinzip nur bei niedrigen Geschwindigkeiten und schwachen Gravitationsfeldern. In der ART ist zudem neu, dass der Raum durch anwesende Materie und Energie „gekrümmt" wird, was z.B. bedeutet, dass ein Lichtstrahl nahe eines starken Gravitationsfeldes (z.B. der Sonne) abgelenkt wird. Das hat weitreichende Konsequenzen für das Standardmodell, da auch das Universum als Gesamtes „gekrümmt" sein könnte, was bei den Beobachtungen berücksichtigt werden müsste.

Die Feldgleichungen der ART, die beschreiben, wie sich der Raum in Anwesenheit von Energie und Materie krümmt, sind allerdings so kompliziert, dass sie ohne vereinfachende Annahmen niemals auf das Universum anwendbar sind. Als Vereinfachung wurde darum das bereits in Kap. 2 erwähnte kosmologische Prinzip eingeführt: Das Universum ist auf der größten Längenskala homogen (im Mittel überall gleiche Materiedichte) und isotrop (in jeder Richtung gleich). Das bedeutet, dass unabhängig vom Standort des Beobachters sich das Universum immer gleich darstellt. Es gibt keinen ausgewiesenen Ort im Universum, wenn die betrachtete räumliche Umgebung nur groß genug gewählt wird, obwohl selbstverständlich lokale Unterschiede in der Materiedichte und -beschaffenheit bestehen. Das kosmologische Prinzip ist das Prinzip, das die einfachste mathematische Behandlung zulässt.

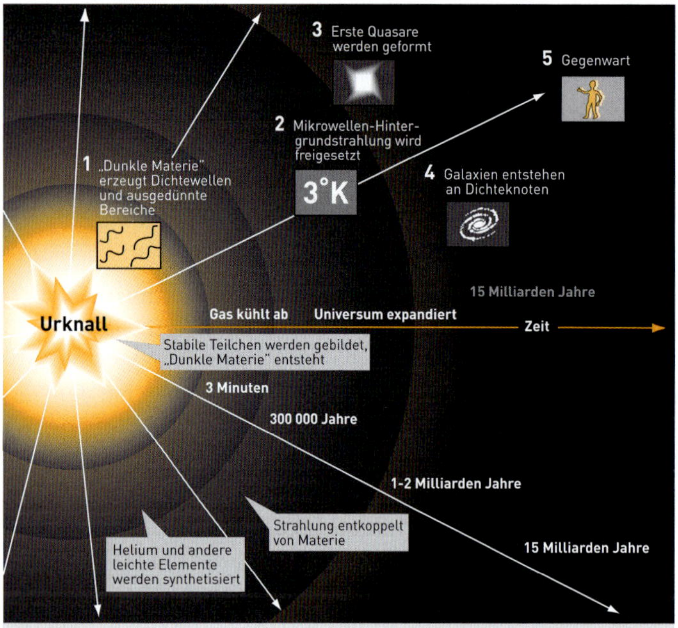

Abb. 3.1: Schematische Darstellung der Geschichte des Universums mit der Anmerkung von Meilensteinen seiner Entwicklung.

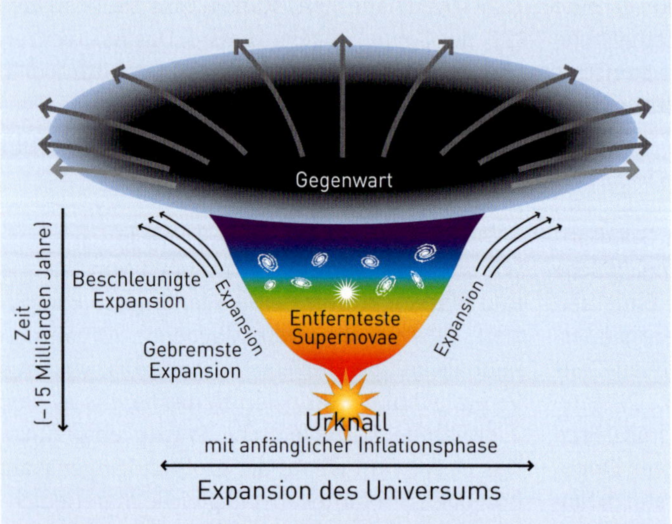

Abb. 3.2: Darstellung der dynamischen Entwicklung mit der
- anfänglichen Inflationsphase nach dem Big Bang
- der sich anschließenden Abbremsung durch die im Kosmos vorliegenden Massen
- eine neuerliche Beschleunigungsphase abgeleitet aus Supernovae-Beobachtungen

Löst man nun die Feldgleichungen der ART mit Hilfe des kosmologischen Prinzips, so ergeben sich die so genannten Friedmann-Gleichungen, die das Grundgerüst des Standardmodells bilden. Die Friedmann-Gleichungen lassen keine stabilen statischen Lösungen zu. Also muss sich das Universum entweder ausdehnen oder kontrahieren (=zusammenziehen). Da seit den 1920er Jahren durch die Arbeiten von Hubble und Humason bekannt war, dass nahe Galaxien jenseits der Lokalen Gruppe rotverschoben sind (s. Kap. 2.2.5), sah man sich mit einem sich ausdehnenden Universum konfrontiert. Daraus folgt der Rest der Geschichte des Universums fast automatisch: Wenn das Universum sich heute ausdehnt, so muss es in der Vergangenheit kleiner gewesen sein. Rechnet man weit genug zurück, so gelangt man an einen Punkt, wo die gesamte Materie auf engstem Raum verdichtet war (Singularität). Aufgrund der hohen Dichte waren die Temperaturen sehr hoch, so dass man sich das Geschehen als einen gewaltigen, undurchsichtigen Feuerball vorstellen muss. Dieser heiße Beginn wird gewöhnlich als „Urknall" bezeichnet.

Die Geschichte des Universums gemäß dem Standardmodell lässt sich grob in drei Abschnitte einteilen, die im Folgenden nacheinander kurz beschrieben werden, um ein zusammenhängendes Bild, wie in Abb. 3.1 schematisch dargestellt, zu geben:

- Das heiße, undurchsichtige Universum
- Die Bildung großräumiger Strukturen
- Die Gegenwart (s. Kap.2)

Beginnen wir damit, dass kein Kosmologe weiß, wie es begann. Dennoch gibt es gewisse Gedankenkonzepte dazu:

1. Der Beginn des Universums wird heute vielleicht am plausibelsten mit Vakuumenergie zusammengebracht. Vakuumenergie ist kein Gas oder gar eine Flüssigkeit oder irgendeine andere Substanz; sie wird vielmehr als eine Eigenschaft der Raumzeit selbst betrachtet. Vakuum ist allgemein gesprochen einfach das Minimum an vorhandener Energie, wenn alles dort vorhandene „Material" abgezogen wurde. Der materiefreie Raum ist ja auch in unserer normalen Anschauung nicht einfach leer; er ist durchzogen von elektromagnetischen Wellen und Gravitationsfeldern.

2. In der Welt des Mikrokosmos kennen wir die Gesetze der Quantenmechanik, die sagen, dass unser Verständnis des Zustands eines Systems unvermeidlich nur mit einer gewissen Wahrscheinlichkeit beschrieben werden kann. Die Energiefelder der Vakuumenergie werden deshalb fluktuieren, selbst im leeren Raum, der aber erst aufgespannt werden musste. Da also entgegen herkömmlicher Vorstellungen Vakuum kein leerer Raum ist, sondern ein schäumendes Meer virtueller Teilchen sein soll, können über diese Vakuum-Fluktuationen virtuelle Teilchen aus dem Nichts herauskommen und dahin wieder verschwinden, indem sie kurzzeitig Energie vom Vakuum leihen. Das könnte aus der Sicht der Theoretiker die Ursache für einen Uranfang gewesen sein.

Das heiße, undurchsichtige Universum. Nach einer rasanten inflationären Startphase von Milliardstelbruchteilen einer Sekunde, in der sich das Universum als Singularität von Nadelspitzengröße um den Faktor 10^{26} zu kosmischen Dimensionen ausgeweitet haben soll, dehnte sich das Universum nun „gewöhnlich" nach den Vorhersagen des Standardmodells (Friedmann-Gleichung) aus. Die Temperatur war dabei immer noch sehr hoch, begann aber langsam im Zuge des Expansion zu sinken. Aufgrund der hohen Temperaturen war die vorhandene Wärmestrahlung in einem strengen Gleichgewicht mit der heißen „Materie-Energiebrühe" aus Elementarteilchen, überwiegend Protonen und Elektronen. Weil die vorhandenen Lichtteilchen (Photonen) ständig durch die heißen, schnellen Elektronen auf einen regelrechten Zickzack-Kurs abgelenkt werden, war das Universum zu diesem Zeitpunkt undurchsichtig; ähnlich wie das Licht in einer Nebelbank. Die Photonen konnten sich wegen der kurzen freien Weglängen quasi nicht „frei bewegen". Schließlich war die Temperatur des Universums durch die Expansionsbewegung so weit gesunken, aber immer noch genügend heiß, dass die vorhandenen Protonen und Neutronen zu Atomkernen fusionieren konnten. Danach kühlte sich das Universum weiter ab, bis die Temperaturen so gering waren, dass die vorhandenen freien Elektronen mit den entstandenen Atomkernen kombinieren und neutrale Atome bilden konnten. Auf diese Weise bildeten sich im Kontext dieses Modells Wasserstoff und weitere leichte Elemente bis zu Anteilen von Lithium. Bei diesem Vorgang verschwanden auch die freien Elektronen, die in starker Wechselwirkung mit der Strahlung standen. Das Licht konnte sich nun frei bewegen und das Universum wurde durchsichtig. Man sagt, die Hintergrundstrahlung ent-

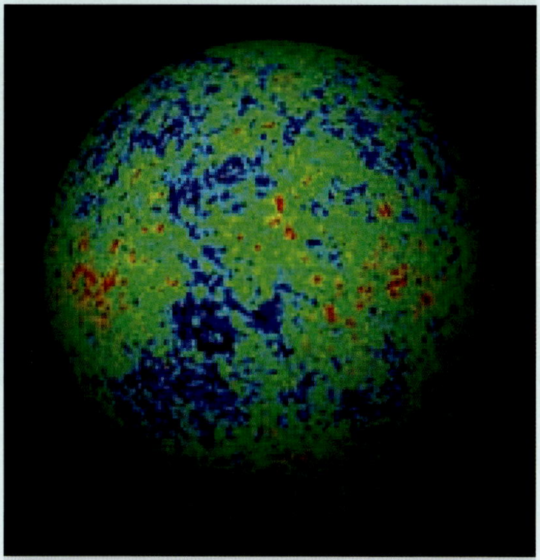

Abb. 3.3: Die mit WMAP gemessenen Temperaturfluktuationen projiziert auf eine Kugel. In den blauen und roten Bereichen liegt die Temperatur über bzw. unter dem Mittelwert von 2,7 K. (NASA/WMAP-Team)

koppelte sich von der Materie und änderte ihre spektrale Zusammensetzung ab dem Zeitpunkt nicht mehr. Die übrig gebliebene Strahlung sollte uns schließlich nach weiterer Abkühlung bis zum heutigen Tag in der Form des Mikrowellenhintergrundes erhalten sein. Abb. 3.3 zeigt nochmals das bereits in Kap. 2.4 eingeführte Fleckenmuster kleinster Temperaturschwankungen von der Größenordnung von lediglich einigen Hunderttausendstel Grad.

Die Bildung großräumiger Strukturen. Bis zum Zeitpunkt der Entkoppelung von Licht und Materie gab es noch keine schweren Elemente, keine Sterne, keine Galaxien oder größere Strukturen, sondern nur neutrale, leichte Atome. Wie aber sind die großräumigen Strukturen im heutigen Universum wie Galaxien und Galaxienhaufen entstanden?

Die Materie im Universum war (wie durch den Mikrowellenhintergrund angedeutet) anfangs sehr gleichmäßig verteilt, aber nicht perfekt gleichmäßig. Man nimmt an, dass es kleine Schwankungen in der Dichte gab (Dichtefluktuationen). Teilweise wird davon gesprochen, dass die anfänglichen Quantenfluktuationen sich in den Dichtefluktuationen abbilden. Nun wird durch theoretische Berechnungen der Strukturbildung nahe gelegt, dass sich die Gebiete mit leicht erhöhter Dichte allmählich unter ihrer eigenen Gravitation zusammenballten. Gleichverteilte Materie befindet sich nur in einem labilen Gleichgewicht, weshalb die geringste Störung für eine Verklumpung sorgen sollte. Dadurch entstanden größere Ansammlungen von Massen, die wiederum weitere Materie durch die Gravitation anzog. Der Dunklen Materie soll dabei eine zentrale Rolle zukommen. Durch diesen vereinfacht dargestellten Prozess sollen sich schließlich die großräumigen Strukturen gebildet haben und somit allmählich – nach dem so genannten Dark Age – auch die ersten Sterne und Galaxien. Wir wissen noch nicht, ob die ersten Sterne in Galaxien aufstrahlten, wie wir es heute kennen, oder ob sie sich im freien Weltall in der reichlich vorhandenen Materie bildeten, noch bevor Galaxien Zeit hatten, Gestalt anzunehmen. Das Aufleuchten der ersten Sterne war jedoch wichtig (ist aber wegen des anfangs noch fehlenden Staubs als Abstrahlmedium von Energie problematisch). Im Weltall wurde es danach wieder hell, und die Strahlung der ersten Sterne transportierte Energie in die neutralen Gaswolken und setzte dort einen Prozess in Gang, der zu einer lebhaften chemischen Entwicklung der Materie im Weltall führen sollte. Sie führte außerdem zu einer Aufheizung der interstellaren Gaswolken und sogar zu einer Ionisation der kosmischen Materie, der so genannten Reionisation. Die Strahlung der Sterne hat sich jedoch nicht mit der Hintergrundstrahlung gemischt und kann von ihr bis heute unterschieden werden.

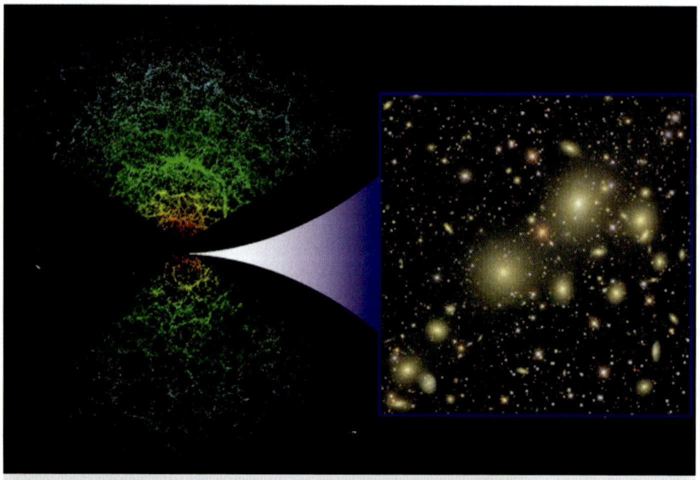

Abb. 3.4: Dieser sogenannte Sloan Digital Sky Survey SDSS stellt die räumliche Struktur von Millionen von Galaxien dar. Galaxien wurden zuerst in zweidimensionalen Bildern aufgenommen (siehe rechts), um sie dann durch Entfernungsvermessung räumlich darstellen zu können. Mindestens zwei Fragen stellen sich:
1. Kann diese Kosmosstruktur als isotrope und homogene großräumige Verteilung wie in der Standard-Kosmologie gefordert gelten?
2. Legt die angedeutete zirkulare Struktur nahe, dass unsere Galaxie als Zentrum gelten darf?
http://www.astronomy.com/asy/objects/images/3d_galaxy_map_500.jpg

Nach der Strukturbildung wurde das Universum mit Sternen und Galaxien bevölkert, die wir heute mit guten Teleskopen sehen können. Unser heutiges Universum ist stark strukturiert, was uns die großen Weltraumteleskope täglich überzeugend vor Augen stellen. In „Landkarten vom All" stehen große Ansammlungen von Galaxien und Galaxienhaufen riesigen Leerräumen gegenüber (Abb. 3.4). Es wird deutlich, dass die Materie im Universum höchstens auf der größten Längenskala gleichmäßig verteilt ist. Das hat auch schon Bedenken bezüglich der Anwendbarkeit des kosmologischen Prinzips aufkommen lassen, auf dem das Standardmodell gegründet ist.

In den Sternen werden nun durch Kernfusion und Supernovae die schweren Elemente hergestellt und durch Sternexplosionen in den interstellaren Raum freigegeben. Das wiederum führt zu neuen Sternentstehungsgebieten und zu Sternen mit höherem Anteil an schweren Elementen als Ausgangmaterial. Im Universum werden so immer schwerere Elemente angereichert. Um neu entstehende Sterne bilden sich Akkretionsscheiben (=Staubscheiben) aus Gas und Staub, die schließlich zu Planetensystemen führen. So entstand nach diesen kosmologischen Vorstellungen das Universum, das wir heute beobachten können.

3.1.2 Theorie und Beobachtung

Kompakt:

- Verschiebung der Linien in Sternenspektren
- Mikrowellenhintergrund
- Elementverteilung im Kosmos
- Weitere Auffälligkeiten

Es gibt keinen Rand des Universums; man kann nicht vom Rand des Universums herunterfallen. „Es gibt keinen Punkt im Weltall, von dem ich sagen kann: Hier hat alles begonnen, hier lasst uns ein Denkmal setzen", spottet der ehemalige Direktor des Max-Planck-Instituts für Astrophysik in Garching Rudolf Kippenhahn. Vielmehr sind Raum und Zeit überall entstanden, also auch direkt vor unserer Nasenspitze.

Carl Friedrich von Weizsäcker hat eine Warnung ausgesprochen, die gerne übersehen wird: Eine Gesellschaft, die meint, den Anfang der Welt mit einem Knall erklären zu können, sagt mehr über sich und weniger über die Welt aus.

Die Standardtheorie von einem Urknall verrät uns nicht, was geknallt haben soll, warum es geknallt haben soll und was sich ereignete, bevor es geknallt hat. Trotz ihres Namens beschreibt sie den Urknall eigentlich gar nicht. Es handelt sich deshalb in Wirklichkeit um eine Theorie über die Folgen des Urknalls. Da aber die Zeit keine vom Universum unabhängige Bedeutung hat, erübrigt sich für den Kosmologen die Frage nach dem Davor, so spannend eine Antwort wäre. Gerhard Börner, Prof. an der Universität München: „Die Spekulationen über den Anfang des Universums sollte man wie eine Art Experiment sehen. Physiker probieren aus, wie verschiedene Ansätze grundlegender Theorien mit einem Modell des Universums in Einklang gebracht werden können. Dies unterscheidet sich mitunter nur wenig von Science Fiction ..." Auf die Frage, welche drei kosmologischen Fragen er von einer allwissenden kosmischen Fee beantwortet haben wollte, meinte er: Was war vor dem Urknall? Wie ist das Leben entstanden? Und woher wissen Sie das eigentlich?

Die Urknall-Singularität erklärt nichts, sondern bedeutet das Ende aller Erklärungen. Sie ist nur ein mathematischer Grenzwert und muss nicht notwendigerweise eine Entsprechung in der Wirklichkeit gehabt haben.

1. Es soll angemerkt werden, dass unser heutiges Universum fast nur aus Materie besteht. Antimaterie hat man bisher durch Beobachtungen im Universum in größeren Mengen nicht nachweisen können. Man kann sie allerdings in Teilchenbeschleunigern in geringen Mengen

herstellen. In der hypothetischen Teilchenbrühe des Urknalls müssen sich die Teilchen in gegenseitigem Gleichgewicht befunden haben, wobei von jedem Teilchen auch die Antiteilchen vorhanden waren. Als sich das Universum abkühlte, zerstrahlten die Teilchen mit ihren Antiteilchen. Warum aber blieb überhaupt Materie übrig? Man behilft sich mit der Annahme, es habe eine „Symmetriebrechung" gegeben, also einen anfänglichen Überschuss von Materieteilchen zu Ungunsten der Antimaterie. Das ist aber experimentell (noch) nicht gesichert.

2. Es ist nicht einfach, das kosmologische Prinzip zu rechtfertigen. Anhand der „Rotverschiebungskarten" des Universums (Abb. 3.4) wird deutlich, dass das Universum höchstens bezüglich einer Größenskala von einigen Hundert Megaparsec (etwa 3 Millionen Lichtjahre) homogen ist. Da aber die Rotverschiebungswerte im Rahmen des Standardmodells gedeutet werden und das Standardmodell auf dem kosmologischen Prinzip aufgebaut ist, zeigen diese Rotverschiebungskarten nur, ob das Standardmodell mit den Daten konsistent ist. Wird sie anders gedeutet, so sagen die Karten möglicherweise gar nichts über die räumliche Verteilung des Universums aus. Auch der sehr homogene Mikrowellenhintergrund wird manchmal als Beleg für die Homogenität des Universums herangezogen. Aber analog der Rotverschiebung gilt dieser Beleg auch nur im Rahmen des Standardmodells. Eine unabhängige Prüfung des kosmologischen Prinzips war bisher nicht möglich und wird wahrscheinlich auch nicht möglich sein.

Nun soll ein kritischer Abgleich zwischen den theoretischen Vorhersagen aus dem Standardmodell und den Beobachtungen in Bezug auf

a) Verschiebung der Linien in Sternspektren

b) Mikrowellenhintergrund

c) Elementverteilung im Kosmos

d) Weitere Auffälligkeiten

durchgeführt werden.

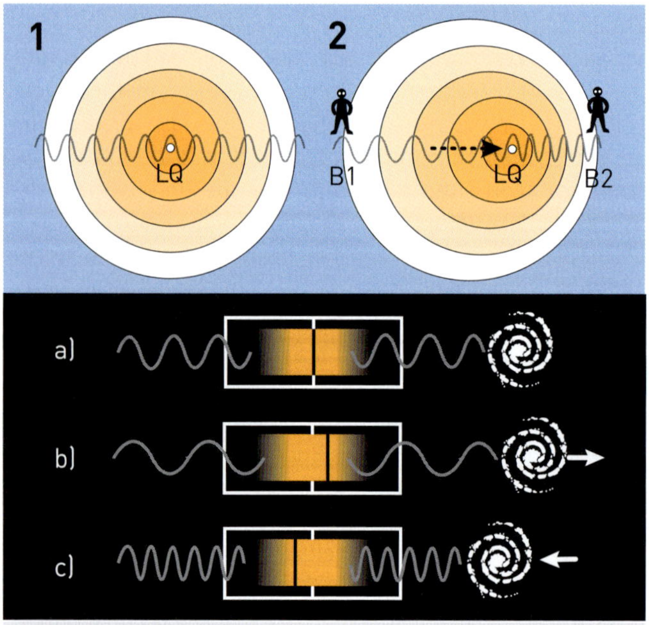

Abb. 3.5: Prinzipbild des Doppler-Effekts.
1. Ruhende Lichtquelle LQ; die Wellen breiten sich mit derselben Frequenz nach allen Richtungen gleichmäßig aus.
2. Die Lichtquelle LQ bewegt sich relativ zu den beiden Beobachtern B1 und B2; B1 erhält die Wellen kleinerer Frequenz, B2 solche mit höherer Frequenz.

a) Verschiebung der Linien in Sternspektren

Historisches zum Doppler-Effekt. Der Dopplereffekt kann heute leicht verifiziert werden. Man denke nur an die Veränderung des Hupsignals eines vorbeifahrenden Autos, was in Abb. 3.5 schematisch analog für Lichtwellen dargestellt ist. Bewegt sich das Auto auf uns zu, so erscheint uns der Ton höher und tiefer, wenn es sich entfernt. Doch zu Christian Johann Dopplers Zeiten (1803 - 1853) war die Welt noch langsam. Das schnellste Fahrzeug war die damals erst in Betrieb genommene Eisenbahn. Tatsächlich prüfte nur drei Jahre nach Dopplers Veröffentlichung der holländische Physiker Christoph H. D. Buys-Ballot den Dopplereffekt an der Eisenbahnstrecke von Utrecht nach Marsden: Ein Trompeter stand auf einem offenen Eisenbahnwagen und mehrere Musiker mit „geeichtem"

Gehör standen am Bahndamm. Das Experiment war nicht einfach, denn der enorme Lärm der Lokomotive störte. Jedoch hörten die Musiker den Ton genau so verfälscht, wie es DOPPLERS Formeln vorhersagten. Als sorgfältiger Physiker wiederholte BUYS-BALLOT das Experiment mit den Musikern auf der Plattform des Zuges und dem Trompeter am Bahndamm. Das Ergebnis konnte – auch ohne Trompeter – erneut bestätigt werden.

Es zeigte sich, dass der Effekt auch für Licht gilt.

Hier ist dieses Prinzip auf drei Beobachtungsfälle angewandt:

a) aus einem unverschobenen Spektrum wird auf eine (relativ zum Beobachter) ruhende Galaxie geschlossen
b) ein rotverschobenes Spektrum wird als Flucht- (oder Expansions-) Bewegung interpretiert
c) ein blauverschobenes Spektrum wir als ein uns entgegenkommendes Objekt verstanden.

Fall b) ist die allgemeine Situation im Kosmos jenseits der Lokalen Gruppe.

Rotverschiebung, Blauverschiebung und Doppler-Effekt

In den Jahren 1910-1920 entdeckte SLIPHER mit einem 24"-Teleskop charakteristische Signaturen in Spektren von Galaxien. Diese Entdeckung führte zu einer anderen unerwarteten Feststellung, dass bei der Untersuchung einer kleinen Anzahl von Galaxien schon klar wurde, dass deren Spektrallinien zum Roten hin verschoben waren. Wird diese Rotverschiebung in Verbindung mit dem Doppler-Effekt gebracht, folgt daraus eine Fluchtbewegung der Galaxien. 1913 berichtete SLIPHER, dass sich die Andromeda-Galaxie aufgrund einer Blauverschiebung des Spektrums mit 300 Kilometern pro Sekunde entlang der Sichtlinie auf die Sonne zu bewege. Auf diese Weise wurde das System der gravitativ gebundenen Lokalen Gruppe von Galaxien als größere Einheit gravitativ gebundener Objekte um unsere Milchstraße erkannt.

Diese Beobachtungen wurden von Anfang an von vielen Astronomen mit dem Doppler-Effekt verbunden, wobei dieser sich auf relative Bewegungen von Quelle und / oder Beobachter stützt. Allerdings ist hier aus folgenden Gründen Vorsicht geboten:

- es könnte heißen, dass die Expansion des Kosmos meint, dass Objekte durch den Raum fliegen. Dann wäre die prinzipielle Interpretation über den Doppler-Effekt richtig.
- Kosmologen und Astrophysiker argumentieren jedoch, dass die Materie im Kosmos in Bezug auf den sie umgebenden Raum „ruht". Anders ausgedrückt: Es ist nicht notwendigerweise die Materie, die in Bewegung ist, sondern der Raum, der sich ausdehnt (= kosmologische Rotverschiebung).

Letzteres meint, dass mit der Expansion des Raumes jede in ihm befindliche Materie einfach mitbewegt wird. Deshalb bewegt sich nicht notwendigerweise die Materie, sondern weiterer Raum erscheint zwischen Objekten, was in Summe den Eindruck erweckt, dass sich Materie bewegt. Kosmologen erklären dieses Phänomen der Expansion des Raumes gerne mit dem Modell eines Ballons, auf dessen Oberfläche Punkte markiert sind. Wird der Ballon aufgeblasen, so scheinen die Punkte in Bewegung zu sein, wobei sie nur von der Expansion der Ballonoberfläche mitgetragen werden. Jedenfalls bewegen sich die einzelnen Punkte nicht wirklich. Analog können Galaxien relativ zum umgebenden Raum ruhen, scheinen jedoch auseinanderzufliegen aufgrund der Expansion des Mediums um sie herum. Im täglichen Leben wird der Doppler-Effekt fälschlicherweise nicht von der kosmologischen Rotverschiebung unterschieden. Das geht teilweise bis hinein in Fachartikel. Es mag Ignoranz sein oder eben auch Ausdruck dessen, dass es nicht möglich ist, die Bewegung des Raumes oder die individueller Objekte wirklich voneinander zu unterscheiden.

Der amerikanische Kosmologe Edward R. HARRISON hat anhand des folgenden Beispiels gezeigt, dass dies keine Haarspalterei ist:

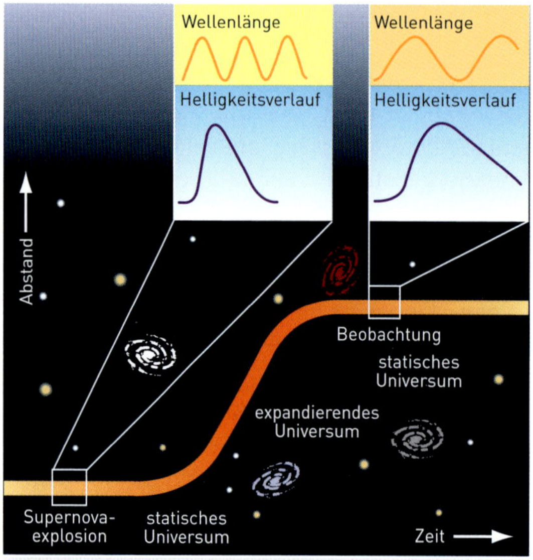

Abb. 3.6: In einem spekulativen Modelluniversum, das nur während einer bestimmten Phase expandiert, sonst aber konstant bleibt, erscheint die Lichtkurve einer Supernova zeitlich gedehnt, auch wenn kein Doppler-Effekt vorliegt. So wird klar: Der Ursprung der Rotverschiebung liegt in der Expansion des Alls. (Aus SuW-Special Nov. 97, S. 114)

Man stelle sich einen Kosmos vor, der zunächst, während der Aussendung des Lichts zum Beispiel einer Supernova in einer fernen Galaxie, stationär ist. Während das Licht auf seiner Reise zum Beobachter unterwegs ist, expandiere der Kosmos nun, um aber vor Ankunft der Strahlung wieder in eine stationäre Phase überzugehen. Da sich Strahlungsquelle und Beobachter bei Aussendung und Empfang des Lichts in Ruhe befinden, sollte kein Doppler-Effekt beobachtbar sein. Tatsächlich würde man jedoch eine Rotverschiebung durch Expansion während der Lichtausbreitung sehen! Dieser Zusammenhang ist in Abb. 3.6 skizziert.

Doch nicht alle Kosmologen sind von dieser Erklärung der Rotverschiebung – und damit der Expansion des Raumes und seiner Entstehung nach dem Urknallmodell – einverstanden. Das Licht könnte, so eine alternative These, auf seinem langen Weg zu uns – durch zunächst noch unbekannte Prozesse – Energie verlieren („ermüden") und damit langwelliger werden. Nun ist allerdings eine solche Streckung des Lichts von zwei internationalen Forscher-Teams an Supernovae Typ Ia beobachtet worden (LEIBUNDGUT et al. 1996 und GOLDHABER et al. 1997). Dieser Typ von Sternexplosion hat, wie wir schon in Kap 2.1.4 sahen, die angenehme Eigenschaft, sich sehr einheitlich zu verhalten. Nach der Explosion nimmt die Helligkeit zwei Wochen lang rasch zu, um dann über Monate hinweg langsam abzufallen. Die maximale Helligkeit und die Zeitdauer bis zum Helligkeitsmaximum ist bei allen Supernovae dieses Typs so gut wie gleich, weshalb sie sich als Standardkerzen zur Entfernungsbestimmung eignen. Zu ihren Beobachtungen an der Supernova 1995 K schreiben die Autoren: ... (diese Sternexplosion) „ist die langsamste Supernova Ia, die jemals beobachtet wurde; wir schreiben dieses nicht den Eigenschaften der Supernova zu, sondern der Zeitdilatation (Streckung der Lichtkurve durch die Expansion des Raumes)." GOLDHABER et al. haben dieses Resultat durch Vermessung der Lichtkurven von sieben Supernovae mit Rotverschiebungen zwischen $z = 0{,}35$ und 0,46 bestätigt (z ist ein aus dem Hubble-Gesetz abgeleitetes Maß für die Entfernung, siehe Kasten 2.5 in Kapitel 2.1.5). Es dauert bei entfernteren Supernovae nicht nur länger bis zum Erreichten des Maximums als bei nahegelegenen, sondern das Streckungsverhältnis von Lichtkurve und Wellenlängen stimmt exakt überein. Und das ist genau das, was zu erwarten ist, wenn die Ursache für die Dehnung der Lichtkurve die Expansion des Raumes ist. Würde das Licht auf dem Weg zu uns ermüden – gäbe es also keine Expansion – so würden die Lichtkurven ferner Supernovae sich in ihrem zeitlichen Verlauf dagegen nicht von denen der nahen Supernovae unterschieden. Damit könnten für Fred HOYLE und andere Anhänger der Steady-State-Theorie harte Zeiten anbrechen.

b) Mikrowellenhintergrund

Ein wichtiger Pfeiler des neuen Bildes ist der Mikrowellenhintergrund. Er wird im Kontext eines Urknallszenarios etwas hoch gegriffen gelegentlich als Genom des Kosmos oder als Rosetta-Stein der Kosmologie bezeichnet: So wie der Stein dank der eingravierten Schriftzeichen einst die Interpretation der Hieroglyphen ermöglichte, sollen im Mikrowellenhintergrund wichtige kosmologische Kenngrößen festgehalten sein. Sie erlauben es, Alter, Zusammensetzung, Expansionsrate und Geometrie des Universums innerhalb des Modells abzuleiten.

In Kapitel 2.4.1 haben wir schon gesehen, dass in diesen Temperaturfluktuationen, die der Mikrowellenhintergrund noch heute in verschiedenen Richtungen aufweist, alle wichtigen kosmologischen Kenngrößen verschlüsselt vorliegen. Bereits in den ersten Sekundenbruchteilen des Universums sollen sie ihren Fingerabdruck in den Temperaturschwankungen des Mikrowellenhintergrunds zurückgelassen haben. Umgekehrt lässt seine Beobachtung Rückschlüsse auf die ersten Sekundenbruchteile des Universums zu.

„Dank WMAP sind jetzt praktisch alle grundlegenden kosmologischen Parameter auf rund zehn Prozent oder genauer bestimmt", sagt Ruth Durrer, Professorin für theoretische Kosmologie an der Universität Genf. Zum ersten Mal lässt sich jetzt ein Steckbrief unseres Universums schreiben (siehe Kap 2.4.1):

- Alter: 13,7 Milliarden Jahre
- Raum: flach
- Erste Sterne: 200 Millionen Jahre nach dem Urknall
- Inhalt: 4% sichtbare Materie, 23% Dunkle Materie, 73% dunkle Energie

Die Ergebnisse des Satelliten WMAP sind eindrucksvoll und ein Meilenstein in der Kosmologie. Dennoch fällt es schwer, sich dem allgemeinen Enthusiasmus anzuschließen. Der große weiße Fleck auf der Gesamtkarte des Universums wurde keinesfalls getilgt, sondern nur schwarz eingefärbt. Denn es ist ja alles andere als eine Kleinigkeit, wenn der Gesamtkosmos nun bestätigte 96% einer unbekannten dunklen Materie-/ Energie-Komponente enthält. Es ist bemerkenswert, dass anfangs die Antimaterie nach dem Verständnis der Physik reichlich im Weltraum vorgelegen haben sollte, nun aber verschwunden ist. Dagegen wird völlig überraschend ein geradezu übermächtiger dunkler Materieanteil gefunden, der den gesamten sichtbaren Kosmos zu einer kleinen Kontamination schrumpfen lässt. Die Darstellung in Abb. 3.7 karikiert die Verhältnisse: Ein intellektuell wirkender Typ unterbreitet dem staunenden Publikum die neuesten Neuigkeiten über eine neue Materiekomponente im Weltraum zur erneuten Stützung des Standardmodells.

Sogar in der Fachwelt hat die Freude über das neue Modell des Weltalls, das die Kosmologen zu ihrem eigenen Erstaunen harmonisch vereint, einen bitteren Beigeschmack. „Wir können zwar präzise Messungen durchführen, wir haben gute Daten", sagt Durrer, „aber wir verstehen sie nicht." Die Ergebnisse widersprechen so ziemlich allen Vorstellungen, die man vor zwanzig Jahren über das Weltall hatte. Sind die Messungen denn überhaupt zuverlässig?

Mikrowellen als Strahlung eines Urknallereignisses („Echo des Urknalls") sind auf ihrem Weg

Abb. 3.7: Das Neueste über eine neue Materieform: Die Dunkle Materie ist möglicherweise nicht die letzte Komponente, die eingeführt wird, um das Standardmodell (künstlich) zu stützen.

zu uns von einer Reihe von Effekten überlagert. Es ist ein wahres Detektivspiel, aus der auf unseren Detektoren ankommenden Strahlung das herauszufiltern, was ursprünglich aus den Tiefen des Alls kommt. Angefangen von instrumentimmanenten Fehlern bis hin zu Bewegungen von Satelliten und Objekten, die sich überlagern. Selbst alternative Deutungen für die Entstehung der Mikrowellen stehen zur Diskussion.

- Alternative Deutung durch Hoyle
- Unsicherheiten im Mikrowellenhintergrund: Sunyaev-Zeldovich-Effekt
- Sachs-Wolfe-Effekt: Rotverschiebung des Mikrowellenhintergrunds durch Gravitation

Wir kommen gleich in Kap. 3.1.3 auf weitere Bedenken zurück.

Sunyaev-Zeldovich-Effekt. Wie verändert sich die Strahlung eines Mikrowellenhintergrunds durch die Wechselwirkung mit Materie? Eigentlich sollte dies wegen der geringen Materiedichte im Weltall nicht vorkommen. Dennoch sieht man eine Wechselwirkung, wenn die Mikrowellenstrahlung einen Supergalaxienhaufen passiert. Supergalaxienhaufen mit Hunderten bis Tausenden von Galaxien werden von einem sehr heißen Gas umgeben, das sich durch seine Röntgenemission verrät. Passieren nun Photonen des Mikrowellenhintergrunds dieses Gebiet, so spielt die Compton-Streuung eine entscheidende Rolle, also die Kollision zwischen den ankommenden Photonen und den Elektronen des heißen Gases (Myers et al. 2004). Der Effekt der Compton-Streuung ist sehr klein. Carlstrom et al. 1996 nutzten Radio-Interferometer (Abb. 3.8) zur Beobachtung von Photonen mit einer Wellenlänge bei 1 cm. Wenn ein solches Photon das Gas eines Supergalaxienhaufens passiert, so ist sein typischer Energiegewinn nur 0,05%, was bisher an 27 Galaxienhaufen nachgewiesen wurde. Trotzdem ist diese kleine Änderung bedeutsam. Bei Beobachtungen in Richtung eines Galaxienhaufens wurde tatsächlich ein Defizit von Mikrowellenphotonen gesehen. Die fehlenden Photonen wurden durch Compton-Streuung auf andere Energieniveaus bewegt und gehen dadurch dem Mikrowellenbereich verloren. D. h. im Radiobereich wird der Mikrowellenhintergrund hinter einem Galaxienhaufen dunkler. Das ist nur ein Beispiel einer systematischen Veränderung des Mikrowellenhintergrunds, der eh schon *per se* sehr schwach ausgeprägt ist.

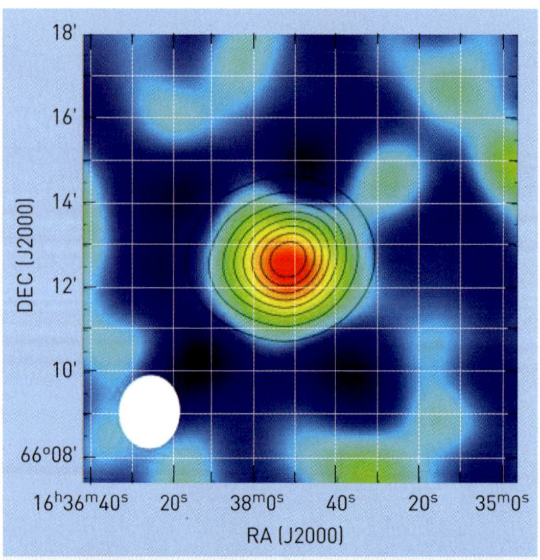

Abb. 3.8: Der hier gezeigte Himmelsausschnitt zeigt die Umgebung des Galaxienclusters Abell 2218. Die Konturen sind 28,5 GHz-Radiodaten gemessen mit dem BIMA-Interferometer. Sie repräsentieren die Niveaus konstanter negativer Intensität, also einem Defizit von Hintergrundstrahlung verursacht durch den Sunyaev-Zeldovich-Effekt. Die eingefärbten Bereiche sind Röntgenemissionen von heißem Gas, wie sie von ROSAT gesehen wurden.

Nebenbei sei bemerkt, dass der Sunyaev-Zeldovich-Effekt der Anfang sein kann für eine unabhängige Bestimmung des Alters des Kosmos und des Anteils Dunkler Materie in Superhaufen. Voraussetzung dafür sind hochgenaue Aufnahmen im Röntgenbereich und durch Radio-Interferometrie.

c) Elementverteilung im Kosmos

Wie bereits berichtet, entstehen im herkömmlichen Bild die leichten Elemente bis zu Spuren von Lithium kurze Zeit nach dem Urknall während der ersten Abkühlung des Kosmos. Der Aufbau *schwererer Elemente* erfolgt dagegen im Sterninnern oder per Sternexplosion. Damit sollten tief im Universum in dessen Frühzeit vor allem Objekte ohne schwere Elemente zu finden sein, zumindest aber mit einem sehr viel geringeren Anteil als in der Nachbarschaft unserer Milchstraße. Nun gibt es Störungen dieses einfachen Bildes. Die Rede ist von weit entfernten Objekten mit einem auffallend hohen Anteil schwerer Elemente. Nachstehend soll repräsentativ für dieses Altersparadoxon ein aktuelles Beispiel der ESA-Röntgenmission XMM-Newton genannt werden:

XMM-Newton hat anhand spektraler Daten gezeigt, dass der junge Quasar APM08279+5255 dreifach mehr Eisen enthält als unsere viel ältere Sonne (Hasinger et al. 2002). Die Ergebnisse sind in Abb. 3.9 dargestellt. Quasare sind jedoch Objekte aus den ersten 1,5 Milliarden Jahren des Kosmos:

- entweder gibt es eine bislang unbekannte viel effektivere Synthetisierung von Eisen, z. B. in den ersten Sterngenerationen am späteren Ort des Quasars oder
- das Universum war bereits älter, als der Quasar das Licht aussandte

Detailliertere Einblicke in die Frühzeit der Elementsynthese soll nun die Nachfolgemission XEUS (X-Ray Evolving Universe Spectroscopy) geben.

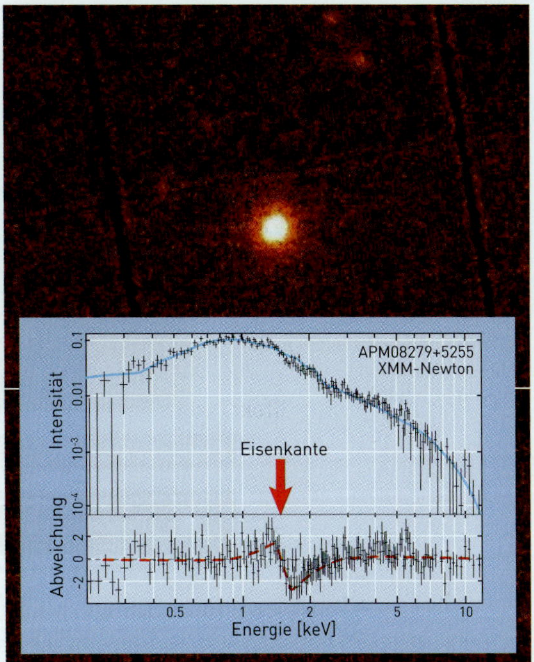

Abb. 3.9: Der Quasar APM08279+5255 aufgenommen mit dem XMM-Newton-Teleskop der ESA zusammen mit seinem Spektrum, das eine ausgeprägte Eisenlinie zeigt.

d) Weitere Auffälligkeiten

1. Junge Galaxien zwischen alten Sternsystemen. Es ist die allgemeine Einschätzung der Experten, dass die Entstehung größerer Galaxien – wie in Abb. 3.10 schematisch dargestellt – abgeschlossen ist und insbesondere in der Frühphase des Universums vor rund zehn Milliarden Jahren stattfand. Allerdings hat der amerikanische Satellit *Galaxy Evolution Explorer* (Start im April 2003) einige Dutzend massereiche Galaxien von bislang mehreren tausend untersuchten gefunden, die sich offenbar in der Frühzeit ihrer Entwicklung befinden, obwohl sie nur zwei bis vier Milliarden Lichtjahre von uns entfernt sind. Die Astronomen glauben, dass sie sich vor höchstens 100 Millionen bis zu einer Milliarde Jahren gebildet haben.

Junge Galaxien fallen durch ihr von ultravioletter Strahlung geprägtes Erscheinungsbild wie funkelnde Diamanten auf. Die als Ultraviolet Luminous Galaxies bezeichneten Objekte galten als bereits ausgestorben, so dass die jetzt entdeckten Objekte gleichsam als lebende Fossilien betrachtet werden müssen. Wenn sich das neue Bild erhärtet, dann wird offenbar das alternde Universum auf bislang unerklärliche Weise gleichsam mit Frischzellen versorgt. Jedenfalls können nun größere Galaxien im Frühzustand aus wesentlich geringerer Distanz beobachtet werden, auch wenn diese Entdeckungen das Entwicklungsbild des Kosmos stören.

„Wir sind jetzt in der Lage, Vorfahren unserer Milchstraße viel detaillierter zu beobachten," sagt Tim Heckman von der John Hopkins University. „Es ist, als hätten wir ein lebendes Fossil in unserem Vorgarten gefunden. Wir dachten, diese Art von Galaxie wäre ausgestorben."

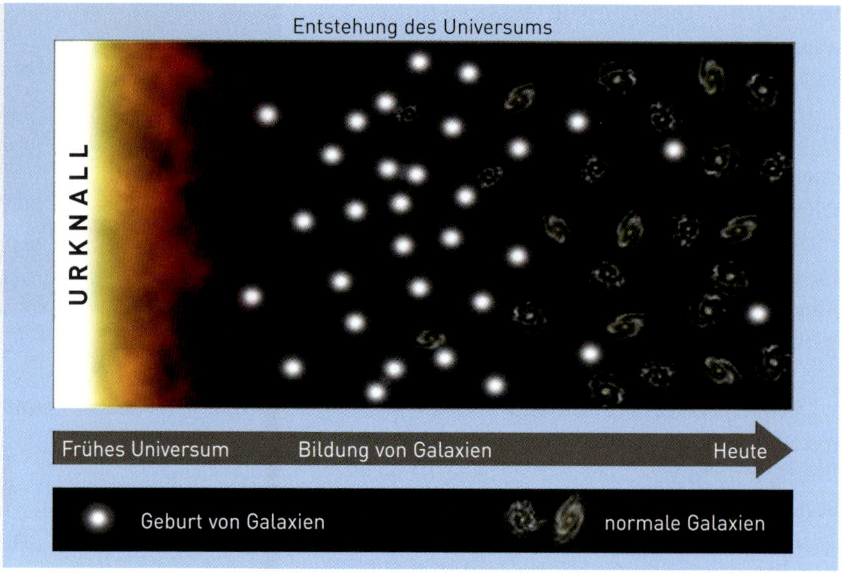

Abb. 3.10: Diese Darstellung verdeutlicht den Rückgang der „Geburtenrate" in unserem Universum. Im jungen Universum war die Entstehung massiver Galaxien (weiße Kreise) an der Tagesordnung. Mit der Zeit wurden es immer weniger und die existierenden Galaxien alterten und wurden der Milchstraße ähnlich (Spiralen). (NASA)

„Wir wissen, dass es einmal riesige junge Galaxien gegeben hat, aber wir dachten, dass sie, wie unsere Milchstraße, alle alt geworden seien. Wenn das nun tatsächlich junge Galaxien sind, heißt das, dass es in Teilen des Universums immer noch Brennpunkte der Galaxienentstehung gibt", sagt Chris Martin vom California Institute of Technology, der zuständig ist für die Forschungen des *Galaxy Evolution Explorer*.

2. Störungen des hierarchischen Aufbaus von Strukturen. Gegenwärtige Vorstellungen zur Galaxienentwicklung gehen von einem hierarchischen Zusammenschluss von kleineren Sternverbänden zu immer größeren Strukturen aus. Deshalb sollten im frühesten Universum keine massiven Galaxien existieren. Beobachtungen mit dem FORS2-Instrument des Very Large Telescope VLT im Jahre 2004 könnten dieses Bild ändern (Cimatti et al. 2004). Sie identifizierten vier sehr ferne Galaxien bei Rotverschiebungen von etwa $1{,}6 < z < 1{,}9$, die mehrfach massiver sind als unsere Milchstraße oder eben so massiv, wie die größten Galaxien im heutigen Universum. Allerdings wird ihre Entstehung zu einer Zeit angesetzt, als das Universum nur 2 Millionen Jahre alt war. Das Hubble-Weltraumteleskop zeigt, dass deren Struktur mit heutigen massiven elliptischen Galaxien mehr oder weniger identisch ist oder zumindest so aussieht.

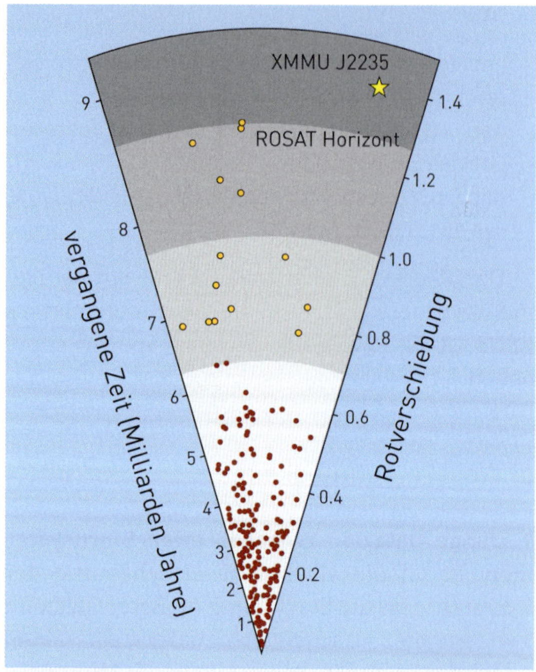

Abb. 3.11: Schematisches Diagramm der räumlichen Verteilung bekannter Galaxienhaufen über ihre Entfernung. Der Beobachter befindet sich in der Spitze des Kreisausschnitts und schaut nach oben zurück in die kosmische Vergangenheit; der neu entdeckte Galaxienhaufen ist mit XMMU J2235 bezeichnet und ist rechts oben im Bild markiert. Der neu entdeckte Galaxienhaufen erschließt einen neuen Entfernungsbereich in der Röntgenastronomie, der weit hinter der bisher bekannten als ROSAT-Horizont bezeichneten Grenze liegt. (ESO)

„Our new study now raises fundamental questions about our understanding and knowledge of the processes that regulated the genesis and evolutionary history of the Universe and its structures" [14] (A. Cimatti, Leiterin des Teams).

3. Riesige Galaxienhaufenstruktur im tiefen Kosmos. Astrophysiker des Astronomischen Instituts in Potsdam haben nach Messungen von XMM-Newton Röntgenstrahlen von heißem Gas zwischen den Galaxien eines alten Galaxienhaufens entdeckt (Mullis et al. 2005). Die Intensität der Strahlung war so reduziert, dass bei einer zwölfstündigen Messung nur 280 Photonen gezählt wurden, im Schnitt also alle zweieinhalb Minuten ein Lichtteilchen! Zum Vergleich: Beim Anblick einer in der Entfernung des Mondes platzierten herkömmlichen 100 Watt-Glühbirne würden unsere Augen etwa die gleiche Anzahl von Lichtteilchen sammeln. Diese extrem geringe Strahlung galt als erstes Indiz für die große Entfernung der Quelle. Mit dem VLT der ESO wurden bei nachfolgenden Beobachtungen im nahen Infrarotbereich Galaxien mit einer Rekord-Rotverschiebung und damit Rekordentfernung von neun Milliarden Lichtjahren geschlossen. Die Masse des Haufens wurde auf ungefähr hundert Billionen Sonnenmassen oder 1000 Milchstraßenmassen abgeschätzt. Da offensichtlich bereits zu dieser frühen Zeit die Struktur des Galaxienhaufens vollständig ausgeprägt war, handelt es sich um einen alten Galaxienhaufen in einem noch jungen Universum. In Abb. 3.11 ist die Entfernung der neu entdeckten Galaxienhaufen zusammen mit anderen bereits bekannten aufgetragen. Hier wird seine Position als Rekordhalter besonders deutlich.

3.1.3 Problembereiche des Standardmodells

Mit den nachfolgenden kritischen Anmerkungen sollen in keinster Weise die Leistungen der insbesondere an WMAP beteiligten Wissenschaftler und Weltraumtechniker geschmälert werden. Aber die aus den Ergebnissen geschlossenen Konsequenzen sollen kritisch kommentiert werden. Und da gibt es bemerkenswerte Neuigkeiten. So gibt es z.B. Zweifel an der „Reinheit" des Datenmaterials, die über das bereits Beschriebene hinausreichen. Sie beziehen sich sowohl auf den Einfluss der Dynamik unseres Planetensystems („A new analysis suggests that some radiation may originate closer to home" [Starkman et al. 2004]) als auch auf Instrument-immanente Gegebenheiten. Auch soll unser Planetensystem einen Teil der Strahlung produzieren oder absorbieren. Anlass dazu gab eine neue Analyse der Temperaturfluktuation mit der Ebene unseres Planetensystems (Starkman et al. 2004): *„We find it hard to believe that these correlations are just statistical fluctuations around standard inflationary cosmology's prediction ..."* [15] Die erwähnten Unsicherheiten können einen so großen Einfluss haben, dass aus den Daten falsche kosmologische Parameter abgeleitet werden. Da der Mikrowellenhintergrund fast unsere einzige Informationsquelle aus der Frühzeit des Universums ist, wird versucht, dieses Datenmaterial so weit als möglich auszuschöpfen. Die Temperaturfluktuationen haben darum in der Kosmologie eine ganz spezielle Deutung bekommen. Als man sie 1992 zum ersten Mal mit dem Satelliten COBE entdeckte, sprach man gar vom „heiligen Gral" der Kosmologie. Dass die Ergebnisse der Analysen der Nachfolgemission WMAP schließlich gut zum bevorzugten Standardmodell passten, war natürlich für die Kosmologen eine große Ermutigung und Bestätigung ihres Bildes. Umso ungünstiger ist es, wenn nun im Nachhinein festgestellt werden muss, dass in der Analyse nicht nur der kosmologische Anteil berücksichtigt wurde, sondern möglicherweise Störeinflüsse nicht sauber zu trennen sind.

Aufgrund der neueren Faktenlage hat das Wissenschaftsmagazin *New Scientist* dem Thema der Fragwürdigkeit des Urknalls mit dem Titel „End of the beginning" ihre Juli-Ausgabe 2005 gewidmet, anhand derer nachstehend eine Zusammenfassung der Kritik am Urknall dargestellt werden soll.

a) Die hohe Temperatur des intergalaktischen Gases

Bislang wurde davon ausgegangen, dass eine sogenannte Reionisation des Gases im frühen

Kosmos einige Milliarden Jahre nach dem Urknall stattgefunden haben soll, als die Strahlung der ersten Sternengeneration das Gas aufheizte. Aber nach Daten der Raumsonde WMAP startete die Reionisation 200 Millionen Jahre nach dem Urknall (CHOW 2005). Dadurch wäre innerhalb kurzer Zeit nach der Ausbreitung des Mikrowellenhintergrundes ein zweites Strahlungsfeld entstanden. Der zeitliche Abstand der beiden Strahlungsfelder wäre so kurz, dass sich die spektralen Charakteristika vermischen und/oder die Strahlungsfelder so lange Gelegenheit zur Wechselwirkung hatten, dass der ursprüngliche Aufschrieb der Thermalhistorie im intergalaktischen Gas gelöscht bzw. zumindest komplex überlagert wäre. Beide Strahlungsfelder hätten sich danach miteinander abgekühlt.

Damit hätte das Wasserstoffgas heute eine unerklärbar hohe Temperatur. Dies kann z. B. so verstanden werden, dass kosmische Strahlung für die Aufheizung verantwortlich ist. Marcus CHOWN in *New Scientist*, 2. Juli 2005, S.15: „*The cosmic rays may have erased the record of events in the hydrogen, such as a burst of star formation across the universe.*“ [16]

b) Kesselflicken am Urknallmodell

So bezeichnet Riccardo SCARPA von ESO die Anpassungsprozedur und fährt fort, dass der Versuch des Adaptierens nun ein unakzeptables Niveau erreicht hat. Er nennt die Gründe für das Scheitern:
- die Temperatur des heutigen Kosmos (s. oben)
- die (beschleunigte) Expansion des Kosmos (Dunkle Energie als Anti-Gravitationskraft)
- die pure Existenz von Galaxien (Dunkle Materie als Klebstoff)

Das Urknallmodell scheiterte, so fährt er weiter, in seinen Prognosen und konnte nur durch Einführen von Kunstgriffen zusammengehalten werden:
- Inflation für die erste Beschleunigung
- Dunkle Materie für die Etablierung und Erhaltung von Großraumstrukturen
- Dunkle Energie für das beschleunigt expandierende Universum

Es mag etwas übertrieben sein, stimmt aber im Kern, wenn er sagt: „*Big Bang predictions are constistently wrong and are being fixed after the event. So much so, that is todays „Standard Model“ of cosmology.*“ [17]

Als phänomenologische Begründung für die Kritik führt der Artikel an:

- Ultra-weit entfernte Galaxien sollten wir in einem jungen Alter sehen; das Spitzer-Teleskop zeigt uns Galaxien aus einem angegebenen Kosmosalter von 600 Millionen und 1 Milliarde Jahre. So junge Galaxien sollten voll von jungen Sternen sein, die durch ihr typisch bläuliches Licht auffallen sollten. Sie tun es nicht. „*It turns out these galaxies aren't young at all.*“
  Spitzer-Beobachtungen legen andererseits nahe, dass es Sterne in fernsten Galaxien gibt, die älter als ihre Galaxie erscheinen. Zudem sind in größten Entfernungen bereits Cluster und Supercluster von Galaxien zu sehen, wobei nach üblichem Verständnis eine solche Strukturbildung mehr als eine Milliarde Jahre dauern sollte. Wenn hier die Wirkung Dunkler Materie herangezogen wird, muss Folgendes angemerkt werden:

a) Hinweise auf Dunkle Materie werden an Orten gefunden, wo Kosmologen sie nicht erwarten würden.
b) Im Gegensatz zu normaler Materie ist Dunkle Materie nicht in der Lage, Strahlung zu emittieren. Das bedeutet, dass eine Ansammlung Dunkler Materie nicht ohne weiteres kollabieren kann, weil sie die Energie nicht abführen kann, ein Prozess, der für eine gravitative Kontraktion erste Voraussetzung ist.

Insgesamt scheint es gewagt und befremdend, ein umfassendes Weltmodell auf der Analyse ultra-winziger Temperaturfluktuationen im sichtbaren Kosmos von der Größenordnung von lediglich Hunderttausendstel Grad abzustützen, die sich an der Nachweisgrenze unserer Möglichkeiten befinden. Und wir nennen das unsere beste Theorie. Vergegenwärtigt man sich noch, dass wir von Effekten innerhalb der Welt von nur 4% sichtbarer Materie sprechen, so führt uns das doch zu erheblichen Zweifeln. Nie wurde ein so weit reichendes Modell auf so schwachen Beinen aufgesetzt!

Es sollte deutlich geworden sein, dass das Standardmodell in erster Linie ein theoretisches Konzept ist. Es versucht, die marginalen Daten über die Geschichte des Universums unter Zuhilfenahme bekannter physikalischer Gesetze widerspruchsfrei zu modellieren. Aus diesem Grund sagt das Standardmodell höchstens aus, wie der Ablauf des Universums ausgesehen haben *könnte*. Weiter beruht das Standardmodell auf theoretischen Prinzipien wie beispielsweise dem kosmologischen Prinzip. Diese Prinzipien wurden gelegentlich auch abgelehnt oder erweitert, wie das z.B. in der Steady-State-Kosmologie getan wurde. Als Konsequenz resultierten andere Kosmologien. Aber auch die Rekonstruktion der Geschichte des Universums ist durch theoretische Überlegungen geleitet, die gemacht wurden, ohne dass umfassende astronomische Beobachtungsdaten zur Verfügung standen, die Einblicke in die zu erforschenden Bereiche gaben. Im Nachhinein mussten die theoretischen Vorstellungen häufig modifiziert oder erweitert werden (z.B. durch den Einbezug von Dunkler Materie und Dunkler Energie, einer Art Antigravitationskraft), wenn sie denn geprüft werden konnten. *Die Theorien sind also sehr flexibel und es gibt meist keine harten Prüfmöglichkeiten.* Die Beobachtungsmöglichkeiten sind in vielen Fällen äußerst komplex und stark eingeschränkt. Insgesamt stehen den vielen theoretischen Überlegungen und Extrapolationen nur wenige Beobachtungsdaten gegenüber, die ihrerseits wieder fehleranfällig sind.

Dies alles zeigt nicht nur, dass das Bewusstsein für die Vorläufigkeit dieser Modelle bei den Kosmologen durchaus vorhanden ist und nicht etwa unter den Tisch gewischt wird: Es handelt sich eben um Modelle, die vorläufig sind. Es zeigt sich aber auch, dass wir uns in der Kosmologie eventuell auf ein verändertes Modell zu bewegen, und das aktuelle Modell erst ausdiskutiert und widerlegt werden muss, bevor ein neues, modifiziertes zugrundegelegt werden kann. Die Vorläufigkeit der Erklärungsmuster ist keine Schwäche der Astrophysiker und Kosmologen, es ist vielmehr Teil ihrer Arbeit und sollte deshalb nicht gegen sie verwendet werden. Wohl aber sollte in der Öffentlichkeit die Vorläufigkeit kosmologischer Modelle herausgestellt und nicht von gesicherten Fakten gesprochen werden, ein Appell, der eher an die Journalistik zu richten ist.

Natürlich gibt es auch Ansätze alternativer Kosmologien. Ein Beispiel ist die Quasi-Steady-State-Kosmologie. Diese Alternativen wurden natürlich nicht im selben Maße untersucht und ausgearbeitet wie das Standardmodell. Allerdings ist das kaum erstaunlich, wenn man bedenkt, dass solche Kosmologien häufig von einzelnen Kosmologen entwickelt wurden und ohne ausgiebige Forschungsmittel entstanden sind. Es kann nicht ohne weiteres gesagt werden, wie stark die Erklärungskraft einer solchen alternativen Kosmologie wäre, wenn das selbe Ausmaß an personellem und finanziellem Aufwand aufgewendet worden wäre wie im Standardmodell. In einigen Fällen ist es erstaunlich, wie gewisse Beobachtungsdaten auch alternativ interpretiert werden können.

Andere Experten kritisieren am Standardmodell, dass die Astronomen übersehen hätten, dass 99,99% der Materie im Universum in Form von Plasma vorliegen, das durch elektromagnetische Kräfte kontrolliert wird. Dennoch bestehen die Astronomen darauf, dass Gravitation die einzig bestimmende Größe ist. Es ist, als ob die Ozeanographen den Aspekt der Hydrodynamik ignorieren würden. Deshalb lautet die Forderung: Um Fortschritte zu erzielen, wird eine Theorie gefordert, die sowohl der Elektrodynamik als auch der Gravitation Rechnung trägt und deren Test mit Beobachtungsdaten rigoroser gehandhabt wird (Chown 2005).

Insgesamt ist das Standardmodell heute das beste Modell zur Beschreibung des Universums. Wegen seiner relativ hohen Zahl an freien Parametern, die durch die Theorie nicht vorgegeben sind, hat es sich als eher flexibel erwiesen, sich an neue Beobachtungsdaten anzupassen. Das schwächt andererseits jedoch die Erklärungskraft des Modells. Außerdem benötigt die Theorie an einigen Stellen ein bemerkenswertes „finetuning", um unser gegenwärtiges Universum zu erklären. Ein Beispiel dafür ist der heutige Wert der kosmologischen Konstante.

Kompakt:

- Von der Steady-State-Kosmologie zur QSSC
- Vorhersagekraft der QSSC
- Ähnliche Vorhersagen führen zu anderem Kosmos

3.2 Alternative Kosmologien

Angesichts der teilweise spekulativen Basis seiner Annahmen und der weit reichenden Aussagen des Standardmodells gab es bereits in der ersten Hälfte des 20. Jahrhunderts unter führenden Wissenschaftlern eine gewisse Unzufriedenheit. So waren Hermann BONDI, Thomas GOLD und Fred HOYLE beispielsweise nicht mit der Raumzeit-Singularität eines Urknalls einverstanden. Auch nahmen sie es nicht als selbstverständlich an, dass die physikalischen Gesetze und Bedingungen immer dieselben waren, was im Standardmodell zwar angenommen, aber nie begründet wurde. Es ist nur die einfachste aller möglichen Annahmen.

Wer nun meint, dass es angesichts der geschilderter Fakten sicher genügend alternative Kosmologien gibt, muss hier enttäuscht werden. Die meisten Konzepte sind – aus welchen Gründen auch immer – mit ihren Entwicklern gestorben bzw. verkümmert. Dennoch ist es bemerkenswert, was Fred HOYLE mit seinen Partnern aus gleichen Daten an alternativen Konzepten mit seiner Quasi-Steady-State-Theorie ausgearbeitet hat.

Die Steady-State Cosmology SSC beruht auf dem perfekten kosmologischen Prinzip, welches besagt, dass das Universum nicht nur homogen und isotrop bezüglich des Raumes, sondern auch bezüglich der *Zeit* sei. Das bedeutet, dass sich das Universum unabhängig vom Standort nicht nur immer gleich darbietet, sondern es ändert sich auch nicht mit der Zeit. Die SSC wurde ausgearbeitet und erlaubte nachprüfbare Voraussagen. Somit wurde es in den 1950er Jahren zum Konkurrenten des Standardmodells. Allerdings erlitt es Rückschläge, von denen es sich nicht mehr erholen konnte.

1993 erlebte es eine Renaissance in Form der Quasi-Steady-State Cosmology QSSC, welche Fred HOYLE zusammen mit Geoffrey BURBIDGE und Jayant NARLIKAR vorgeschlagen wurde (HOYLE et al. 1996). Sie führten zu den bereits erwähnten Randbedingungen eine fundamentale Eigenschaft der Physik ein: die Skalen-Invarianz, was bedeutet, dass eine physikalische Theorie dieselbe bleibt, auch wenn die Gleichung mathematisch transformiert wird. Damit wurde die Allgemeine Relativitätstheorie in der Weise verallgemeinert, dass sie die Skalen-Invarianz erfüllt.

Der neu entwickelte Ansatz hatte noch eine weitere Eigenschaft: Er lässt die Erschaffung von Materie zu. Dies ist ohne Verletzung der Energieerhaltung möglich, indem die Energie in einem so genannten C-Feld in Balance gehalten wird. Materie wird überall dort erzeugt, wo das C-Feld groß genug ist. Das ist explosionsartig in der Nähe sehr massiver Körper der Fall (Minibangs). In Summe lässt dies das Universum als Ganzes expandieren. Dies geschieht aber nicht stetig, sondern zyklisch. In aktiven Phasen dehnt sich das Universum schneller aus, womit das C-Feld sinkt, die Produktion lässt nach und umgekehrt. Dies führt zu einem zyklischen Verhalten der Expansion. Entscheidend ist aber letztlich, ob diese modellierten Prozesse auch beobachtbar sind.

Rotverschiebung. Die Rotverschiebung wird analog erklärt, wenn wir annehmen, dass wir uns in der QSSC gerade in einem Zyklus befinden, in dem sich das Universum ausdehnt. Dadurch kommt die Rotverschiebung zustande.

Mikrowellenhintergrund. Er stammt bei der QSSC vom Sternenlicht vergangener Zyklen, das an intergalaktischem Eisen- und Kohlenstoffstaub, den so genannten Whiskers, gestreut wird. Durch die Ausdehnung des Universums fällt im momentanen Zyklus die Energiedichte der vorhandenen Hintergrundstrahlung aufgrund der Rotverschiebung ab. Dies wird wettgemacht, indem intergalaktischer Staub thermalisiert wird. Das UV-Licht junger Sterne wird durch Absorption und Reemission von diesem besonderen Staub als thermische Strahlung in die beobachtete Mikrowellenstrahlung verwandelt, so dass es nicht notwendigerweise als Relikt eines frühen Universums herangezogen werden muss. Auf diese Weise erhält die Hintergrundstrahlung ihr Schwarz-Körper-Spektrum, das sich als eine elementare Eigenschaft des Mikrowellenhintergrunds erwiesen hat. Berechnet man im Rahmen der QSSC die erwartete Temperatur des Mikrowellenhintergrundes, so erhält man eine gute Übereinstimmung mit der Beobachtung. In der QSSC ist es also im Gegensatz zum Standardmodell möglich, die Temperatur des Mikrowellenhintergrundes aus der Theorie abzuleiten. Gleichzeitig gibt es eine gewisse Evidenz für besagte Whiskers. Es lassen sich gar die richtigen Größenordnungen der Fluktuationen des Mikrowellenhintergrundes voraussagen. Man nimmt hier allerdings an, dass sie direkt von Inhomogenitäten großer Galaxienhaufen stammen. Neuerliche Daten der Weltraummission WMAP haben zu Ungereimtheiten geführt, die noch einer näheren Diskussion bedürfen.

Creation Pointer

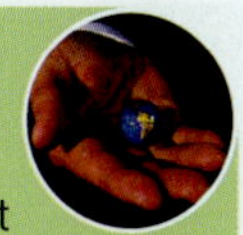

Ein Modell kann nie verifiziert, sondern nur falsifiziert werden. Daher gibt es beliebig viele Modelle, die alle das Gleiche beschreiben können. Nur intelligente Experimente können Modelle ausschließen. Hypothesen testen, das ist die eigentliche Aufgabe der Physik. Mehr kann sie nicht leisten.

Bildung leichter Elemente. Sie folgt in der QSSC einem anderen Ablauf. Wenn in der QSSC Materie neu entsteht, so geschieht das in Form von so genannten Planck-Teilchen. Sie haben eine sehr kurze Lebensdauer und zerfallen in einem „Feuerball" in so genannte Quarks. In ihm finden nun, den Fusionsreaktionen im Standardmodell ähnlich, Prozesse statt, in denen sich leichte Elemente bilden. Deren Häufigkeit lässt sich berechnen. Man stößt auf Verhältnisse, die gut zu den beobachteten Werten passen.

Es ist erstaunlich, dass sowohl im Standard-Modell als auch in der QSSC dieselben Voraussagen für Beobachtungen gemacht werden, obwohl für die Erklärung der Phänomene völlig unterschiedliche Konzepte angenommen wurden. Somit liefert die QSSC ein wichtiges Beispiel zur Demonstration, dass in der Kosmologie mehrere Interpretationen für eine bestimmte Beobachtung existieren. Sie können jeweils sogar in sich stimmige Bilder liefern, die allerdings zu völlig verschiedenen Universen führen.

Ein gelungenes Portrait aus Licht und Gravitation: Der Saturnmond Mimas steht vor Saturn, auf dessen Oberfläche sich der Schattenwurf in der Ebene des Staubrings messerscharf abbildet. Der Blick erfolgt nahezu in der Ebene des Staubrings. (NASA/JPL)

4. Kenntnisstand zu Planetensystemen

Kompakt:

- Der Aufbruch ins Sonnensystem
- Die Rolle der Modelle
- Die Entdeckung Dunkler Materie

„Wir dachten, wir wüssten,
was Planeten sind, aber nun haben
wir festgestellt, wie fantasielos
unsere Vorstellungen waren."
Laurence A. Soderblom, Geologe

Wir haben auf dem Planeten Terra die Schwelle zum 3. nachchristlichen Jahrtausend überschritten, und noch immer haben seine Bewohner trotz intensiver Suche keinen Kontakt zu anderen Lebensformen im Universum (exobiologisches Leben; Abb. 4.1). Doch erstaunlicherweise zweifelt kaum einer daran, dass es da draußen noch andere gibt: Außerirdische, Aliens, ETs oder kleine grüne Männchen/Weibchen. Als Begründung für außerirdische Existenzen wird im Allgemeinen die große Zahl von Sternen im Universum angeführt. Allein in unserer Galaxie wird von 100 Milliarden Sternen ausgegangen, und man rechnet mit ebenso vielen Galaxien im sichtbaren Kosmos. So lautet denn die allgemeine Argumentation, dass es bei diesem gewaltigen Reservoir von rund 10^{22} (eine 1 mit 22 Nullen) Sternen im sichtbaren Kosmos aus rein statistischen Gründen noch sonst wo Leben geben muss (s. Kasten 4.1). Ein erster Schritt zur Konkretisierung einer Antwort muss deshalb die Suche nach extrasolaren und speziell von erdähnlichen Planeten jenseits unseres Sonnensystems sein.

Übergeordnete Auswahlkriterien für ein Leben ähnlich unserem sind:

- erdgroße Objekte auf nahezu kreisförmigen Bahnen
- Lage innerhalb der habitablen, bewohnbaren Zone eines Sterns
- entsprechende Zusammensetzung der Atmo-

Abb. 4.1: Die Raumsonde Voyager 1 befindet sich in der Zwischenzeit am Rande unseres Sonnensystems

Kasten 4.1: **Der rästelhafte Ursprung des Lebens**

Ist Leben ein Trick der Chemie, der nun mal irgendwann auf der Erde passierte und damit ein lokales Phänomen? Oder ist das Geheimnis des Lebens in den Naturgesetzen verborgen verankert und damit universell?

Auf die Frage nach der Entstehung des Lebens hat die Naturwissenschaft keine verifizierbare empirische Antwort. Der Übergang von Materie zu Leben und Geist ist für die Laborchemie und -biologie trotz großer Anstrengungen bis auf den heutigen Tag ein großes Geheimnis. Es ist das am wenigsten verstandene Kapitel in den Abhandlungen von Ursprungsfragen. Wir wissen nicht, wie es zum „big jump" kam, der aus (organischem) Rohmaterial zum biologischen Material als Lebensbaustein führte. Große Moleküle, genannt polyzyklische aromatische Kohlenwasserstoffe, werden zu Grundbausteinen des Lebens gezählt; sie sind das Material eines verbrannten Toasts oder von Autoabgasen. Mit Hilfe des Spitzer-Teleskops können sie bis in eine Zeit zurückverfolgt werden, als der Kosmos ein Viertel seines Alters hinter sich hatte. Das soll knapp 10 Milliarden Jahre weiter zurückliegen als alle bisherigen Funde dieser Moleküle (Yan 2005).

Als ich ein junger Student war, galt noch jeder Vertreter von exobiologischem Leben als relativ abgehoben. Heute ist die Exobiologie eine Disziplin mit wachsendem Zulauf. Die Suche nach Leben im Universum spielt in den Begründungen für Weltraummissionen sowohl bei der NASA als auch bei der ESA eine Schlüsselrolle, ohne dass es auch nur eine Andeutung einer direkten Evidenz dafür gäbe. Was ist also in der Zwischenzeit passiert? Eigentlich war es nur die Entdeckung einer weiten Spanne von Umweltbedingungen, in der Leben existieren kann. Nachstehend sollen einige stichwortartig genannt werden:

- an vulkanischen Öffnungen am Meeresboden
- in totaler Finsternis mittels chemischer Energie anstelle von Sonnenlicht
- bei Temperaturen deutlich über dem Siedepunkt
- in relativ konzentrierten Säuren, die bereits die menschliche Haut angreifen
- in extremer Kälte und extremen Strahlungsbedingungen, z. B. auf dem Mond
- etc.

Damit haben Studien von Lebensbedingungen Wissenschaftler ermutigt, die Liste möglicher Nischen für außerirdisches Leben zu erweitern.

Da es eine unübersehbare Fülle von Lebensformen gibt, muss es ja auch einen Ursprung dafür geben. Da Naturwissenschaft weltimmanent, also ohne Eingriff von außen argumentiert, kann sie nur den Zufall, lange Zeiträume und Naturgesetze dafür heranziehen. Im Umfeld des Themas dieses Buches sind die Minimalanforderungen der Exobiologen an Leben das mögliche Vorhandensein von Wasser, Energie und Zeit. Um dem Zufall für die Biogenese an anderen Orten im Weltall Vorschub zu leisten, bezieht man sich auf die große Anzahl existierender Sterne im sichtbaren Kosmos, womit die Wahrscheinlichkeit für günstige, lebensfreundliche Bedingungen wachsen. Gleichzeitig muss klar sein, dass die Existenz von noch so vielen (sonnenähnlichen) Sternen und anderen Aspekten keine Begründung für die Entstehung extraterrestrischen Lebens sein kann, ebenso wenig wie das Vorhandensein von Wasser die Existenz einer Waschmaschine begründet.

Wenn nun im Text dennoch argumentativ dieser Spur gefolgt wird, dann nur um zu zeigen, dass selbst bei einer solchen Annahme die Wahrscheinlichkeit allein für günstige Bedingungen verschwindend klein werden, was die Raffinesse und Einmaligkeit unseres Systems unterstreicht.

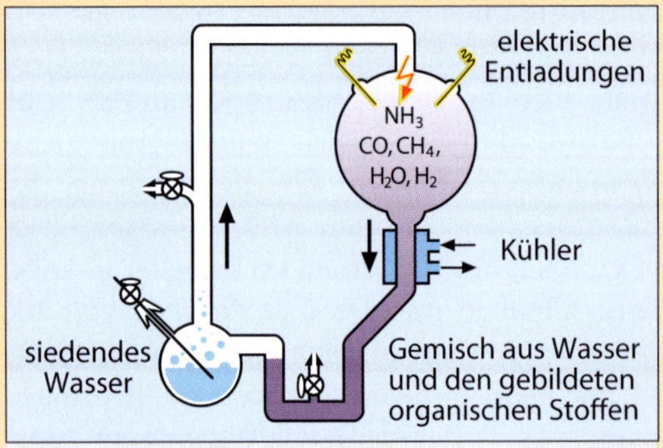

Der klassische Versuchsaufbau, wie er erstmals von Stanley Miller 1953 eingesetzt wurde. Damit konnte die Bildung organischer Verbindungen aus anorganischen Stoffen unter mutmaßlichen Uratmosphären-Bedingungen nachgewiesen werden. Nach anfänglicher Euphorie über die Versuchsergebnisse hat sich längst Ernüchterung breit gemacht, da sich gezeigt hat, dass auf diesem Wege ohne steuernde Eingriffe keine lebensnotwendigen Makromoleküle entstehen können.

sphäre mit Sauerstoff, Kohlendioxid und Methan als Bestandteile, was als bestes indirektes Indiz für Leben sonstwo gilt

– flüssiges Wasser

Abb. 4.2 zeigt die kaum überschaubare Fülle von Methoden, die im Rahmen von rund 60 bodengestützten und 15 weltraumgestützten Messkampagnen verfolgt wird.

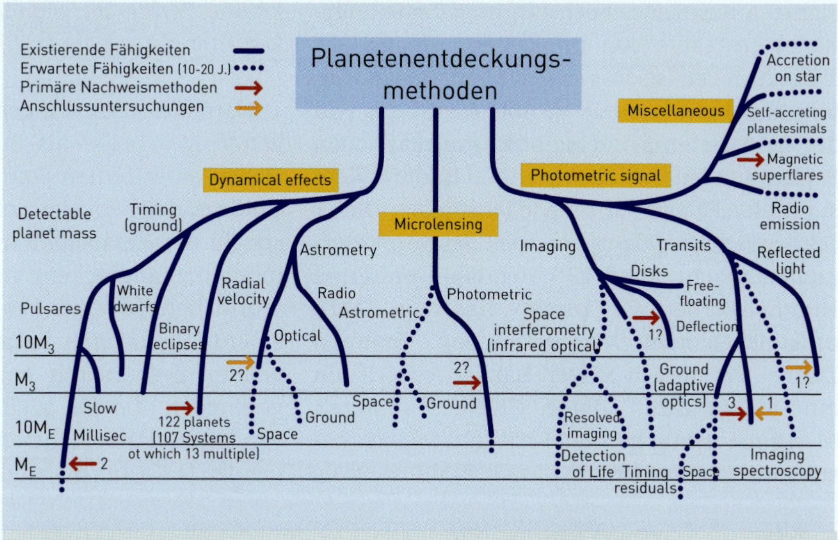

Abb. 4.2: Zusammenfassung von Planeten-Entdeckungsmethoden in dem sogenannten Perryman Tree, die teilweise bereits heute Anwendung finden. MJ = Jupitermasse; ME = Erdmasse. Stand Mai 2004.

4.1 Am Anfang war der Staub: Über Staubscheiben und Protoplaneten

Kompakt:

- Die Jagd nach extrasolaren Planeten
- Ihre Anfänge in protoplanetaren Scheiben
- Die ersten Entdeckungen und Überraschungen
- Entdeckungen extrasolarer Planeten führt zum Verlust der Planetenentstehungstheorie

Der *Millisekundenpulsar* mit dem (unvergesslichen) Namen PSR B1257+12 in rund 1300 Lichtjahren Entfernung sendet Radiowellen aus, deren kleinste periodische Schwankungen neugierig machten (Wolszczan 1994). Sie lassen sich durch Gravitationswirkung zweier den Neutronenstern umkreisenden Objekte von einigen Erdmassen erklären. Die Gravitationskraft dieser umkreisenden Objekte lässt den Pulsar ein wenig um den gemeinsamen Schwerpunkt herumpendeln. Dies führt dazu, dass die vom Pulsar in ungeheuer regelmäßiger Folge abgegebenen Radioblitze um rund eine tausendstel Sekunde (!) verfrüht bzw. verspätet ankommen. Diese winzigen Schwankungen werden als Indiz für die Anwesenheit von Planeten gewertet. Aus der sinusförmigen Periodizität der Änderungen konnte eine Umlaufzeit, die etwaige Größe der Objekte und die *Inklination* der Bahnebenen abgeschätzt werden. Im Laufe der Planetensuche wurden in der Zwischenzeit deutlich über 150 extrasolare Planetensysteme (Stand 2005) indirekt nachgewiesen.

Als typisches Planetenentstehungsgebiet gilt die Umgebung junger Sterne. Diese bilden mit ihrer extrem großen Aktivität – ihrer hochenergetischen Strahlungsumgebung und ihren Teilchenströmen – eine harsche Weltraumumgebung. Dieser können besonders silikatische Planetenkörper wie unsere inneren Planeten widerstehen. Große Gasplaneten müssen einen größeren Sicherheitsabstand einhalten, ohne andererseits in die zu sehr ausgedünnten Teile der ursprünglichen protoplanetaren Scheibe in größerem Abstand zu geraten. Gleichzeitig ist ein schneller Planetenbildungsprozess erforderlich, wie im Kasten 4.2 ausgeführt wird.

Seit dem Sommer des Jahres 2004 spricht die ESO gar von einem ersten Bild eines extrasolaren

Planeten, wenn auch noch aufgrund der Bahndynamik im Laufe von mindestens einem Jahr sicherzustellen ist, dass es sich nicht um ein Hintergrundobjekt handelt. In Abb. 4.3 ist das Bild des Zentralsterns mit seinem mutmaßlichen Begleiter in einer Bildkomposition und mit dem spektralen Fingerabdruck wiedergegeben. Dieser Schnappschuss gelang nur, weil der vermutlich jupiterähnliche, rund 230 Lichtjahre entfernte Himmelskörper gar keinen richtigen Stern umkreist, sondern nur einen sog. „Braunen Zwerg“: Bei diesem Exoten handelt es sich um eine „Sternfunzel“, deren Glutofen mangels Masse nie richtig gezündet hat und folglich nur schwach glimmt. Deshalb leuchtet der zentrale Braune Zwerg nur hundertmal heller als sein Begleiter (Chauvin et al. 2004).

Normale Sterne hingegen strahlen viele Millionen Mal heller als ihre düsteren Begleiter. Neben einer fernen Sonne eine Kugel von der Größe und der Position der Erde zu erspähen entspricht der Herausforderung (von der Erdkrümmung mal abgesehen), von Berlin aus ein Glühwürmchen zu erkennen, das in Kairo neben einem Scheinwerfer flattert. Große Hoffnungen werden deshalb mit neuartigen Technologien verbunden, die für zukünftige Beobachtungen von extrasolaren Planeten zum Tragen kommen werden (s. Kasten 4.3) und wo genau das möglich

Kasten 4.2: **Der schnelle Planetenbildungsprozess**

Bisher galten einige Millionen Jahre als typische Zeitskalen für einen Planetenentwicklungsprozess. Wenn nun aber Entdeckungen modelliert werden müssen, wonach die Objekte mehr als 10fache Jupitermassen im Abstand Sonne-Erde auf sich vereinen, dann muss man sich in der harschen Umgebung junger Sterne etwas Besonderes einfallen lassen, um dies modellieren zu können: Zwei grundsätzliche Möglichkeiten werden diskutiert:

1. Entstehung in einem größeren Abstand mit späterem Transfer zu geringerer Entfernung
2. rascher Planetenbildungsprozess in der beobachteten Position

Letzterem wurde aus physikalischen Gründen der Vorzug gegeben, was insgesamt heißt, dass der durch hochenergetische Vorgänge ausgelöste *Sputterprozess* (Abtragen von bereits akkumuliertem Material durch hochenergetische Teilchen) langsamer sein muss als der zu modellierende Planetenbildungsprozess, so dass es am Ende zu einem schnellen Planetenaufbau kommt. Wenn sich große Gasplaneten nicht schnell bilden, so wird es sie wahrscheinlich überhaupt nicht geben. Simulationen an der Universität Zürich (Mayer et al. 2002) zeigten, dass sich ein Planetenbildungsprozess für die beschriebenen Verhältnisse von bislang typischen einigen Millionen Jahren auf 300 bis 400 Jahre verkürzen lässt. Dazu hat man in der Umgebung eines jungen Sterns z. B. das Verhalten von einer Million Teilchen mit einer Dichtevariation von 10^{-14} g/cm^3 – 10^{-8} g/cm^3 bis zu einer Entfernung von 20 AE simuliert. Die Ergebnisse sind in Bild 1 gezeigt: Schon nach wenigen Umdrehungen der protoplanetaren Scheibe bilden sich spiralförmige Arme aus, die dann fragmentieren und in den Verwirbelungen zu Massenansammlungen führen, die als Planetenbildungskeime dienen können.

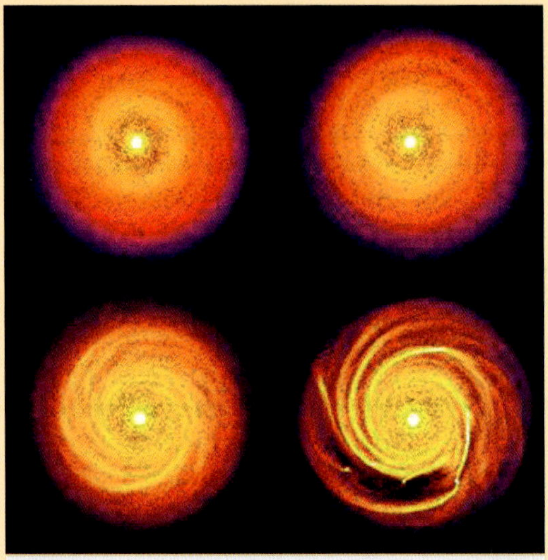

Abb. 1: Simulierte Verwirbelungen einer protoplanetaren Scheibe. Bereits nach wenigen Umdrehungen bilden sich spiralförmige Strukturen und Verwirbelungen aus, die als Planentenentstehungskeim dienen können. Die Gas-Staub- Scheibe ist etwa 20 AE groß. (Aus Mayer et al. 2002)

gemacht werden soll: Es ist die Doppel- bzw. Mehräugigkeit eines Teleskops. Dabei fangen z. B. bei dem im Herbst 2004 auf dem Mount Graham in der Wüste von Arizona in Betrieb genommenen Large Binocular Telescope LBT beide jeweils 8,4 m großen Parabolspiegel gleichzeitig das Licht ferner Objekte auf. Wenn zwei Lichtwellen entsprechend überlagert werden, kommt es zu einer Verstärkung. Für die ferne Planetensuche können die Lichtwellen jedoch auch so überlagert werden, dass sie sich gegenseitig aufheben, was als *Nulling* bezeichnet wird. In diesem Fall verschwindet der helle Zentralstern wie von Zauberhand – und das ihn umkreisende dunkle und bis dahin überstrahlte Objekt wird plötzlich sichtbar.

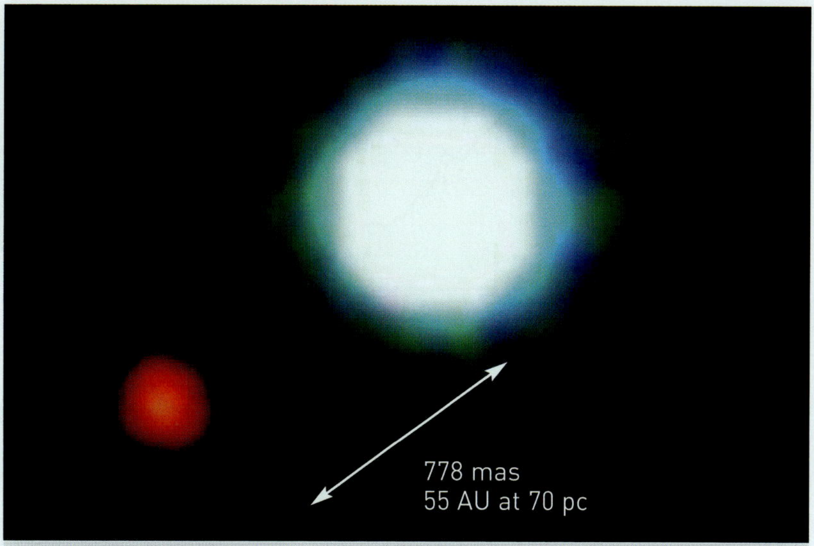

Abb. 4.3: Möglicherweise das erste Bild eines extra-solaren Planeten von ESOs 8,2 m VLT (Very Large Telescope) Yepun-Teleskop auf dem Paranal in Chile aufgenommen. Der rund 230 Lichtjahre entfernte Zentralstern 2M1207 ist ein Brauner Zwerg mit etwa 20 Jupitermassen, der für Kernreaktionen zu massearm ist und deshalb durch Kontraktion Abstrahlenergie gewinnt. Das Begleitobjekt ist mehr als hundertmal lichtschwächer und wurde durch das mit adaptiver Optik unterstützte NACO-Instrument aufgenommen. Keine der bislang erhaltenen Beobachtungsdaten widersprechen seiner Natur als extrasolarer Planet, dessen Größe mit fünf Jupitermassen angegeben wird. Wegen der noch nicht vollständig aufgelösten Unsicherheit nennen ihn die Astronomen vorsichtig ein Giant Planet Candidate Companion GPCC. In ein bis zwei Jahren sollte aufgrund der Bahndynamik eine Entscheidung bzgl. seiner wahren Natur möglich sein. Die Winkeldistanz beider Objekte beträgt 778 Milli-Bogensekunden. Das Bild ist eine Zusammensetzung von drei Aufnahmen im nahen Infrarot-Bereich. (ESO 2004)

Dagegen sind zirkumstellare Staubscheiben um junge Sterne seit langem Gegenstand astrophysikalischer Untersuchungen. Das klassische Beispiel hierfür ist nicht zuletzt die von dem Infrarotsatelliten IRAS und dem Hubble-Weltraumteleskop genauer untersuchte Staubscheibe um den Stern α-Pictoris mit einer Gesamtmasse von rund 1000 Erdmassen; Abb. 4.6 gibt neuerere Versionen wieder.

Im Mai 1991 gelang die spektroskopische Entdeckung silikatischer Strukturen bei Objekten im Orionnebel. Das Hubble-Weltraumteleskop hat

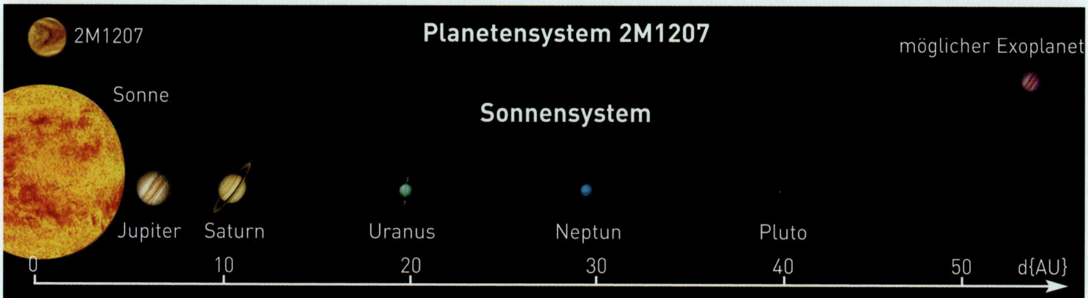

Abb. 4.4: So würden sich Entfernungen des obigen Systems in den Verhältnissen unseres Planetensystems abbilden.

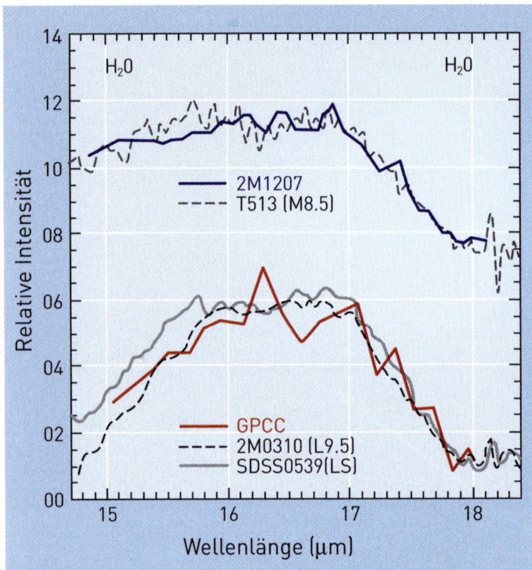

Nahes Infrarot-Spektrum des „Braunen Zwerges"

Abb. 4.5: Spektren der beiden Objekte im nahen Infrarot. Oben das Zentralobjekt 2M1207 (blaue Kurve) und darunter das lichtschwächere GPCC (rote Kurve) im Vergleich zu analogen Objekten. Die Ähnlichkeit der Kurven bestätigt den jeweiligen Charakter. Das Abfallen der Kurven rechts und links deutet auf Spuren von Wasserdampf in den Atmosphären der Objekte hin. (ESO 2004)

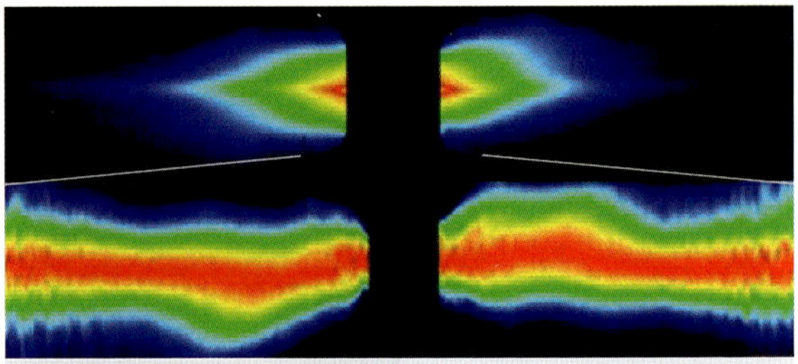

Abb. 4.6: Bild des Hubble-Weltraumteleskops vom Stern ß-Pictoris und seiner staubigen Umgebung. Deutlich ist ein Infrarotexzess in der Scheibenebene zu beobachten. Das Zentrum ist wegen seines gleißenden Lichts ausgeblendet. (STScI 1998)

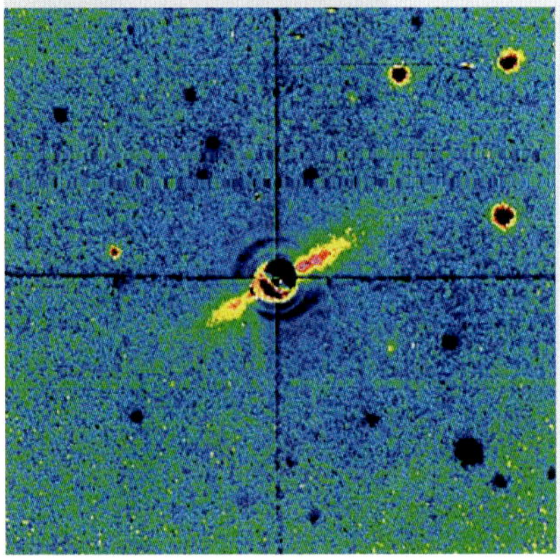

Abb. 4.7: Bild des Sterns ß-Pictoris mit seinem Staubring aufgenommen von der ESO-Sternwarte in Chile. (ESO, BEUZIT et al. 1997)

Kasten 4.3: **Aufbruch zu den letzten Antworten**

Ein wenig großspurig klingt der Anspruch, den die NASA mit ihrem „Origins"-Programm verbindet. Sicher ist dagegen, dass die Anwendung neuer Technologien immer auch dazu führte, dass Lehrbücher umgeschrieben werden mussten. Das Hubble-Weltraumteleskop war hierfür sicher nicht das letzte Beispiel. Diesmal geht es aber auch darum, dass möglicherweise die Art und Weise verändert wird, wie der Mensch über das Universum und seinen Platz darin nachdenken wird.
Sicher sind das kühne Ziele, die dem neuen Ansatz der NASA vorauseilen: Sieben Sternwarten im Weltraum und eine für ein Infrarot-Teleskop umgebaute Boeing 747 sind dabei die Träger großer Hoffnungen. Es geht natürlich wieder um das große Geheimnis: Wie ist das Universum entstanden?

Etwas konkreter wird diese Urfrage heruntergebrochen auf die nach wie vor anspruchsvollen Ziele:

- Wie verlief die Galaxienbildung?
- Wie bildeten sich die Sterne und die Planeten?
- Gibt es anderswo Welten ähnlich unserer Erde?
- Gibt es dort möglicherweise Spuren von Leben?

Die NASA hat erkannt, dass die durch die Columbia-Katastrophe weiter dezimierte und zudem gealterte Shuttle-Flotte zusammen mit einer dicht neben der Erde aufgehängten Raumstation die Faszination der Bevölkerung (und die der Kongressabgeordneten) auf Dauer nicht aufrecht erhalten können. Aber die Suche nach Antworten auf die ganz großen Fragen in den Tiefen des Alls soll das nun leisten. Fernziel des Origins-Programms ist es nämlich nicht nur, erdähnliche Planeten mit sauerstoffhaltiger Atmosphäre um fremde Sonnen aufzuspüren, sondern diese auch noch so scharf abzubilden, dass letztlich die Konturen einzelner Kontinente auszumachen sind. Die Hoffnung ist, dass die Perspektiven solcher Bilder der Weltraumerkundung eine bislang nicht erreichte Popularität verleihen sollen.

Origins-Missionen der ersten Generation. Sie fliegen teilweise bereits: Das Hubble-Weltraumteleskop, die kleineren Teleskope von Wire (Wide-

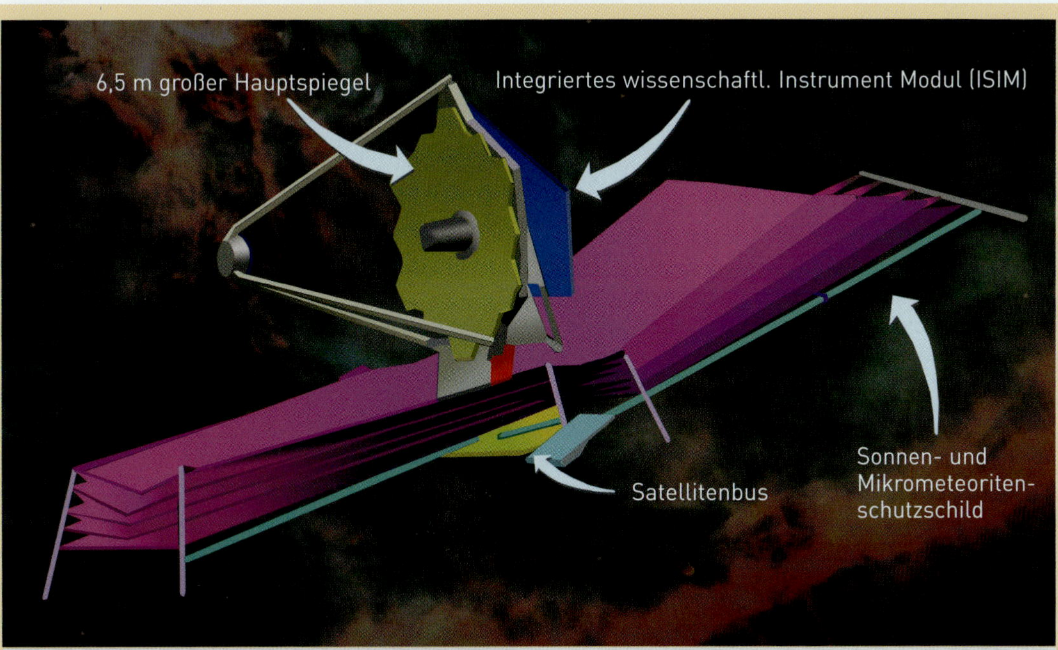

Bild 1: Vorgesehene Konfiguration des JWST-Observatoriums als Nachfolger des bereits legendären Hubble-Weltraumteleskops. Im Schatten eines aufwändigen Sonnen-Thermalschutzschilds, der auch Mikrometeorite von der empfindlichen Optik abhalten soll, befindet sich das offene Teleskop mit seinen Fokalinstrumenten. (NASA)

Field Infrared Explorer) und Fuse (Far Ultraviolett Spectroscopic Explorer) für den Infrarotbereich und das ferne Ultraviolett, das vom Flugzeug getragene Sofia-Infrarot-Teleskop und die Infrarot-Mission Spitzer Space Telescope mit seinem 85 cm großen, kryogen gekühlten Teleskop für den Spektralbereich von 3,6 bis 160 μm Wellenlänge. Das generelle Interesse am Infrarotbereich kommt daher, dass

- entfernte Objekte mit ihren rotverschobenen Spektren in diesem Bereich liegen
- damit die potenziellen Geburtsstätten von Sternen gut zugänglich sind
- in diesem Bereich die auf lebensfreundliche Bedingungen verdächtigen Linien liegen

Obwohl bei dieser ersten Generation von Satelliten und Instrumenten keine revolutionäre technischen Errungenschaften zum Tragen kommen, sind die bislang erreichten Ergebnisse durchaus bemerkenswert.

Origins-Missionen der zweiten Generation. Der Start dieser Missionen ist in den ersten beiden Jahrzehnten dieses Jahrhunderts vorgesehen. Bislang gibt es allerdings nur mehr oder weniger weitreichende Vorstudien und Vorentwicklungen. Und diese werden auch bei den ehrgeizigen Ansprüchen dringend gebraucht. Wie und wann auch immer die Erfolgsgeschichte des Hubble-Weltraumteleskops zu Ende geht: Heute wird bereits an Vorentwicklungen für das JWST (James Webb Space Telescope) als Nachfolger intensiv gearbeitet. Basis der Mission ist der mit über 6,5 m bislang größte Spiegel für ein Weltraumteleskop, der zudem erst im Weltraum entfaltet werden soll. Der Wellenlängenbereich wird auch hier aus besagten Gründen das Infrarotfenster zum Kosmos sein. Bild 1 gibt einen Eindruck von der geplanten Konfiguration des neuen Weltraumteleskops. Analog zum kooperativen Charakter des Hubble-Weltraumteleskops wird auch hier die ESA ein Fokalinstrument als Beteiligung bereitstellen. Vorgesehenes Startjahr für das JWST ist 2011.

Andere Missionen des Origins-Programms betreten technisch sogar völliges Neuland für Weltraummissionen: Um die Abbildungsqualität und die räumliche Auflösung noch weiter zu steigern, sollen im Weltraum mehrere Spiegel optisch zu einem Weltraum-Interferometer zusammengeschaltet werden, wobei mehrere, hochgenau positionierte Einzelspiegel ein großes Teleskop simulieren. Nach Vorläufermissionen der NASA und ESA zur Erprobung der anspruchsvollen Technologie wird die NASA mit dem TPF Terrestrial Planet

Finder die erste große Anwendung im Hinblick auf die Suche nach fremden, erdähnlichen Planeten starten: Gegenwärtig wird von zwei separaten Observatorien ausgegangen, die interferometrisch hochgenau gekoppelt werden.

Die ESA-Entsprechung nennt sich DARWIN, die in Bild 2 dargestellt ist: Bis zu acht Satelliten, von denen sechs 1,5 m große Cassegrain-Teleskope tragen, werden um den Lagrange-Punkt L2 kreisen, jener Umlaufbahn rund 1,5 Millionen Kilometer „hinter dem Mond", wo sich die Gravitationskräfte gerade die Waage halten.

Das von jedem Teleskop gesammelte Licht wird in dem 7. Satelliten interferometrisch gekoppelt, während der 8. Satellit als Master Spacecraft für alle Kommunikation zur Erde und zurück eingesetzt wird (die Anzahl der Satelliten wird aus Kostengründen nach unten zu korrigieren sein). Als vorgesehener Start beider Missionen wird das Jahr 2016 angestrebt.

Mit einem Trick, den die Experten Nulling nennen, soll das im Allgemeinen gleißend helle Licht des jeweiligen Zentralstern „ausgelöscht" werden, womit der Blick auf dunklere Objekte in unmittelbarer Nähe glücken sollte. Gleichzeitig werden die Objekte im Infraroten spektroskopiert, um nach für Leben verdächtigen Molekülliniеn zu spähen.

Origins-Missionen der dritten Generation. Ziel ist nun die flächige Abbildung von zuvor (hoffentlich) entdeckten „Erden". Das ist bis heute pure Science Fiction. Hier bedarf es eines hochpräzisen Formationsfluges mehrerer Teleskope, die zusammen ein Teleskop mit über 300 Kilometer großen Sammelflächen bilden. Auch wenn das erst ein Programm für unsere Enkel ist, so soll es doch im Auge behalten werden. Jedenfalls, einen Namen hat die Mission bereits: Planet Imager. Ob etwas auf solchen Planeten lebt und wie es gegebenenfalls aussehen mag, was dort heimisch geworden sein könnte, dies wird jedoch auch diese Mission kaum beantworten können.

Bild 2: Das Geschwader von DARWIN mit bis zu acht Satelliten, von denen sechs 1,5 m große Infrarot-Teleskope tragen, einer für das interferometrische Zusammenführen der Lichtsignale und einer für die Kommunikation mit der Erde verantwortlich sein wird. In Abhängigkeit vom Budget können die Anzahl und die Größe der Teleskope sich noch ändern, ohne das Prinzip dabei aufzugeben. (ESA)

uns Bilder übermittelt, die nahe legen, dass es dort in einem Sternentstehungsgebiet junge Sterne mit einem Staubgürtel gibt, die als protoplanetare Scheiben verstanden werden können. Sie sind aus naturwissenschaftlicher Sicht eine notwendige Voraussetzung für Planetenentstehung. Während sich im Mittelpunkt von Scheiben das Material zu einem Stern verdichtet, verklumpt es in den Außenbereichen zu Planeten. Abb. 4.8 zeigt typische Exemplare protoplanetarer Scheiben, die in der Nähe junger Sterne durch ihre heftigen Sternwinde ihre stromlinienförmige Struktur erhalten, während Abb. 4.8 eine Einschlagskarte der Oberfläche eines T-Tauri-Sterns zeigt. Glaubt man den beteiligten Wissenschaftlern, so lautet die Argumentation folgendermaßen:

– ist ein junger Stern mit einer zirkumstellaren Staubscheibe umgeben, so verbindet man sie generell mit der Vorstellung von einem potentiellen Planetenentstehungsgebiet.

– sind es eher ältere Sterne von einigen 100 Millionen bis zu zwei Milliarden Jahren, so können es wegen des hohen Alters keine protoplanetaren Scheiben sein. Bei einer Ausdehnung von bis zu 1 000 AE wird von einem indirekten Nachweis von Kuipergürtel-Objekten gesprochen. Prominente Beipiele sind Sterne, die etwas massereicher als unsere Sonne sind: Wega, der hellste Stern im Sternbild der Leier, Fomalhaut als hellster Stern im Sternbild der Südlichen Fische und β-Pictoris, zweithellster Stern im Sternbild Malerstaffelei.

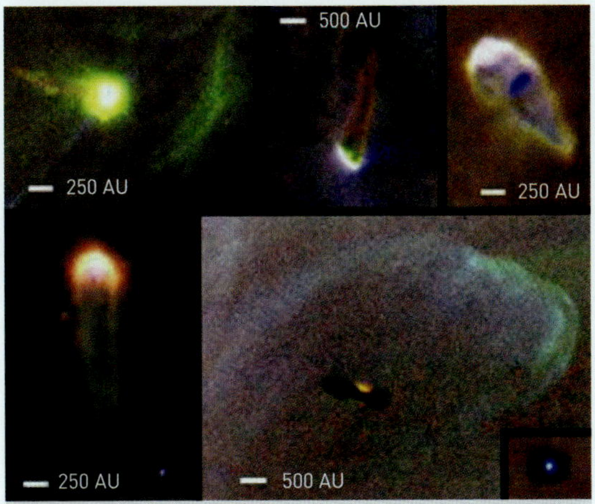

Abb. 4.8: Aufnahmen von protoplanetaren Scheiben im Orion, die von den Winden junger Sterne entsprechend geformt werden. (Hubble-Weltraumteleskop)

Der Anteil der Sterne mit protoplanetaren Scheiben verändert sich mit dem Alter der Sterne. Zu Beginn hat fast jeder Stern unabhängig von der Masse eine solche Scheibe. Die massiven Sterne verlieren sie zuerst. Nach etwa 5 Milliarden Jahren sind sie generell verschwunden (Lada et al. 2003). Bisherige Beobachtungen zeigen, dass etwa 40% aller sonnenähnlichen jungen Sterne protoplanetare Scheiben haben. Sie zeigen eine große Variationsbreite ihrer physikalischen Eigenschaften.

- Massen schwanken zwischen einer tausendstel und einer ganzen Sonnenmasse
- Die Radien der Scheiben reichen von 10 bis 300 AE
- Die Temperaturen variieren zwischen –220°C und + 130°C, wobei der äußere Rand kälter ist als der Innenbereich

Wir finden noch heute Auswirkungen dieses Temperaturgefälles in unserem Planetensystem: Im inneren Teil bestehen die Objekte vorwiegend aus hitzeresistentem Material wie Silikaten und Eisen, während jenseits von vier bis fünf AE volatile Elemente und deren Verbindungen dominieren, insbesondere im Kuipergürtel mit seinen Eiskörpern. Dies dokumentiert eindrücklich das erwähnte Temperaturgefälle. Dabei stören der Jupitermond Io als vulkanaktivstes Objekt im Planetensystem, Triton als der größte Mond des Neptun mit seinen Eisvulkanen und der Saturnmond Enceladus mit seinem stetigen Strom feiner Eisenteilchen, die er in den Planetenraum abgibt, die Systematik, weshalb dafür je eine interne Heizung des Mondes durch „Gezeitenreibung“ bzw. durch interne Wärmequellen zur Erklärung herangezogen werden. Sie wird beim Jupitermond Io zurückgeführt auf die gravitativen Einflüsse des Gasriesen und seiner benachbarten Galileischen Monde, die Io regelrecht durchwalken sollen. Dabei ergeben sich allerdings einige derzeit unbeantwortete Fragen:

- Warum kommt dieses Phänomen nur bei einem der vier großen Jupitermonde vor?
- Wie kommt der Neptunmond Triton, bei dem auch eine Form von Vulkanismus beobachtet wurde, zur notwendigen Energie, obwohl er noch wesentlich weiter von der Sonne entfernt ist und keine Entsprechung dieser Verhältnisse bei Jupiter hat?
- Im Dezember 2004 wurde bekannt (Jewitt & Luu 2004), dass Quaoar, der größte Kleinplanet im Kuipergürtel, der jenseits der Neptunbahn als 1 260 Kilometer großes Objekt seine Bahn zieht, kristallines Wassereis und Ammoniumhydrat beherbergt. Da diese Stoffe nur bei höheren Temperaturen entstehen als derzeit auf Quaoar herrschen, gehen die Experten von einer Entstehung in seinem Innern aus. Sie wurden durch einen Einschlag freigelegt oder aber kamen durch Vulkanismus an die Oberfläche.
- Untersuchungen des Saturnmondes Titan ergaben Hinweise auf „Eisvulkanismus“, dessen Motor in großer Entfernung von der Sonne ebenfalls rätselhaft erscheint.
- Jüngste Untersuchungen zeigen, dass bei Enceladus ein stetiger Strom von Eispartikeln freigesetzt wird. Natürlich setzt man auf innere Wärmequellen, obwohl diese bei einem 500 km großen Objekt schon ausgekühlt sein müssten. Eine andere Möglichkeit besteht darin, dass wieder Gezeitenkräfte des Saturn und der anderen Monde Einfluss nehmen.

Mit dem Keck-Teleskop auf Hawaii konnten Mitte 2004 sogar mit bodengestützten Teleskopen in solchen zirkumstellaren Staubscheiben bei AU Microscopii (AU Mic) mehrfache Verklumpungen festgestellt werden. Sie werden als Ergebnis gravitativer Wirkung von unsichtbaren, neu entwickelten Planeten interpretiert. AU Mic ist nur halb so groß wie unsere Sonne und nur 1/10 so leuchtstark. Allerdings deuten Beobachtungen an, dass der Staub auf ausgeprägten elliptischen Bahnen umläuft.

Akzeptiert man das geschilderte Bild der Planetenentstehung, dann sollte man erwarten, dass es nach Ausbildung der Planetenkörper mit den übrig gebliebenen Brocken zu Kollisionen kommt, deren Häufigkeit mit der Zeit abnimmt. Nun sind Planetenoberflächen geradezu beredte Zeugen solcher Kollisionen, indem Oberflächen teilweise bis zur Sättigung bekratert sind. Glücklicherweise schützen die Erde einige Raffinessen, z. B. die Wirkung des massiven Planeten Jupiter als Kometenschutzschild oder auch ihre Atmosphäre. Trotzdem blieb die Erde nicht von Einschlägen verschont. Abb. 4.9 zeigt die Kraterverteilung auf unserem Planeten, während Kasten 4.4 eine entsprechende Hintergrundinformation gibt.

Bewertung: Mit der Entdeckung dichter Staubscheiben, die offenbar alle neu entstandenen Sterne umgeben, ist der Planetenbildungsprozess zum Gegenstand empirischer Untersuchungen geworden. Zunächst ließen sich globale und statistische Eigenschaften zirkumstellarer Scheiben studieren: ihre Häufigkeit, mittlere Temperaturen und chemische Zusammensetzungen. Mit deren Kenntnis lässt sich die Frage beantworten, wie Planeten im Prinzip entstehen. Wie das in der Praxis läuft, ist damit noch nicht geklärt. Die globalen Eigenschaften der Scheiben können als Randbedingungen für numerische Modelle ihrer zeitlichen Entwicklung dienen, aber diese Modelle bleiben mehrdeutig und müssen dem Vergleich mit detaillierten Beobachtungen unterworfen werden.

Unser Planetensystem war bis vor einigen Jahren das einzige, das wir kannten. Dies hat sich mit der Entdeckung von mehr als 170 großen extrasolaren Planeten in 150 Planetensystemen (Stand 2005) in den letzten Jahren deutlich geändert. Allerdings handelt es sich bisher nur um indirekte Nachweise, eine Tatsache, die sich durch Einsatz neuer Technologien schnell ändern kann. Bis dahin muss festgestellt werden, dass es noch keinen gesicherten Nachweis für ein Photon eines extrasolaren Planeten gibt (Mitte 2005). Bisherige Kenntnisse zeigen eine unübersehbare auffällige Häufung von „Hot Jupiters", also auffallend große Objekte, die in ungewöhnlich engen Bahnen um ihre Sonnen umlaufen.

Es ist nicht verwunderlich, wenn große Planetenkörper wegen des Auswahleffekts leichter gefunden werden. Aber das Überraschende sind

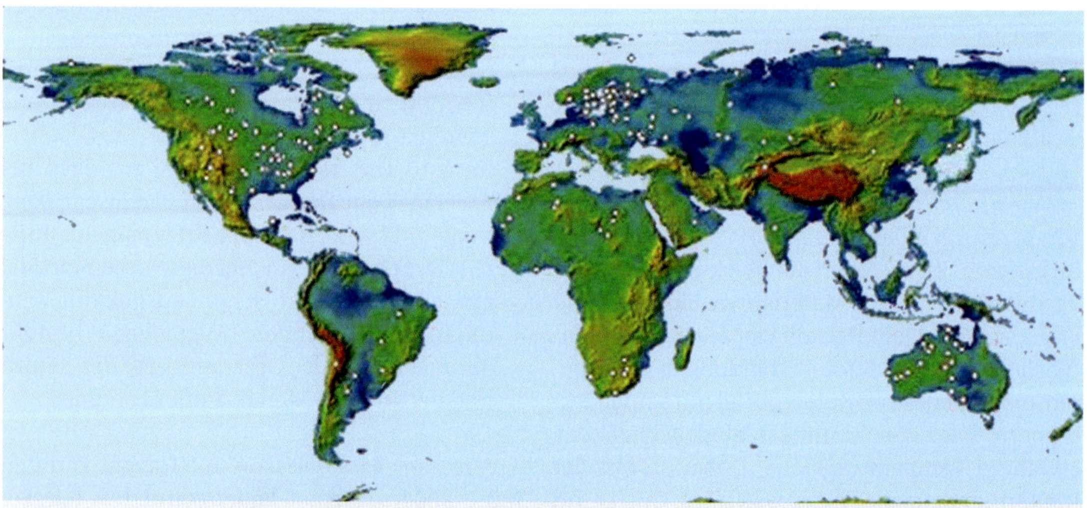

Abb. 4.9: Verteilung von Einschlägen auf der Erde. (Lunar and Planetary Laboratory, University of Arizona)

große Gasplaneten in größerer Sonnennähe als die Erde und meist mit deutlich höherer Exzentrizität ihrer Bahn. Wenn z. B. in Abb. 4.10 die große Halbachse und die Exzentrizität von Planetenbahnen in einem Diagramm aufgetragen werden und die Werte mit denen des Jupiter als Vertreter unseres Systems verglichen werden, so fällt der ganz andere Charakter der Verhältnisse auf. Diese Entdeckung hat zusammenfassend zu folgender Feststellung geführt: Wir mögen zwar extrasolare Planetensysteme entdeckt haben, verloren aber gleichzeitig unsere Planetenentstehungstheorie. Denn auf die extrasolaren Systeme ist sie wegen ihrer Andersartigkeit im Vergleich zu unserem System nicht anwendbar. Ist also unser Planetensystem eine markante Ausnahme?

Unter der Überschrift „Earth-like planets may be more rare than thought" stellen sich Beer et al. (2004) die Frage, ob die bislang beobachteten extrasolaren Planetensysteme nicht möglicherweise in einem anderen Entstehungsprozess entstanden sind, weshalb sie möglicherweise auch keine kleineren, sprich bewohnbaren Planeten, haben. Beer et al. stellen zwei Alternativen zur Wahl:

1. Es gibt den bereits dargestellten Pfad für die Planetenbildung, wo schwere Elemente sowohl die Zentren für Gasplaneten in einigen AE Entfernung bilden als auch die terrestrischen Planeten bei kleineren Abständen ausgeformt werden. Das geschieht auf im Wesentlichen zirkularen

Kasten 4.4: **Bedrohung irdischen Lebens durch Einschlagsvorgänge**

Die Grenzgröße für ein Objekt mit einem weitreichenden Schadenspotenzial hängt entscheidend von seiner chemischen Zusammensetzung und physikalischen Konsistenz ab. Heute wird davon ausgegangen, dass der Meteoritenkrater in Arizona mit seinem Durchmesser von 1,2 km durch ein metallisches Objekt von 50 m Durchmesser bei einer Kollisionsgeschwindigkeit von 20 km/s entstand. Die freigewordene Energie entsprach rund 25 Megatonnen TNT. Aufgrund der schützenden Funktion der Atmosphäre hätte ein silikatisches Objekt ähnlicher Größe den Transit durch die Atmosphäre nicht heil überstanden und wäre in der Atmosphäre in einer Explosion aufgebrochen und aufgelöst worden. Möglicherweise ist das Tunguska-Ereignis in Sibierien 1908 durch einen solchen Vorgang entstanden. Wenn auch das Objekt selbst nicht den Boden erreichte, so hat die Explosionswelle etwa 2000 km^2 Waldfläche zerstört. Glücklicherweise sind nur 3% der Population von möglichen Einschlagsobjekten metallischer Natur, weshalb 50 m große Objekte eher Tunguska-ähnliche Auswirkungen haben würden. Trotzdem wären beide Typen von Impaktoren in der Lage, im schlimmsten Fall eine Stadt zu zerstören. Kleinere und damit häufiger auftretende Objekte werden durch die Wirkung der Atmosphäre nahezu unschädlich gemacht. Berechnete Häufigkeiten für Objekte mit > 50 m Durchmesser variieren um etwa eine Größenordnung zwischen einem Ereignis pro 10 000 bzw. 1 000 Jahren (Stuart JS 2003). Tab. 1 zeigt prognostizierte Häufigkeiten von Einschlägen und deren Auswirkung auf die Erde in Abhängigkeit von der Größe einschlagender Objekte.

Tab. 1: Berechnete Häufigkeit von Einschlägen auf der Erde mit ihren potenziellen Auswirkungen in Abhängigkeit von ihrer Masse

Objektgröße (m)	Mittlere Einschlagsrate (Jahr)	Freigesetzte Energie (TNT)	Kraterdurchmesser (km)	mögliche Auswirkungen vergleichbares Ereignis
30	200	2	–	Feuerball, Schockwellen, gering. Schaden
50	2500	10	<1	Tunguska-Explosion oder kleiner Krater
100	5000	80	2	Größte H-Bombenexplosion
200	47 000	600	4	Zerstörung von nationalem Ausmaß
500	200 000	10 000	10	Zerstörung von europäischem Ausmaß
1000	600 000	80 000	20	Viele Millionen Tote, globaler Effekt
5000	20 Mio.	10 Mio.	100	Milliarden Tote, globaler Klimawechsel
10 000	100 Mio.	80 Mio.	200	Auslöschung der menschlichen Zivilisation

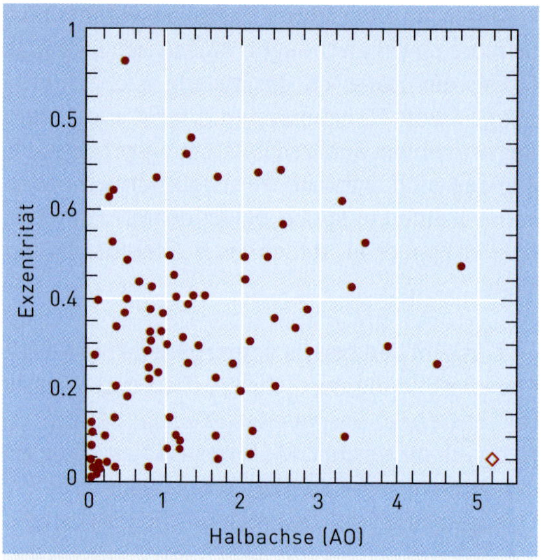

Abb. 4.10: Zweidimensionale Darstellung der Halbachsen von extrasolaren Planeten zusammen mit der Exzentrizität ihrer Bahnen. Das Quadrat rechts unten repräsentiert die Position von Jupiter als Vertreter unseres Sonnensystems. Es ist offensichtlich, dass die Verhältnisse in unserem Sonnensystem jenseits der Verteilung liegen, die bislang beobachtete Exoplaneten zeigen. (Nach BEER et al. 2004)

Bahnen. Mit den bislang untersuchten Systemen wurden die Extreme ein und desselben Mechanismus beobachtet.

2. Es gibt die Möglichkeit eines eher dynamischen Bildungsmechanismus, bei dem die Gravitation direkt zur Planetenbildung führt. Dieser Mechanismus soll in der Lage sein, Gasplaneten in einem weiten Abstandsbereich zuzulassen, inkl. der beobachteten relativ engen Bahnen. Allerdings hätte dieser Mechanismus Probleme mit der Bildung terrestrischer Planeten und von Staubscheiben. Sollte dieser Mechanismus in den bislang beobachteten Systemen dominieren, dann würden – falls überhaupt welche – nur wenige Planetensysteme erdähnliche Planeten beherbergen.

Jedenfalls zeigt allein die Vielfalt der Objekte von Planetensystemen, dass die Planetenentstehung ein sehr vielschichtiger Prozess ist, der nicht einfach zu modellieren ist. Seine Erforschung ist eine echte Herausforderung für die Astrophysiker. Repräsentativ für die Verwunderung der beteiligten Wissenschaftlern ein Zitat (COUPER & HENBEST 2002): „*... the planet hunters became increasingly uncomfortable. They had confirmed, to everyone's satisfaction, that stars have planets in tow. But these where not like the obedient worlds of our Solar System, with nice near-circular orbits and gas giants located at decent distance from their parent star. These were planets from hell – and they were breaking all rules.*“ [18]

Creation Pointer

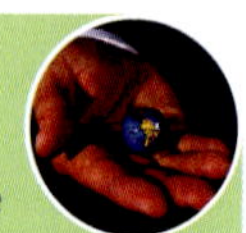

Allein, es schafft keine Erleichterung, wenn ich bedenke, dass wir uns so über die ungeheure, geradezu unendliche Weite des äußersten Himmels wundern müssen, als vielmehr über die Kleinheit von uns Menschen, die Kleinheit dieses unseres so winzigen Erdkügelchens.
Johannes Kepler, Astronom

Kompakt:

- Über globale Voraussetzungen eines erdähnlichen Planeten
- Fakten einer Innenansicht
- Das ungelöste Chondren-Problem

4.2 Über den Ursprung unseres Planetensystems

4.2.1 Über globale Voraussetzungen eines erdähnlichen Planeten

Wenn wir – wie üblicherweise geschehen – als Ausgangspunkt unserer Überlegungen das Prinzip der Durchschnittlichkeit für unser Planetensystem voraussetzen, so dass die Erde und das Planetensystem eher den Normalfall in unserer Galaxie darstellen, kommen wir im Rahmen entwicklungsbasierter Erkenntnis zu folgender logischer Argumentationsfolge: Wir nehmen hierzu als Argumentationsrahmen für den Moment an, dass wir wüssten, wie Leben entstanden ist – obwohl es für die Laborchemie und -biologie weiterhin ein großes Geheimnis ist – dann muss ein Stern sehr lange strahlen, bis im herkömmlichen Bild intelligentes Leben entstehen kann, nämlich mindestens 4,5 Milliarden Jahre.

Nun wird die Lebensdauer eines Sterns von seiner Masse bestimmt, denn seine Leuchtkraft hängt vom Gleichgewicht zwischen Schwerkraft und Strahlungsdruck ab. Je schwerer ein Stern ist, umso größer ist die Schwerkraft und damit die Temperatur und somit die Fusionsrate im Innern des Sterns. Damit verbrennt ein schwerer Stern seinen Brennvorrat schneller und ist deshalb heißer als ein kleinerer, leichterer Stern. Ein Stern, der doppelt so schwer ist wie die Sonne, strahlt nur 1 Milliarde Jahre, während die Sonne ca. das Zehnfache als normaler Stern leuchten soll. Der Stern muss jedenfalls die richtige Temperatur einstellen, damit sich in seiner Umgebung Leben bilden kann. Da die Temperatur und die Strahlungsleistung eines Sterns ebenfalls von seiner Masse abhängen, darf er nicht zu klein sein. Kleinere Sterne als 0,8 Sonnenmassen scheiden daher genauso aus wie Sterne mit mehr als 1,4 Sonnenmassen, weil hier das Argument der zu kurzen Lebensdauer für die Lebensentwicklung zieht.

Nur Planetensysteme um Sterne wie unsere Sonne, sogenannte G-Sterne, haben nach heutigem Verständnis gute Voraussetzungen, dass sich Leben entwickeln kann. Es wird heute von rund 5-8 Prozent von G-Sternen im Universum ausgegangen. Größere Sterne leben nicht lange genug – sie verpulvern ihren Brennstoff – die kleineren sind zu leuchtschwach. Nun könnte man als freien Parameter den Abstand des besagten Planeten variieren. Objekte, die jedoch zu nahe um einen Stern kreisen, werden von seinem Schwerefeld erfasst und in eine gebundene Rotation gezwungen, so dass sie ihrem Stern immer die gleiche Seite zuwenden. Diese wird dabei einseitig heiß, die gegenüber liegende Seite dagegen gefriert. Aufgrund des entstehenden Temperaturgefälles wird auch der Übergangsbereich zwischen beiden nicht gerade wohnlich sein. Selbst wenn der Planet seine Atmosphäre halten könnte, was bei einer intensiven Bestrahlung nicht einfach sein sollte, werden im Übergangsbereich heftigste Stürme auftreten, die einen Temperaturausgleich erreichen wollen.

Ein weiteres Argument kommt hinzu: Es muss sich um G-Sterne der zweiten oder dritten Generation handeln, denn die ersten Sterne entstanden nach klassischem Verständnis aus reinen Wasserstoff- und Heliumwolken; die schwereren Elemente mussten erst noch im Sterninnern synthetisiert werden. Etwas anderes gab es am Anfang über ein Urknallmodell nicht. Deshalb konnten diese noch keine silikatisch aufgebauten Planeten bilden. Zunächst muss es um die Produktion schwerer Elemente im Fusionsofen der ersten Sterngenerationen gehen. Wie kommen dann die Erzeugnisse aus dem Sterninnern wieder zurück ins interstellare Medium, um nun als mit schwereren Elementen angereichertes Grundmaterial für die nächste Generation von G-Sternen bereit zu stehen?

Hier kommen die schweren Sterne oberhalb vier Sonnenmassen ins Spiel. Sie haben schließlich die Eigenschaft, gegen Ende ihrer Existenz in einer gewaltigen Explosion das interstellare Medium mit den Erzeugnissen ihrer Fusionsöfen anzureichern (s. Kap. 6), zumal große Sterne durch ihre enorme Schwerkraft sehr effektive Brutreaktoren für alle chemischen Elemente jenseits Helium sind. Solche Supernova-Explosionen sind so gewaltig, dass ihr Leuchten noch in einer Entfernung von 12 Milliarden Lichtjahren auszumachen ist. Diese Explosion beschleunigt die beteiligte Materie derart, dass das Medium zwischen den Sternen durch diese Schockfront lokal zusammengepresst wird. Dies führt dort zu einer Erhöhung der Schwerkraft, wodurch die Bildung eines neuen Sterns ausgelöst werden kann.

Wenn dieses Bild stimmt, dann ist eine Supernova für die Entwicklung von Leben unerlässlich, aber sie ist gleichzeitig für alles bestehende Leben in einem Umkreis von 30 Lichtjahren auch sehr gefährlich bis tödlich. Denn eine Supernova ist mit sehr intensiver, harter Röntgenstrahlung verbunden, die Leben abtöten kann.

Es gibt Hinweise, dass 750 000 Jahre vor der Entstehung unseres Sonnensystems unsere Sonne durch eine solche Supernova geboren worden sein könnte. Dies wird aus der chemischen Zusammensetzung von Meteoriten, die uns zugeflogen sind, abgeleitet. Ihre radioaktiven Isotope von Magnesium und Aluminium lassen sich nur durch Kernprozesse während einer Supernova erklären. Diese Sichtweise führt zu dem Schluss, dass das Leben aus chemischen Elementen besteht, die von mindestens einer, aber wahrscheinlich zwei Sterngenerationen erbrütet wurden. Die Sonne durfte dann aber seit ihrem Bestehen keiner Sternexplosion zu nahe gekommen sein; das Sonnensystem durfte seit seiner Geburt keine Sternentstehungsregion gekreuzt haben.

Natürlich benötigte das Leben vor allem Kohlenstoff, das einzige Element, das im interessanten Temperaturbereich von kleiner als 100°C zur Bildung langer Molekülketten in der Lage ist. Dies stand jedoch nicht zu jeder kosmischen Zeit zur Verfügung, denn in den Frühphasen des Universums fehlten die schwereren Elemente. Irgendwann in der Zukunft werden auch keine neuen Sterne entstehen, und die bestehenden werden sterben. Schon wird die Sternentstehungsrate als zurückgehend eingestuft. Auch der Kosmos hat aus dieser Sicht sein demografisches Problem. Daraus folgt auch, dass wir mit unserem privilegierten Planeten nicht nur an einem privilegierten Ort, sondern auch in einer privilegierten Zeit leben.

4.2.2 Fakten einer Innenansicht

Zunächst soll als Ergebnis der Altersbestimmungen festgestellt werden, dass erstaunlicherweise die Analysen des ältesten Erdgesteins, der Mineralien vom Mond und verschiedener Meteorite, die uns zugeflogen sind, innerhalb einer Variationsbreite von einigen 100 Millionen Jahren (was im Vergleich zu den diskutierten Zeiträumen von 4,6 Milliarden Jahren relativ klein ist) alle grob dasselbe Modellalter ergeben: viereinhalb Milliarden Jahre. Dazu wurde in geeigneten Proben die Anreicherung der Zerfallsprodukte radioaktiver Elemente mit sehr langen Halbwertszeiten herangezogen. Dies gilt als Indiz dafür, dass die Entstehung der festen Körper (bezüglich einer heute weitgehend akzeptierten kosmischen Zeitskala) praktisch gleichzeitig und sehr rasch erfolgte.

Welche Möglichkeiten bestehen, um einen so weit zurückliegenden Vorgang naturwissenschaftlich zu rekonstruieren? Dies ist sicher nur annähernd zu erreichen durch:

- Analogieschlüsse aus Beobachtungen anderer Sterne
- plausibles Zusammenfügen von Einzelszenen zu einem Film, genannt Planetenentstehung
- Fernerkundungs- und *in situ-Messungen* in unserem Planetensystem

Wenn ein großes Teleskop wie das Hubble-Weltraumteleskop zur Verfügung steht und gezielt junge Sterne mit zirkumstellaren Staubscheiben beobachtet werden können, in deren Zentren helle Massenkonzentrationen feststellbar sind, kann man hoffen, das live zu beobachten, was sich früher einmal bei unserem Planetensystem abgespielt haben könnte. Jedenfalls ist dies heute die beste naturwissenschaftliche Spur, um die gestellte Frage „beobachtend" anzugehen. Ein Beispiel für ein solches Objekt sind Beobachtungen des Hubble-Weltraumteleskops im Orionnebel. Abb. 4.11 zeigt uns Objekte, die als Kantenansicht protoplanetarer Scheiben um einen Stern gelten können. Detailliertere Untersuchungen bestätigen das Bild, indem im Bereich der Staubscheibe ein deutlicher Infrarot-Anteil, genannt Infrarotexzess, von aufgeheiztem Staub gemessen werden kann. Nach heutiger Erkenntnis kann festgestellt werden, dass die Staubscheiben nur relativ kurzlebig sind, denn bei älteren Sternen konnten die Astronomen keinen Infrarotexzess nachweisen: Entweder spiralt das

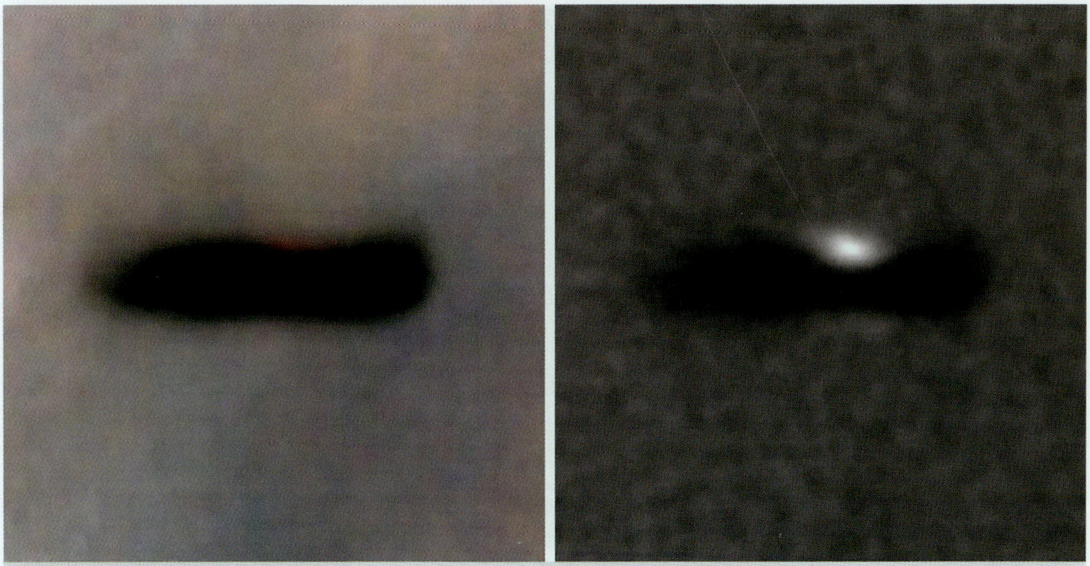

Abb. 4.11: Kantenansicht von protoplanetaren Scheiben im Orion-Nebel aufgenommen mit der WFPC Wide Field Planetary Camera des Hubble-Weltraumteleskops. (STScI, MCCAUGHREAN et al. 1995)

Material aus Gas und Staub allmählich in den Stern oder es dampft mit der Zeit ab.

Eine globale Charakterisierung unseres Planetensystems zeigt folgende Grundtypisierung; sie wird durch die schematische Darstellung in Abb. 4.12 unterlegt:

- Bis zu einem Abstand von rund 2 AE finden wir im inneren Bereich des Planetensystems die sogenannten erdähnlichen Planeten: Merkur, Venus, Erde und Mars.
- Dann folgt der Asteroidengürtel von bis zu rund 1.000 Kilometer großen Gesteins- und Metallkörpern.
- Daran schließt sich die Domäne der Gasriesen an: Jupiter, Saturn, Uranus und Neptun.
- Jenseits der Gasplaneten haben wir Pluto mit seinem fast ebenso großen Mond Charon. Bedingt durch seine ausgeprägt elliptische Bahn befindet er sich zeitweise innerhalb der Neptunbahn.
- Das nächste Element in der Reihe ist der Kuipergürtel mit seinen typischerweise 100 Kilometer großen Eis- und Gesteinsbrocken, von dem möglicherweise erste Objekte nachgewiesen wurden (s. Kap. 4.3.5).
- Jenseits davon in einem respektablen Abstand von bis zu 100000 AE Entfernung befindet sich die aus einer Indizienkette abgeleitete Oortsche Wolke. Diese wird postuliert, um den mit unterschiedlichsten Bahninklinationen einfallenden langperiodischen Kometen gerecht zu werden, ohne dass sie je direkt als Kometenreservoir nachgewiesen wurde. Der Nachweis sollte auch wegen der Größe des Abstandes, der mit typischerweise 10 Kilometer kleinen Größe der Objekte und der geringen Reflektivität der Oberflächen äußerst schwierig sein (Kap. 4.3.5).
- Die meisten Körper bewegen sich in derselben Richtung um die Sonne, wie die Sonne sich selbst um ihre eigene Achse dreht. Für die wenigen Ausnahmen gibt es unterschiedliche Erklärungen.

Diese globalen Daten sind kompatibel mit der Annahme, dass sich das Planetensystem einmal aus einer rotierenden Staubscheibe gebildet haben könnte. Erstaunlich dabei sind allerdings die genauen Feinabstimmungen, die bei Detailuntersuchungen offensichtlich werden.

Gestern glaubten wir noch, dass dann, wenn in Teilbereichen einer solchen zirkumstellaren Wolke die Gravitation größer ist als der Druck

Abb. 4.12: Schema unseres Planetensystems. Im Gegensatz zu den Abständen sind die Durchmesser skaliert. Das rechte Bild zeigt die übergeordnete Struktur der Kuipergürtelobjekte und der postulierten Oortschen Wolke.

aufgrund der thermalen Bewegung der Gasmoleküle, es zu einem Kollaps kommt. Hydrodynamische Computersimulationen zeigen, dass die umgebende Wolke zu einer dünnen, rotierenden Scheibe verflacht, in deren Zentrum die Sonne steht. Aus dieser Sicht ist die Scheibe der Geburtsort der Planeten. Nun musste das Modell des Planetenbildungsprozesses zugunsten der Anlagerung von Staubteilchen durch inelastische Stöße und die Haftung aneinander verfeinert werden: Staub klumpt zusammen, sinkt zur Mittelebene der protoplanetaren Scheibe ab und baut sich dort durch weitere Anlagerungen zu Protoplaneten auf, was als kollisionsgetriebenes Wachstum bezeichnet werden kann. Erst bei Überschreiten einer kritischen Masse konnten die Protoplaneten auch Gas anziehen und sich zu Gasplaneten entwickeln. Die Asteroiden- und die Kuipergürtelobjekte sind dann nur die übriggebliebenen Planetesimale, die sich nicht zu Planeten verbunden haben – vielleicht, weil die Gravitationskraft des großen Jupiter dies verhindert hat.

Die Skizze einer Planetenentstehung in zirkumpolaren Scheiben eines sonnenähnlichen Sterns vom kleinsten Teilchen bis hin zu planetengroßen Körpern muss heute also etwas differenzierter dargestellt werden (Pfau 2001):

Phase 1: **Kondensation.** Im dichten Gas einer zirkumstellaren Scheibe bilden sich Makromoleküle und Festkörperteilchen aus, die in Richtung Scheibenebene sedimentieren. Prozesse sind stark dichte- und temperaturabhängig und werden somit vom Abstand zum Zentralgestirn kontrolliert.

Phase 2: **Koagulation.** Brownsche Bewegungen führen Teilchen zusammen, die wegen der kleinen Relativgeschwindigkeit von maximal einigen Zentimetern pro Sekunde aneinander haften. Dabei erfolgt der Aufbau von 100 Mikrometer großen Teilchen in wenigen Jahren. Dieser Prozess lässt sich experimentell nachvollziehen.

Anmerkung: Experimente zeigen, dass Staubteilchen nicht in Kugeln, sondern in länglichen Gebilden zusammenwachsen. Das lässt erwarten, dass Planetesimale sehr porös sind. Den Experimenten zufolge können sie bis zu 80% Hohlräume enthalten. Das würde auch etwa dem Bild eines ursprünglichen Kometenkerns entsprechen, der ja aus dieser Urmaterie aufgebaut sein soll.

Phase 3: **Agglomeration.** Hier geht es um das Zusammenbacken von sub-mm-Teilchen zu 100 bis 1 000 m großen Planetesimalen in ca. 10^5 Jahren; die Kenntnisse über diesen Prozess sind noch wenig fundiert.

Phase 4: **Akkretion.** Die in Phase 3 gebildeten Planetesimale sind in der Lage, unter gravitativer Wirkung weiteres Material aufzusammeln und so zu Planetengröße zu wachsen.

Phase 3 fällt mit dem Versiegen des Materiestroms aus der interstellaren Molekülwolke und dem Eintritt des Sterns in die aktive T-Tauri-Phase mit ihren starken Sternwinden zusammen. Deshalb müssen die Konglomerate bereits soweit entwickelt sein, dass sie den Prozess des Aufklarens (Entfernen von Gas und Staub zwischen den Objekten) unbeschadet überstehen. Aufgrund neuerer Beobachtungen müssen die in extrasolaren Planetensystemen ermittelten Ausnahmen (s. Kap. 4.1) gesondert behandelt werden.

Zur Unterstützung eines schnellen Planetenbildungsprozesses wurde der Begriff eines protoplanetaren Hurrican eingeführt. Danach könnten vielleicht in einer Scheibe magnetische Wirbelstürme entstehen, die sich entfernt mit Hochdrucksystemen in der Erdatmosphäre vergleichen lassen. Staub würde in Wirbel hineinströmen und sich darin sammeln. Auf diese Weise würden die protoplanetaren Hurricans wie Verstärker der Planetenentstehung fungieren.

Computersimulationen gelten heute dank immer leistungsfähigerer Rechner als wichtiges Werkzeug der Planetenforschung. Dennoch sind die Vorgänge in einer protoplanetaren Scheibe so vielfältig und laufen auf einer so weiten Größenskala ab, dass sie sich mit Simulationen allein nicht vollständig beschreiben lassen (s. Kap. 5.3). Astronomische Beobachtungen und seit jüngerer Zeit auch Laborexperimente müssen Fakten liefern, um die Vielfalt der theoretisch denkbaren Szenarien realistisch einzuschränken.

Bewertung: Obwohl man bei Schlussfolgerungen vom Allgemeinen auf das Spezielle nie ganz sicher sein kann, so ist die astrophysikalische Evidenz für das heute vorherrschende Bild durchaus beeindruckend, dass auch unser Sonnensystem aus einer rotierenden Wolke entstanden sein könnte, die aufgrund ihrer eigenen Schwerkraft kollabierte und zumindest zeitweise aus einem zentralen Protostern mit einer ihn umhüllenden protoplanetaren Scheibe aus Staub und Gas bestand. Die Auflösung der Scheibe wird mit der Entstehung der Planeten aus einem Teil des Materials der rotierenden Scheibe einhergegangen sein. Allerdings sind solche Erkenntnisse spekulativ, weil indirekter Natur, und es gibt viel Unerforschtes in der Abfolge der Prozesse und ihrer Auswirkungen aufeinander und es gibt schmerzliche Lücken insbesondere im Verständnis der Entwicklung der Staubkomponente bis hin zu einem Planeten. Das sollte nicht zu sehr verwundern: Allein unsere Erde – baut man sie wie geschildert aus Staubkörnern auf – enthält rund 10^{42} ursprüngliche Staubkörner, die alle auf dem Weg zur Bildung dieses Planeten transportiert, aufgeheizt, verklumpt, verändert, vielleicht wieder zerstört und wieder aufgebaut wurden. Kein Wunder, dass sich der Versuch einer Rekonstruktion als hochgradige Detektivarbeit entpuppt. Das ist der Weg der Wissenschaft zu mehr Erkenntnis. Es könnte aber auch ganz anders gewesen sein.

Im Grunde genommen kann heute recht gut erklärt werden, wie Staubteilchen bis zur Größe von einem Meter wachsen. Wie sich dann in einer weiteren Stufe Planetesimale und weiter die Planeten bilden, ist ziemlich unklar. Bei diesen Größenskalen tritt das Problem auf, dass die Körper heftig miteinander kollidieren können. Dann bleiben sie aber nicht aneinander haften, sondern zerstören sich gegenseitig. Ein grundsätzlich schwieriger Aspekt sind die Zeitskalen. Planeten müssen sich nämlich in kurzer Zeit bilden, denn Beobachtungen unterschiedlich alter Sterne haben gezeigt, dass der Staub in den protoplanetaren Scheiben ein bis zehn Millionen Jahre nach der Entstehung des Sterns nicht mehr nachweisbar ist. Innerhalb dieses Zeitraums müssen sich schon Körper von einigen Kilometern Größe geformt haben, die sich allerdings auf astronomischen Aufnahmen nicht mehr leicht finden lassen. Ein Planet der Jupiterklasse benötigt aber für die Bildung des zehn Erdmassen schweren Gesteinskerns etwa zehn Millionen Jahre – und noch einmal so lange, um eine mächtige Gashülle um sich aufzubauen. Wie das geht, ist vielen Astronomen unklar. In den engen Bahnen, auf denen nun mehrfach jupitergroße Planeten gefunden werden, reichen weder die Zeit noch die Materiemengen in den Scheiben aus. Deshalb wurde der Begriff der Migration eingeführt, der besagt, dass sich größere Planeten weiter außen bilden müssen (jenseits des sogenannten Eissublimationsradius in > 150 Millionen Kilometer), um dann später nach innen zu wandern. Die Situation bleibt nach wie vor offen.

4.2.3 Das ungelöste Chondren-Problem

Ein zentrales Problem stört das vereinfachte Bild. Es ist eine Botschaft, die uns Meteoriten übermittelt haben, eine Informationsquelle also, die wir in diesem Zusammenhang noch nicht berücksichtigt haben. Bei ihnen handelt es sich größtenteils um Trümmerstücke aus dem Asteroidengürtel. Sie sind anerkanntermaßen Zeugen aus der Ära der Urplaneten. Auffallend ist die Größe der Bandbreite ihrer Eigenschaften: Einige ähneln irdischen Gesteinen, andere bestehen fast nur aus Metall. Es gibt Meteoriten mit einem auffallend homogenen chemischen Aufbau und solche, die ausgesprochen komplex aufgebaut sind: Bis auf kleinste Skalen hinab findet man dort unterschiedliche chemische Zusammensetzungen. Befriedigende Erklärungen dafür gibt es nicht.

Abb. 4.13: Beispiel der dunklen Matrix mit rundlichen Chondren im Dünnschliff des Meteoriten Krymka. (Archiv G. MORFILL)

Nun finden sich in ansonsten einfach strukturierten Meteoriten häufig Kügelchen aus aufgeschmolzenem Silikat von wenigen Millimetern Größe. Teilweise beträgt der Anteil dieser sogenannten Chondren nahezu 80%, in anderen sind es nur einige Prozente. In Abb. 4.13 wird gezeigt, dass Chondren in ganz feinkörniges Material eingebettet sind und damit von einer starken kurzzeitigen Aufheizung zeugen.

Laboruntersuchungen zeigten, dass die beobachteten mineralogischen und chemischen Eigenschaften dieser Chondren durch kurzzeitige Erhitzung von wenigen Minuten auf 1500°C, gefolgt von einer langsamen Abkühlphase auf negative Temperaturen reproduziert werden können. Die Bedeutung dieser Erkenntnis ist sehr weitreichend: „Wenn etwa 50% dieses primitiven Gesteins, das einen wesentlichen Teil des protoplanetaren Nebels bildete, durch solche Aufheizprozesse geprägt ist, dann müssen diese Prozesse sehr häufig auftreten, also für den physikalischen und chemischen Zustand des präsolaren Nebels typisch gewesen sein", so Gregor MORFILL, Direktor am Max-Planck-Institut für extraterrestrische Physik in Garching in „Sterne und Weltraum Special" vom November 1997. „Die Planetenforscher haben zwei prinzipielle Möglichkeiten gefunden, die Chondren und ihr häufiges Auftreten zu erklären. Aber beide Erklärungsversuche bringen bisher noch ungelöste Probleme mit sich," so MORFILL weiter. Ohne die Alternativen im Detail auszuführen, seien sie nachstehend zumindest angerissen:

- Chondren entstanden in heißen Regionen der präsolaren Scheibe, also in Sonnennähe. Dort war es sicher heiß genug, um das Silikat zu schmelzen. Aber dann musste das Material irgendwie in weiter entfernte, kalte Regionen geschleudert werden, auf Distanzen von mehreren AE, also dort hin, wo der Asteroidengürtel sich befindet. Aufgrund von Beobachtungen an den Chondren musste rund die Hälfte diesen „Reisezyklus" durchmachen. Dieses „Transportproblem der Chondren" ist bis heute ungelöst.

- Alternativ gehen die Experten davon aus, dass die Chondren dort erzeugt wurden, wo sie heute anzutreffen sind: im Asteroidengürtel. Dann muss die Aufheizung ein sehr kurzlebiges, aber häufiges Phänomen gewesen sein. Irgendein zyklischer, kurzfristiger Heizprozess muss das Gas und den Staub um mehr als 1000°C aufgeheizt haben. Man spricht hier vom ungelösten „Energieproblem der Chondren".

Bewertung: Weitere Vorstellungen gehen über magnetische Ausbrüche, über Gasreibung in Stoßwellen und Auswurfmaterial aus Kollisionen zwischen Planetesimalen bis hin zu elektrostatischen Entladungen – also Blitzen. „Ein offensichtlich so allgegenwärtiger, häufiger und normaler Prozess wie die Bildung der Chondren sollte aber, rein intuitiv, nicht allzu exotisch sein" (G. Morfill). Ist es aber, und das wirft Fragen nach Alternativen auf.

4.3 Aktuelle Fragestellungen der Planetologie

Dank eines unglaublichen Angebots an Hochtechnologie können Astronomen heute in schier unendliche Tiefen der Raum-Zeit blicken. Hunderte von riesigen Teleskopen, ausgestattet mit raffiniertester Optik, hochstabilen mechanischen Elementen und hochintegrierter Elektronik, ermitteln Informationen selbst aus wenigen Lichtquanten, die nach unvorstellbar langer Reise bei uns ankommen. Fußballfeldgroße Radioteleskope sammeln Nachrichten aus Gegenden des Universums, in denen es für das menschliche Auge zappenduster ist. Das milliardenteure Hubble-Weltraumteleskop zeigt nach wie vor unverschämt klare Strukturen, wo vorher nur Gewusel zu erkennen war. Nicht zuletzt ist es gelungen, mit Satelliten alle Planeten außer Pluto direkt anzufliegen und vor Ort zu untersuchen.

Es war ein langer Weg, bis Raumsonden mit ausgefeilter Bordautonomie das Bild unserer Planeten von ziemlich unscharfen Bildscheibchen in neue Welten von teilweise fremdartiger Schönheit verwandelten. Die Welt der Planeten war zuvor so aus dem Fokus des Interesses geraten, dass die Beobachtungszeit großer Teleskope eher den majestätischen Weiten des Kosmos gewidmet wurde. Observatorien hatten gar ein ungeschriebenes Gesetz, dass nicht mehr als zehn Prozent der Beobachtungszeit dem Studium der Planeten zukommen soll.

Mit dem Raumfahrtzeitalter hat sich das schlagartig geändert. Mit diesen neuartigen Forschungsmöglichkeiten sollten aber nicht nur die Kenntnisse über den Aufbau unseres Planetensystems ausgebaut bzw. verbessert, sondern auch die Vorstellung über die Entstehung und den Werdegang unserer kosmischen Heimat untermauert werden.

Kompakt:

- Woher kommt Merkurs hohe Dichte?
- Globale Gestaltung durch Einschlagsvorgang?
- Gibt es Eis auf Merkur?
- Merkurs rätselhaftes Magnetfeld

4.3.1 Merkur im Fokus

Merkur gilt als Vertreter der erdähnlichen Planeten als Schlüssel zum Verständnis der Inneren Planeten Venus, Erde und Mars. Merkur repräsentiert alle Extreme:

- er ist der Kleinste seiner Art
- er ist der dichteste Planetenkörper
- ihm wird die älteste Oberfläche zugeschrieben
- er hat neben der Erde als einziger ein globales Magnetfeld
- bei Tagestemperaturen von bis zu plus 420° C schmelzen Metalle wie Blei und Zink und bei

Nachttemperaturen von bis zu minus 180° C gefrieren Kohlendioxid und Methan
- er hat mit rund 600°C die größte Tag-Nacht-Temperaturdifferenz
- er zeigt in seiner Nord- und Südpolgegend auffallend helle Radarreflexe, ohne dass man heute genau weiß, was sich dahinter verbirgt
- Aufgrund seiner Bahndynamik ist ein Tag rund doppelt so lang wie ein Jahr
- und er ist am wenigsten erforscht

In den Jahren 1974/75 hat die amerikanische Raumsonde Mariner 10 Merkur erstmals besucht und dabei nur 45% der Oberfläche kartografiert. Dies wird sich bald ändern, zumal drei Raumfahrtbehörden NASA, ESA und JAXA mit Messenger und bald auch mit BepiColombo anrücken.

Warum hat Merkur eine so hohe spezifische Dichte?

Alle erdähnlichen Planeten besitzen einen dichten, eisenhaltigen Kern, der von einem Mantel aus Magnesium- und Eisensilikaten umgeben ist. Der Mantel besteht aus Gesteinen, deren Mineralien einen niedrigeren Schmelzpunkt haben als das darunterliegende Material. Die spezifische Dichte eines Planeten reflektiert das Gleichgewicht zwischen dem eisenhaltigen Kern, dem silikatreichen Mantel und der Kruste. Merkurs Dichte von 5,4 g/cm^3 impliziert, dass mindestens 60% des Planeten metallisches Eisen sein sollte – das ist doppelt so viel wie bei der Erde. Es gibt im Wesentlichen drei Theorien, die versuchen, die auffällige Metallhäufigkeit und die hohe spezifische Dichte des Merkur zu erklären:

Theorie 1: Die Bedingungen im protoplanetaren Nebel favorisierten das Zusammenlagern von Teilchen hoher spezifischer Dichte, womit die zentrale Anreicherung mit Metallen erklärt wird. Dieser Prozess hätte die Zusammensetzung der Kruste nicht beeinflusst, weshalb diese vergleichbar mit den anderen terrestrischen Planeten sein sollte.

Theorie 2: Die enorme Hitze der relativ nahen Sonne ließ in der Frühzeit des Planeten einen Teil der äußeren Gesteinsschicht verdampfen und ließ damit einen insgesamt metallreichen Planetenkörper zurück. Diese Theorie lässt erwarten, dass die Oberfläche abgereichert ist in Bezug auf leichtflüchtige natrium- und kaliumhaltige Elemente.

Theorie 3: Der noch junge Planet war während eines heftigen Bombardements in der Frühzeit des Planetensystems von einem gewaltigen Einschlagsereignis betroffen, während dem die äußere Kruste und Teile des oberen Mantels weggesprengt wurden (eine favorisierte Theorie für die Erdmondentstehung folgt diesem Muster). Damit sollten die Elemente einer ursprünglichen Kruste (Silizium, Aluminium und Sauerstoff) deutlich abgereichert sein.

Die Merkursonden haben unter anderem die Aufgabe, mit ihren Messungen Unterscheidungskriterien zwischen diesen Theorien zu finden.

Gestalt der Oberfläche

Die von Mariner 10 erhaltenen Bilder zeigen uns eine Oberfläche vergleichbar mit der des Erdmondes: Die Oberfläche ist mit Kratern übersäht, Multiring-Becken und Lavaströme sind zu sehen. Krater von 100 Metern sind die kleinsten noch auflösbaren Strukturen. Die größten Krater haben Durchmesser von bis zu 1300 Kilometern. Das Caloris-Becken ist die größte zusammenhängende Oberflächenstruktur. In Abb. 4.14 sind die Ringwälle des Kraterrands zu sehen. Es ist wahrscheinlich das Ergebnis eines Zusammenstoßes mit einem Projektil von 100 Kilometern Durchmesser. Die von diesem *Impakt* ausgelösten Schockwellen liefen durch den ganzen Planetenkörper und verursachten auf der Gegenseite des Planeten ein rauhes, chaotisches Terrain (Antipoden des Caloris-Beckens). Damit hat dieser Einschlagsvorgang den Planeten Merkur bis fast an seine Belastungsgrenze beansprucht. Nach dem Einschlag füllte sich das Becken teilweise mit Lava. Entsprechende Computersimulationen zeigen, dass gewaltige Mengen glutflüssiger Materie viele Kilometer hoch in den schwarzen Himmel über Merkur geschleudert wurden, während gleichzeitig verheerende Bebenwellen rund um

Abb. 4.14: Ringförmige Strukturen des Caloris-Beckens als größter zusammenhängender Oberflächenstruktur auf Merkur. Die durch einen Einschlagsvorgang ausgelösten Schockwellen liefen durch den ganzen Planetenkörper hindurch, um auf dessen Gegenseite ein chaotisch aussehendes Relief zu hinterlassen. (Mariner 10, 1975; © Calvin J. Hamilton; FDS 126)

den Planeten rasten, sich auf der Gegenseite des Planeten trafen, sich gegenseitig verstärkten und schließlich verebbten. Zurück bleibt eine 580 000 Quadratkilometer große Fläche, die noch heute die gewaltigen Kräfte erahnen lässt, eine bizarr-chaotische Landschaft, die an den Kampfplatz von Titanen erinnert.

Gibt es Eis auf Merkur?

Zunächst scheint diese Frage unsinnig, und die Antwort kann nur negativ ausfallen, gleicht doch die Tagestemperatur mit bis zu +420°C eher einer Hölle und zudem besitzt Merkur doch nur eine extrem dünne Atmosphäre – wegen der geringen Dichte spricht man eher von einer Exosphäre – hauptsächlich aus Helium, Natrium und Spuren von Sauerstoff. Dennoch haben Wissenschaftler vom Caltech in Kalifornien 1991 ungewöhnlich helle Rückreflexe von Radarstrahlen aus den Polgebieten erhalten; sie werden in Abb. 4.15 im Vergleich zu einer optischen Aufnahme von der gleichen Region gezeigt. Die starke Reflexion sprach für eine Substanz, die die Planetenforscher in der Gluthölle des Merkur als letztes erwartet hatten: Wassereis. Diese Beobachtung könnte durch Eisvorkommen auf oder unmittelbar unter der Oberfläche herrühren, zumal wegen der fast senkrecht zur Bahnebene stehen-

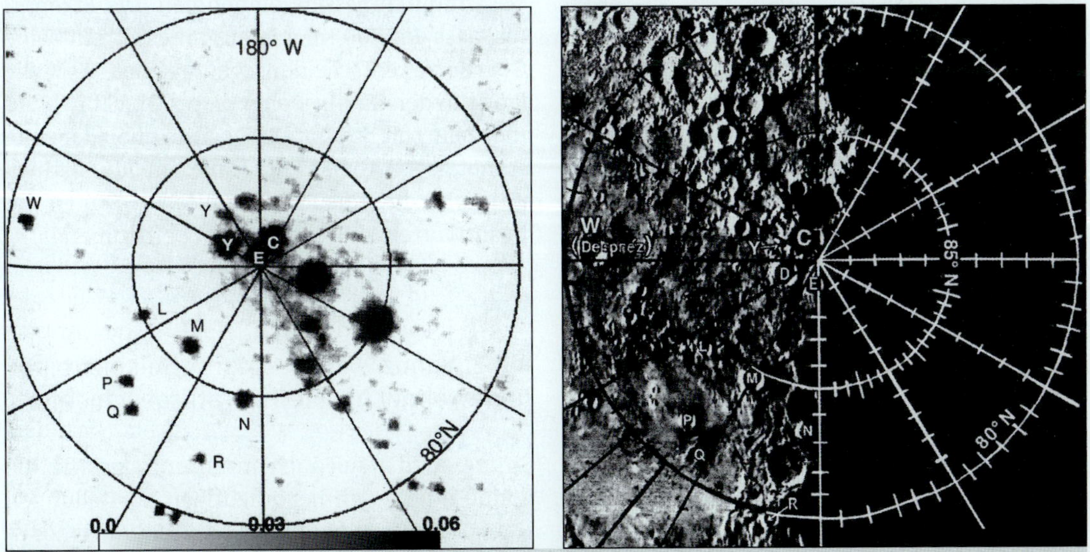

Abb. 4.15: Eiskrater auf dem sonnennächsten Planeten. Rechts sind die Radarreflexe ein und derselben Polregion gezeigt, die links im optischen Bereich gezeigt wird. Leider liegt die Aufnahme von Mariner 10 teilweise im Schatten. (Links: Caltech 1991, rechts NASA 1974)

den Rotationsachse des Planeten die Kraterböden dieser Region nie direkt vom Sonnenlicht erreicht werden (Vaas 1994). Es wird spekuliert, dass die Temperaturen dort nie höher als minus 160°C werden und bis zu minus 210°C tief fallen. Könnten sie damit Kältefallen für Ausgasprodukte des Merkur sein? Oder wurde das Eis von Kometen angeliefert, die mit Merkur zusammengestoßen sind? – Es ist höchste Zeit, dass Merkur wieder einmal Besuch bekommt!

Merkurs rätselhaftes Magnetfeld

Neben der Oberflächenchemie bleibt wohl der Zusammenhang mit dem bipolaren Magnetfeld rätselhaft. Mariner 10 konnte es nicht umfassend genug charakterisieren. Es wird jedoch der Vergleich mit dem Dipolfeld der Erde zugrunde gelegt, welcher das Merkur-Magnetfeld als irdische Miniaturausgabe behandelt. Auf globaler Skala kann es wie ein gewaltiger Stabmagnet in seinem Innern betrachtet werden. Mond und Mars haben kein globales Dipol-Magnetfeld; ihr Magnetfeld ist in lokalen Gesteinsformationen „eingefroren". Dabei ist nicht geklärt, wie solche lokalen Magnetfelder entstehen, und es ist erst noch zu klären, wieviel Beitrag bei Merkur von lokalen Magnetfeldern stammen könnte.

Wenn jedenfalls der innere Kern aus Eisen besteht, dann wird er seit langer Zeit erstarrt sein, ein Vorgang, der mit den großen Schrumpfungsstrukturen an der Oberfläche verbunden sein könnte: Großräumige Verwerfungen auf der Oberfläche von bis zu 300 Kilometern Länge und drei Kilometern Höhe werden als Spuren globaler Schrumpfung aufgrund dieser Abkühlung des Planeteninnern gedeutet. Dabei ist Merkur – abgesehen von Pluto – mit nur 4 878 Kilometern Durchmesser der kleinste der Planeten. Wie kann er trotzdem ein Magnetfeld bilden? Oder ist ein früheres Magnetfeld in seinem eisenhaltigen Material „eingefroren"? Warum ist dies angesichts der langen Zeiträume noch nicht abgebaut? Nun wird gemutmaßt, dass für die Magnetfelderzeugung z. B. eine Eisen-Schwefelverbindung als eine flüssige Schale über dem inneren Kern existieren könnte. Das sind Klimmzüge, die eine Langzeitstabilität eines Merkurmagnetfeldes fordert.

Der japanischen Raumfahrtbehörde sind diese grundsätzlichen Fragen eine ganze Magnetosphärensonde wert; sie wird die ESA-Mission BepiColombo flankieren. Bereits die NASA-Mission Messenger soll durch ein *Laser-Altimeter* die An- oder Abwesenheit eines flüssigen Kerns durch Messungen der Libration entscheiden können.

Bewertung: Die extremen Verhältnisse bei Merkur machen es nicht einfach, diesen Planeten in das generelle Entwicklungsschema des Sonnensystems einzuordnen. Der außergewöhnlich hohe Anteil an Eisen lässt viele Fragen offen. Der gewaltige Eisenkern soll 75% seines Gesamtdurchmessers einnehmen. Die Erkenntnis, dass ein 100 Kilometer großes Objekt seine Oberfläche entscheidend geprägt hat, stellt die Frage in den Raum, woher dieses Objekt gekommen sein soll. So sträubt sich also schon der erste Planet gegen anerkannte Planetenbildungstheorien, und die Versuche, die offenen Fragen zu beantworten, sind bisher nicht befriedigend.

Kompakt:

- Sonne als Energiequelle erfährt Langzeitveränderung
- Venus und Mars entwickeln höllische Temperaturen bzw. eine Eiswüste
- Erde müsste durch „intelligenten" Treibhauseffekt thermal stabilisiert worden sein

4.3.2 Venus – Erde – Mars: Beispiel einer ungewöhnlichen Temperaturgeschichte

Sterne – und damit auch unser Zentralgestirn, die Sonne – beziehen nach heutigen Vorstellungen ihre Strahlungsenergie aus einem thermonuklearen Fusionsprozess, der tief in ihrem Innern abläuft. Dieser Prozess wird als Teil der Elementsynthese verstanden, der zum Aufbau schwererer Elemente im Kosmos dient. Daraus folgt auch, dass sich die chemische Zusammensetzung eines Sterns im Laufe seines Lebens ändert. Deshalb sollen nachfolgend die Konsequenzen am Beispiel unserer Sonne diskutiert werden, denn die stetigen Änderungen im Sonneninnern führen zu einer allmählich helleren bzw. heißeren Sonne, vor allem in Anbetracht der unterlegten langen Zeitskalen. Der Radius der Sonne hat etwa um 10%, die Oberflächentemperatur um rund 3%, zugenommen. Das hat Auswirkungen auf die Planeten, für welche die Sonne die einzige effektive Energiequelle ist. Um das Element der Spekulation möglichst klein zu halten, beschränken wir die Diskussion auf die Erde und deren inneren und äußeren Nachbarn, für deren Verhältnisse wir noch am ehesten Anhaltspunkte aus der Vergangenheit haben.

Nach evolutionären Vorstellungen erschien auf geheimnisvolle – jedenfalls auf bis heute nicht erklärbare – Weise vor rund 3,5 Milliarden Jahren Leben auf der Erde. Seither muss nach gängigen Sternentwicklungsmodellen die Helligkeit der Sonne um rund ein Viertel gestiegen sein (Sagan & Chyba 1997). Wenn man dies so gelten lässt, ergeben sich daraus beträchtliche Engpässe in den thermalen Randbedingungen für die Entwicklung des Lebens auf der Erde. Im Gegensatz dazu nehmen Biologen und Geologen im Allgemeinen nahezu konstante mittlere Temperaturen über die letzten 4,5 Milliarden Jahre auf der Erde an. Aus astronomischer Sicht muss jedoch von einer signifikanten Temperaturerhöhung unseres Gestirns ausgegangen werden, so dass eine gewagte Hypothese aufgestellt werden muss: Irgendwelche Faktoren sollten durch eine Balance in der Erdatmosphäre für relativ konstante Bedingungen auf der Erde gesorgt haben. Unter heutigen atmosphärischen Bedingungen würde nämlich eine Reduktion der durchschnittlichen Sonnenleuchtkraft um 1 bis 2% die Erde zur globalen Vereisung führen, während eine Zunahme um rund 2% die Ozeane verdampfen ließe. Dies ist als das „Paradoxon der jungen Sonne" bekannt. Entweder sind die Sonnenmodelle falsch oder unser Klima ist bemerkenswert widerstandsfähig gegen (äußere) Änderungen. (Auszug aus der aktuellen Projektbeschreibung für die Eddington-Weltraummission der ESA: *„Either the solar models are wrong or our climate is remarkably resistent to change."*)

Nehmen wir an, dass sich die *Albedo* der Erdoberfläche nicht geändert hat (sonst würde die Fähigkeit der Abstrahlung in der einen oder anderen Weise beeinflusst werden), dann sollten die Temperaturverhältnisse auf der Erde aus dieser Sicht konstant sein. Diese Annahme ist sicher im Einzelnen nicht realistisch, kann aber für unsere groben Überlegungen vereinfacht so einmal gelten. Mit der theoretisch abgeleiteten Erhöhung der Sonnenleuchtkraft um 25% im besagten Zeitraum erhalten wir eine Anhebung der Temperatur auf der Erde von durchschnittlich 18°C. Da die momentane Durchschnittstemperatur etwa 15°C beträgt, müsste die durchschnittliche Temperatur vor 3,5 Milliarden Jahren bei deutlichen Minusgraden gelegen haben. Das bedeutet, dass zur Zeit der angenommenen Lebensentstehung der größte Teil der Erde gefroren war, abgesehen von kleineren tropischen Zonen mit Plustemperaturen. Wenn dies so stimmt, dann war ein weitaus größerer Teil der Erdoberfläche hoch reflektierend, was die Menge der absorbierten Wärmeenergie reduziert und so zu sicher noch tieferen Temperaturen als soeben erwähnt geführt hätte.

Traditionell wird das Paradoxon aufgelöst durch die Annahme eines dynamischen Treibhauseffektes auf der Erde. Dieser hätte die Erde trotz leuchtschwächerer Sonne anfänglich warm gehalten. Dabei soll die Treibhauswirkung jeweils gerade so eingestellt gewesen sein, dass sie die Wirkung der wärmer werdenden Sonne kompensierte, wobei die Entwicklung des Lebens dabei selbst eine entscheidende Rolle spielte. Allerdings würde die Temperaturhistorie der Erde eine sehr delikate Balance erfordern. Jede anhaltende Abweichung hätte zu Klimakatastrophen führen können oder müssen, von denen sich die Erde nicht wieder hätte erholen können. Möglicherweise sind die Nachbarplaneten Venus nach innen und Mars nach außen Beispiele für diese Szenarien.

Planetologen stufen Venus und Mars als Planeten des „Grüngürtels“ um unsere Sonne ein. De facto werden sie als dessen innere und äußere Begrenzung gesehen. Die geringere Entfernung der Venus von der Sonne gab diesem Planeten eine höhere Anfangstemperatur, jedenfalls höher als die der Erde, die dann zu einem ausgeprägten Treibhauseffekt führte. Als Ergebnis hat heute die Oberfläche der Venus mit ihrer dichten Atmosphäre mit knapp 500° C die höchste Planetenoberflächentemperatur in unserem Sonnensystem. Ohne die atmosphärische Hülle wäre die Oberflächentemperatur gerade etwa +50° C.

Im Gegensatz dazu ist Mars heute ein recht kalter Planet mit dünner, unwirtlicher Atmosphäre, auf dessen Oberfläche selten positive Temperaturwerte auftreten. Es gibt jedoch sehr starke Hinweise, dass in seiner jungen Geschichte einmal mächtige Wasserströme flossen, was auf wärmere Verhältnisse hinweist (z. B.: http//www.space.com/scienceastronomy/solarsystem/mars_floods_020621.html). Die meisten Planetologen gehen davon aus, dass dies vor rund 3,8 Milliarden Jahren stattfand. Damals war jedoch die Sonne rund 25% leuchtschwächer als heute. Das passt nicht zu der Vorstellung, dass früher auf dem Mars Wasser geflossen ist.

Damit wird deutlich, dass das Problem der frühen Sonne auch ein Problem für Mars ist und nicht auf eine sich entsprechend verändernde Erdatmosphäre reduziert werden kann, selbst wenn deren Atmosphäre „intelligent“ auf Änderungen der Sonne hätte reagieren können.

Bewertung: In diesem Buch wird nicht systematisch durch das Planetensystem gegangen, um dessen Problematik umfassend zu diskutieren. Das wäre zu umfangreich und muss an anderer Stelle erfolgen. Es soll aber stichprobenartig gezeigt werden, dass dort, wo Lösungsansätze für die Verhältnisse eines Planeten in einen Gesamtkontext gestellt werden, sich z. T. schier unlösbare Widersprüche ergeben:

- Warum sollte die Marsoberfläche zu einer Zeit wärmer gewesen sein, als die Sonne deutlich leuchtschwächer war?
- Warum sollte die Erde die zunehmende Sonnenenergie „intelligent“ kompensieren können, während der sonnennächste Nachbar – die Venus – daran scheiterte?
- Welche Wahrscheinlichkeiten haben solche Zufälle?

Creation Pointer

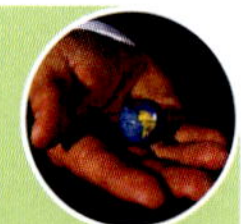

Man hat den Eindruck, dass der Erfolg einer neuen Weltraummission nicht an der Beantwortung von dieser oder jener Frage gemessen wird, sondern ob sie uns interessante neue Fragen hinterlassen hat, die man sich zuvor nie stellte. Ein Zeichen für die Raffinesse und Komplexität der wahren Verhältnisse.

Die Komplexität der Verhältnisse der Planeten sollte hier am Beispiel der am besten bekannten Planeten – da sie uns benachbart sind – gezeigt werden. Die Unsicherheiten werden erwartungsgemäß für weiter entfernte Planeten nicht kleiner. Unsere mit High-tech ausgestatteten Satelliten haben uns eine Fülle von Daten zugefunkt, die es einzuordnen gilt. Sie haben bereits Anlass zu manchem Wandel gegeben und sein Schrittmaß deutlich erhöht, das Haltbarkeitsdatum von lieb gewordenen Vorstellungen nochmals verkürzt. Sie zeigen uns so die weiten Maschen unserer Modelle, durch die manches unversehens hindurchfällt.

Kompakt:

- Die Suche nach Wassereisvorkommen
- Atmosphärische Methankonzentrationen über Wassereisvorkommen
- Disput über Methanentstehung: organisch oder anorganisch?

4.3.3 Rush-hour beim Roten Planeten

Die Suche nach Leben irgendwo hat für viele Irdische einen außerordentlich hohen Reiz – vielleicht, weil sich die Einsamkeit im Kosmos nur schwer ertragen lässt. Und natürlich hat man den erwartungsvollen Steuerzahler rund um den

Globus mit diesem Motiv zur Begründung von einer Serie von Marsmissionen bewegt. Fakt ist, dass der Nachweis von Leben – sollte er je möglich sein – von keiner der jetzt laufenden Missionen geleistet werden kann. Allerdings ist die Suche nach günstigen Voraussetzungen für Leben zentraler Teil des Programms. Eine wesentliche Voraussetzung ist dabei das Wasser und zwar in seiner flüssigen Form. Es gibt sicher Hinweise auf Wassereisvorkommen auf verschiedenen Planeten- und Mondoberflächen, aber man kann heute quer durchs ganze Planetensystem reisen, ohne auch nur auf eine Pfütze auf der jeweiligen Oberfläche zu stoßen – außer auf dem Wasserplaneten Erde. So haben die beiden amerikanischen Rover Opportunity und Spirit auf zwei gegenüberliegenden Landeplätzen des Mars überzeugende Hinweise auf frühere Wasservorkommen gefunden. Die NASA hatte die Tiefebene Meridiani für die Landung von Opportunity gewählt, weil dort große Vorkommen an Roteisenerz (Hämatit) vermutet wurden, das in Gegenwart von Wasser oder vulkanischer Aktivität entsteht. Steve Squyres, Chefwissenschaftler der Mars-Rover, nannte die Stelle die „Hämatit-Hauptstadt des Sonnensystems". Es hat sich gezeigt, dass Wasser nicht nur in der Frühzeit geflossen sein könnte; es gibt auch Hinweise auf spätere Vorkommen, z. B. durch lokales Aufschmelzen von Eis bei Vulkanausbrüchen. Abb. 4.16 gibt darauf Hinweise. Die damit verbundene Argumentation folgt nachstehender Logik:

- Es gibt junge Feuerberge
- Sie verursachen ein lokales Aufschmelzen von Wassereis
- Vulkanasche konserviert Eisschollen durch Bedeckung und reduziert somit die Sublimationsrate

Interessanterweise wurde eine Korrelation zwischen Wassereis-Vorkommen und höheren Methan-Leveln festgestellt, was zunächst einen organischen Ursprung begünstigen würde.

Neben den Hämatitfunden als geochemische Evidenz gelten zahlreiche Grabensysteme als geologische Zeichen für Wasser. Abb. 4.17 zeigt mit einem Canyon im Hellas-Becken einen ausgetrockneten Flusslauf, dessen bläulich erscheinende Farben als Sedimentablagerungen interpretiert werden. Eisvorkommen waren zuvor schon an den Polen nachgewiesen worden. Diese Tatsache mag ein interessantes Auswahlkriteri-

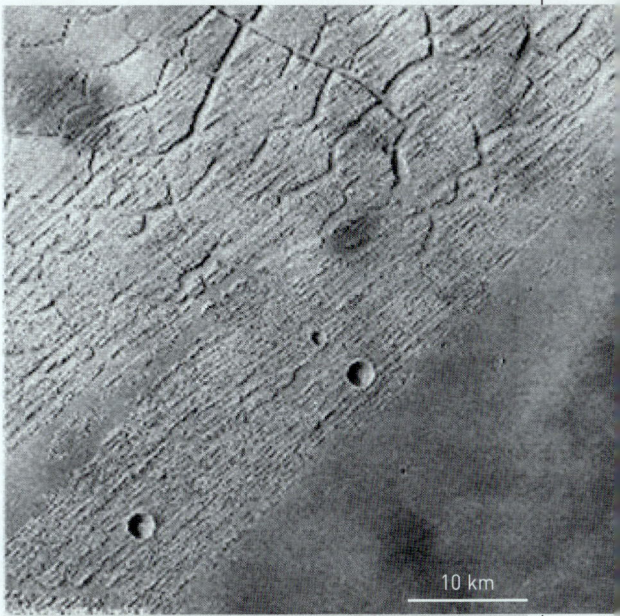

Abb. 4.16: Ein Feld von Eisschollen auf der Marsoberfläche, das durch Staubbedeckung vor rascher Sublimierung geschützt ist. (ESA, DLR, Neukum 2004)

Abb. 4.17: Formation im Hellas-Becken, die sehr an einen ausgetrockneten Flusslauf erinnert. Die bläulich erscheinenden Regionen werden als Sedimente interpretiert. (ESA, DLR, Neukum 2004)

um für spätere (bemannte?) Landungen liefern, aber mit einer möglichen Lebensentstehung hat das keinen nachweisbaren Zusammenhang.

Nichtsdestotrotz wird mit stetiger Regelmäßigkeit davon ausgegangen, dass zumindest notwendige Voraussetzungen für Lebensentstehung (s. Kasten 4.5) die Elemente Sonnenlicht, Wasser und eine auf Kohlenstoff basierende Chemie gewesen sein müssen. Viele Argumentationen laufen gar darauf hinaus, dass dort, wo diese Elemente zusammenkommen und man ihnen genügend Zeit gibt, Lebensentstehung gar nicht vermeidbar ist. Es wird von Lebensentstehung als einem puren Planetenoberflächenphänomen gesprochen, das bei Zusammentreffen einer Energiequelle und einer Planetenoberfläche gar nicht zu verhindern ist. In einem Interview von „Die Zeit" vom 29. Januar 2004 wurde die führende deutsche Biologin Gerda Horneck auf die Frage nach Lebensentstehung angesprochen (als Exobiologin vertritt sie übrigens eine Disziplin, deren Gegenstand noch gar nicht nachgewiesen ist). Die Frage von Christoph Drösser betraf ein sehr zentrales Anliegen, das jeden bewegt, der sich mit diesem Fragekomplex beschäftigt: „Aber der Übergang von der unbelebten zur belebten Materie ist noch nirgends beobachtet worden." Darauf Horneck: „Deswegen untersuchen wir auch die Frage, ob das

Kasten 4.5: **Leben auf dem Mars**

Die Suche nach Leben jenseits der Erde adressiert die tiefste aller naturwissenschaftlichen Fragestellungen. Zwei grundlegende Ansätze werden diskutiert:

1. Erste Lebensformen entstanden spontan aus unbelebter Materie unter erdähnlichen Bedingungen
2. Es gibt einen Transportmechanismus für Leben von einem kosmischen Platz zum andern (als ob dies das Entstehungsproblem lösen würde)

zu 1.: Es wird von einem spontanen Übergang aufgrund eines chemischen Glücksfalls ausgegangen, der so unwahrscheinlich ist, dass er kein zweites Mal passiert.
zu 2.: Man nimmt eine „Formel fürs Leben" an, die (noch) verborgen in den Naturgesetzen steckt, so dass ein „Lebensprinzip" in der Natur wirkt, das automatisch Materie und Energie in Richtung Lebensentstehung zwingt. Jedoch hat bislang niemand darstellen können, dass der biologische Zustand der Materie ein unvermeidbares oder gar ein automatisch zu erwartendes Produkt aus Physik und Chemie ist – im Gegenteil: Viele chemische Gesetzmäßigkeiten sprechen unerbittlich dagegen. Daran könnte sich ein Transportmechanismus anschließen (sog. Panspermie, s.u.).

Bei dem offenen Stand der Dinge wäre natürlich der Nachweis einer „zweiten Genesis" – einem anderen Platz mit Leben – von unschätzbarer Bedeutung. Aus heutiger Sicht bietet Mars die beste Aussicht, Lebensspuren jenseits der Erde zu finden. Allerdings sind Erde und Mars keine biologisch isolierten Systeme. Zwischen ihnen gibt es einen langen Austausch von Material in Form von Gesteinsbrocken ihrer Oberflächen, die aus Einschlagsvorgängen von Asteroiden und Kometen stammen. Mikrobische Organismen sind nun einmal in Steinen zu finden und zum anderen ist so eine Reise im interplanetaren Raum kein Problem. Damit würde sich Leben auf dem Mars nur als ein anderer Zweig des Lebens auf der Erde darstellen und wäre kein neuer Lebensstammbaum.

Sollte es diese Überkreuz-Befruchtung der beiden Planeten gegeben haben, so ist für die naturwissenschaftliche Diskussion offen, wo es entstand. Mars wird dabei als der favorisierte Platz gehandelt, da er wegen seiner Größe schneller abkühlte und das Leben früher starten konnte. Dazu kommt, dass durch die geringere Masse (kleinere gravitative Linse) das frühe Bombardement durch herumvagabundierende Brocken geringer ausfiel. Und am Ende wären wir doch alle Marsianer?!

Es kann noch kurz angemerkt werden, dass ein „Transportmechanismus für Leben" unter der Bezeichnung Panspermie von Fred Hoyle und Chandra Wickramasinghe kultiviert wurde, die davon ausgehen, dass es gegenseitige Befruchtung von Planetenwelten gibt, ohne damit den Ursprung des Lebens zu klären.

Leben von einem Planeten zum anderen transportiert werden kann. Und es sieht so aus, dass das durch Meteoriten innerhalb des Sonnensystems möglich ist." – Als ob dies das Problem der Lebensentstehung lösen würde!

- Im Laufe der Geschichte haben wohl einige Marsmeteoriten, die als *Ejekta* eines Impaktvorgangs die Marsoberfläche verlassen konnten, den Weg zur Erde gefunden und wurden von dieser aufgesammelt. Im Gebiet der Antarktis wurden sie gefunden. Sie wurden identifiziert aufgrund der Isotopenverhältnisse von Gaseinschlüssen, die so auch von den ersten amerikanischen Landegeräten Viking 1 und 2 vor Ort gemessen wurden.

- Nun haben Fernerkundungssatelliten in der Zwischenzeit – trotz Verwitterung und Erosion – auf der Erdoberfläche rund 160 Einschlagskrater identifiziert; jährlich kommen mehrere Neuentdeckungen hinzu. Wenn die Erde also bereits von Marsbrocken über Impaktvorgänge erreicht wurde, dann ist der umgekehrte Weg von irdischen Brocken zum Mars nicht ausgeschlossen.

- Die heute praktizierte, aufwändige Sterilisation von irdischen Landegeräten vor ihrer Reise zum Mars nützt möglicherweise nicht entscheidend, da diese Erdmeteoriten die Marsoberfläche bereits mit Lebensspuren infiziert haben könnten. Dass einfache Lebewesen diese Reise überstehen können, gilt als nachgewiesen (Die im April 1967 gestartete Mondsonde „Surveyor 3", die erfolgreich auf dem Mond landete, wurde im Zuge der „Apollo 12"-Mission besucht. Teile der Sonde wurden von den Astronauten CONRAD und BEAN demontiert und im November 1969 zur Erde zurückgeführt. Dabei wurden u.a. noch lebende Bakterien entdeckt).

Wegen der ursprünglich sehr lockeren Handhabung der Lander-Sterilisation ist G. HORNECK auch der Überzeugung: „Ich glaube, dass schon einige *Bacillus subtilis*-Sporen dort oben (auf Mars) sitzen." Jedenfalls gibt sie sich nüchtern in Bezug auf Suche von Lebensspuren auf der Marsoberfläche, dessen Oberfläche durch die dort ankommende aggressive UV-Strahlung der Sonne Lebensprozesse, wie wir sie kennen, unmöglich macht. Dazu kommt das Fehlen eines ausgeprägten Magnetfelds, weshalb auch energiereiche, kosmische Strahlung ungehindert eindringen kann. *„No chance of life at the Red Planet's surface,"* kommentiert A. ANANTHASWAMY in New Scientist vom 3. April 2004.

Deshalb werden große Hoffnungen auf die Radar-Untersuchungen des europäischen Mars Express gesetzt, die gegen Ende der globalen Kartografierung ansteht. Sie sollen im Marsinnern, jedenfalls unter der sichtbaren Oberfläche, „Oasen" für Leben ausmachen. Jüngere, geologische Aktivitäten lassen den Schluss zu, dass es im Innern noch heute Speicher mit flüssigem Wasser geben mag. Wie tief diese liegen sollen, weiß niemand – jedenfalls zu tief für bohrende Roboter. Es können bis zu kilometertiefe Bereiche sein. Und sie wären auch gegen gefährliche Strahlung und hochenergetische Teilchen geschützt.

Tiefflug über die Wüstenwelt

Neben schönen Szenen mit bislang unerreichter Brillanz haben die Marsuntersuchungen eine interessante Spur aufgenommen. Es geht um den Nachweis von Methan. Auf der Erde stammt fast sämtliches Methan in der Atmosphäre von Bakterien, die organisches Material verarbeiten und das Gas als Nebenprodukt erzeugen. Fossiles Methan kann auch von unterirdischen Öllagern stammen und durch Brüche oder andere Öffnungen nach außen diffundieren. Die einzige Möglichkeit, Methan auf anorganischem Weg freizusetzen, ist über Vulkanismus oder geothermische Reservoirs. Allerdings haben Orbiter um den Mars keinerlei Hinweise auf gegenwärtigen Vulkanismus gefunden.

Das ist sicher eine sehr interessante Entdeckung, was immer ihre Erklärung sein mag. Sie wurde von drei Gruppen unabhängig voneinander gemacht. Allerdings liegen die nachgewiesenen Mengen mit 10,5 ppm an den jeweiligen Nachweisgrenzen der Instrumente, weshalb die

Ergebnisse als vorläufig gelten müssen. Mehrere Erklärungen werden diskutiert:

- Es kann sich um primordiales Methan handeln, das allmählich aus dem Innern diffundiert. Allerdings müssten dies Reservoirs sein, die sich über 4 Milliarden Jahren nicht erschöpften.
- Vulkanismus oder geothermische Reservoirs können anorganische Quellen für Methan bilden. Allerdings hat das Thermal Emission Imaging System Themis an Bord von MARS Odyssey keine Hinweise auf heiße Spots ausmachen können, die als Auslöser zu erwarten wären.
- Kometen wurden als Quellen diskutiert, die rund 1% Methan enthalten. Aber es wurden keine Einschläge beobachtet, die mit einer entsprechenden Regelmäßigkeit den Mars mit Methan beliefern würden, um solche Methanvorkommen immer wieder zu erneuern.

Nachdem solche anorganischen Lösungsansätze unwahrscheinlich klingen, käme also noch die Möglichkeit von „fossilem Methan" in Frage, das von ehemaligen Lebensformen auf Mars stammen könnte. Allerdings zeigen Rechnungen von Krasnopolsky von der Catholic University of America in Washington DC und seinem Team, dass selbst beim Zusammenwirken sämtlicher erwähnter Quellen der nachgewiesene Methanlevel um den Faktor 30 geringer sein sollte. Dazu kommt, dass Methan im intensiven Sonnenlicht einer Marsatmosphäre nicht länger als einige hundert Jahre überleben kann, da es mit Hydroxyl-Ionen reagiert und Wasser und Kohlendioxid erzeugt. *„The fact that methane is present on mars means that there must be a (recent) source."* (V. Formisano vom Institute of Physics and Interplanetary Space in Rome in NewScientist, Apr. 2004).

Allerdings sind nun in zwei extremen Umgebungen hier auf der Erde methanerzeugende Mikroben entdeckt worden: einmal unter kilometerdickem Eis von Grönland und andererseits in heißem, trockenem Wüstensand in den USA. Das legt zumindest den Verdacht nahe, dass ähnliche Organismen auch auf dem Mars gelebt haben mögen. Wissenschaftler haben auf unserem Planeten bereits in 90 m Tiefe 10mal mehr Methan gefunden. Damit könnte die Methanerzeugung auf dem Mars auch auf Mikroben zurückgeführt werden. Allerdings sollte zu deren Nachweis ein Bohrloch von 150 m bis 8 km gebohrt werden können, was zu unseren Lebzeiten sicher nicht zu erwarten ist. Möglicherweise könnte auch ein Ersatz darin bestehen, dass in der Nähe eines Kraters weniger tief gebohrt wird (Kral 2005).

Entscheidend in dieser offenen Situation ist die Unterscheidung zwischen organisch und anorganisch erzeugtem Methan. Das kann anhand des Kohlenstoffs geschehen, indem die Verhältnisse zwischen ^{12}C und ^{13}C gemessen werden. Das europäische Landegerät BEAGLE 2 war zwar mit einem solchen Instrument ausgestattet, es hat aber wohl seinen Abstieg in der Marsatmosphäre unglücklicherweise nicht überlebt. Damit bleibt nur die Möglichkeit, örtliche Variationen im Methangehalt soweit es geht auszumachen, um so mögliche Quellen einzukreisen und bei zukünftigen Marsmissionen ein Gerät zur Isotopenmessung nicht zu vergessen.

Bewertung: Mars mag als Geschwisterplanet der Erde bezeichnet werden, was aber eher mit seiner Nähe als mit seinen Eigenschaften zu belegen ist. Wegen des Fehlens einer schützenden Atmosphäre und Magnetosphäre ist Leben auf seiner Oberfläche sicher nicht zu erwarten, weshalb sich die Suche nun auf tiefer liegende Ökonischen mit Hilfe von Radargeräten konzentrieren mag. Interessant ist sicher der eindeutige Nachweis von Wassereisvorkommen, das in wärmeren Perioden wesentlich zur Gestaltung der Oberfläche beigetragen haben mag.

Auf die Darstellung der Jupiterwelt, die mit ihren interessanten Monden einem Mini-Planetensystem gleicht, musste aus Platzgründen verzichtet werden. Das ist zugegebenermaßen ein schmerzvoller Schnitt, denn Jupiter zeigt sich so, als wolle er uns unterhaltsame Lehrstunden in Physik, Chemie und Geologie erteilen: Er lässt seine vier großen Monde, die ihn in seiner Äquatornähe relativ nahe umkreisen, als schrille Darsteller ein buntes Schauspiel aufführen. Von den vielen kleinen Monden und dem interessanten Ringsystem ganz zu schweigen.

Auch Uranus, den blauen Neptun und den bizarren Pluto müssen wir übergehen. Keiner dieser Kandidaten (außer Pluto) wird im Augenblick von einer Weltraummission besucht und stehen so eben hinten an. Anders ist es mit Saturn, der von der Doppelsonde Cassini-Huygens besucht wird und von dessen Welt laufend neue Daten erzeugt werden.

4.3.4 Saturn – Herr der Ringe

Kompakt:

- Saturn – ein Miniplanetensystem?
- Über das Rätsel seiner Ringe
- Titan – ein außergewöhnlicher Mond

Als Vertreter der Gasplaneten sollen die Verhältnisse bei Saturn diskutiert werden, der durch ein einmaliges Ringsystem, interessante Monde und durch die Tatsache, mittels einer der größten planetaren Raumsonden seit Juli 2004 untersucht zu werden, eine unbestrittene Sonderstellung einnimmt. Vom Saturnsystem wird heute als eine Art Miniplanetensystem gedacht, zumal wir bislang 32 Monde kennen, die ihn umkreisen. Er bildet gleichsam ein natürliches Labor, um das dynamische Verhalten eines Ringsystems aus Gas und Staub zu beobachten, aus dem sich Planeten geformt haben sollen. Mit Hilfe der aufwändigen Instrumentierung von Cassini-Huygens kann nun das Verhalten im Einzelnen studiert werden. Darüber hinaus wird erwartet, dass bessere Teleskope in der Zukunft das detaillierte Studium von Staubscheiben oder protoplanetaren Scheiben um andere Sterne ermöglichen. Eine vorläufige Diskussion fand bereits in Kap. 4.1 statt.

Es hat fast 25 Jahre gedauert, bis nach dem legendären Vorbeiflug der Voyagersonde Saturn wieder Besuch bekam. Er erfolgte mit der NASA-Sonde Cassini, die Huckepack den europäischen Beitrag in Form der Titan-Sonde Huygens trug. Nach einer 3,5 Milliarden Kilometer langen Reise kam der kleinbusgroße Satellit im Sommer 2004 an seinem Ziel an: Cassini durchstieß im Schutze seiner High Gain Antenna zwischen dem G- und F-Ring die Ringebene vom Süden kommend, um dann von seinem Motor punktgenau abgebremst zu werden (beim Passieren der Ringebene wurde die Sonde von bis zu 200 000 mikrometergroßen Teilchen mit 50 000 km/h getroffen, wobei aber auch einige 100 mal größere dabei waren). Sonst wäre Cassini am Saturn vorbeigeflogen und irgendwo im Planetenraum abgedriftet. Aber nun haben wir die bislang detailliertesten Ansichten des ausgeprägtesten Ringsystems im Sonnensystem.

Rätsel um die Ringe

Durch die Entdeckungen der Voyagersonden haben sich Planetenringe als Eigenschaft aller äußeren Planeten herausgestellt (bis auf Pluto, der bahndynamisch kein richtiger Planet ist). Obwohl die Ringe ziemlich unterschiedlicher Natur sind und unterschiedliche Ursachen haben mögen, eines ist ihnen gemeinsam: Es sind alles Kurzzeitphänomene, und es ist sicher bemerkenswert, dass es sie gerade dann gibt, wenn wir technisch in der Lage sind, sie zu untersuchen. Neben manchem Erwarteten, wie durch die Gravitation von Monden erzeugte Wellen in den Staubringen, hat die ungewöhnlich scharfe Begrenzung von Ringen überrascht. Da es ständig zu Kollisionen zwischen den Ringteilchen kommt, sollten die Kanten der Ringe im Laufe der Zeit eher verwaschen sein. Es gab auch Beispiele für das Zusammenklumpen von Teilchen. Spektrale Untersuchungen zeigen, dass die Ringe zu 99% aus Wassereis bestehen (BATTERSBY 2004). Saturns F-Ring

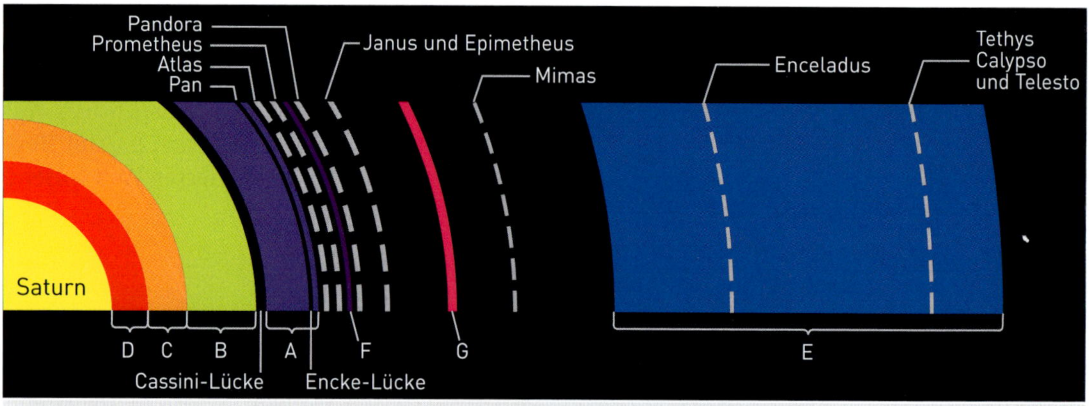

Abb. 4.18: Systematik des Saturnringsystems mit seiner historisch begründeten Abfolge der Ringsystem-Teilbezeichnung. Gestrichelte Spuren deuten die Bahnen der Monde an. (NASA/JPL)

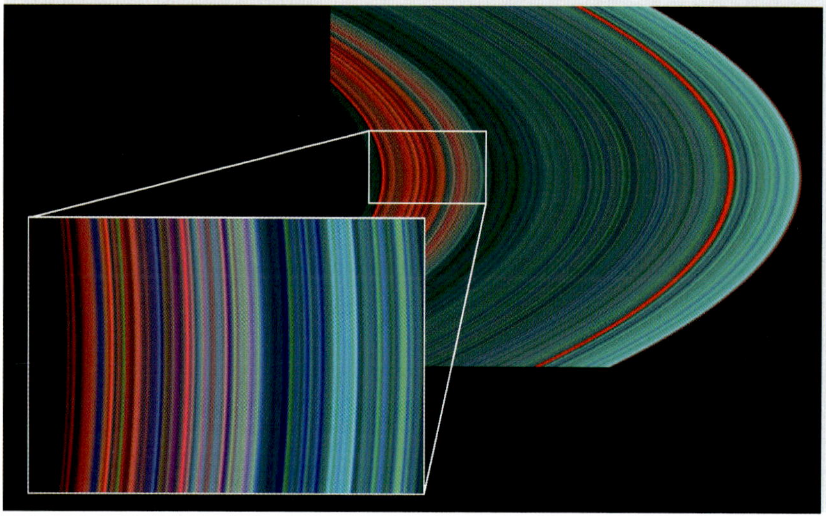

Abb. 4.19: Darstellung des A-Ringes im Ultraviolett-Bereich aufgenommen. Die blaue Färbung des Falschfarbenbildes deutet auf Wassereis hin, während eine silikatische Komponente mit roter Färbung dargestellt wird, die sich auch in der rechts befindlichen Encke-Lücke zeigt. Das eingefügte Bild stammt vom C- und B-Ring und zeigt eine deutlich komplexere Struktur. (NASA/JPL/ Space Science Institute, 2004)

besteht zusätzlich aus einer Materiekomponente, die sich auch auf dem Mond Phoebe zeigt, Saturns äußerstem Mond. Es ist wahrscheinlich eine silikatische Beimischung. Sie wird im Amerikanischen mit „dirt" bezeichnet. Abb. 4.19 zeigt eine Falschfarbenaufnahme des A-Rings im Ultraviolett-Bereich. Die chemischen Fingerabdrücke deuten auf unerwartet reine Eiskörner hin, die Richtung Zentrum gewisse silikatische Beimischungen erhalten. Zur Cassini-Teilung am linken Bildrand hin zeigt sich durch die deutliche Zunahme roter Farbe der höhere Anteil der „Verschmutzung" ähnlich der rechten Seite in der Encke-Lücke. Das eingefügte Bild zeigt mit dem C- und B-Ring noch ein deutlich komplexeres Muster.

Bei den Ringteilchen wird von fels- bis berggroßen Eiskörpern und silikatischen Beimischungen ausgegangen, auf deren Oberfläche nun Eiskristalle oder sonstige Körner mit Hilfe des Visual and Infrared Mapping Spectrometer dargestellt werden können. Erste Beobachtungen zeigen, dass sie sich von sehr kleinen, puderähnlichen Teilchen bis zu Schloßengröße bewegen, wobei die größeren Teilchen sich auf die äußeren Bereiche konzentrieren (Abb. 4.20). Im Insert der Abbildung sind zwei Dichtewellen abgebildet, die durch Begleitmonde erzeugt wurden.

Titan, ein außergewöhnlicher Mond

Mit einem Besuch bei Titan, dem Freisetzen der Atmosphärensonde Huygens an Weihnachten 2004 und deren Landung auf dem Saturnmond nach drei Wochen verbinden Wissenschaftler die Vorstellung einer Zeitreise in die Vergangenheit unserer Erde vor einigen Milliarden Jahren. Dort

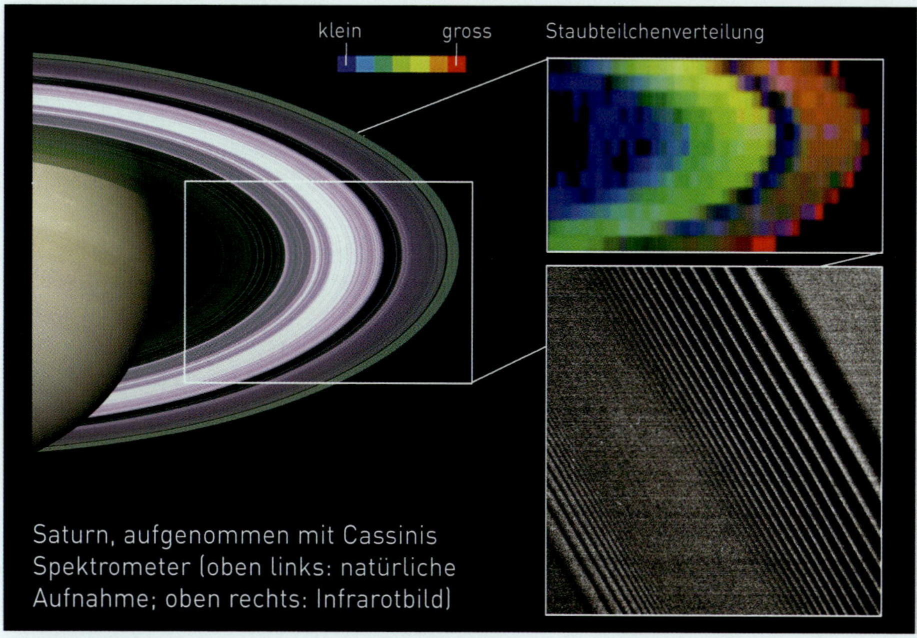

Abb. 4.20: Das Ringsystem des Saturn wird von haus- bis berggroßen Objekten aufgebaut. Mit dem Visual and Infrared Mapping Spectrometer kann die Größenverteilung von Staubteilchen auf diesen Objekten dargestellt werden. Das eingefügte Bild zeigt Wellen, die von Begleitmonden erzeugt durch den A-Ring laufen. (NASA/JPL)

soll dann das vom Universum am besten gehütete Geheimnis untersucht werden – woher wir kommen. Nein, tiefer hat man die Ziele nicht gehängt.

Titan, größer als die Planeten Merkur und Pluto, ist der einzige Mond mit einer ausgeprägten, stickstoffreichen Atmosphäre, die kohlenstoffbasierte Komponenten enthält. Damit sollte Titan ein Modell der jungen Erdatmosphäre repräsentieren, auch wenn es dort mit -179,4°C deutlich kälter ist und damit sicher kein flüssiges Wasser zu erwarten ist.

Zur Vorbereitung der Landung ist es gelungen, im Licht, für das die gelbliche Atmosphäre transparent ist, aus 34 000 Kilometern einen Blick auf die Mondoberfläche mit einer Auflösung von bis zu 10 Kilometern zu gewinnen. Es scheint, als sei die Oberfläche eher durch tektonische Prozesse als durch Impaktvorgänge geformt worden. Es wurde eine großräumige, H-förmige, wahrscheinlich tektonisch geformte Struktur ausgemacht, und man konnte etwas sehen, was wie ein 1000 Kilometer großer Krater aussieht. Zusätzlich wurde ein Cluster von Methan-Wolken ausgemacht, die sich Richtung Südpol bewegten .

Bislang dachten Wissenschaftler, dass die hellen Gebiete auf Titan mit Wassereis und die dunklen mit Hydrokarbonaten in Verbindung zu bringen seien. Aber spektrale Untersuchungen haben nun gezeigt, dass es sich genau umgekehrt verhält. Die große, helle Zone in Abb. 4.21 mag ein Methansee anstelle eines Eisbergs sein.

Die Landung und ihre ersten Ergebnisse

Die Bilder von Voyager und die damaligen Erfolge mit der Giotto-Mission waren für die ESA die Grundlage, dieses abenteuerliche Unterfangen einer Landung auf einem fernen Mond vorzunehmen, von dem man bislang nicht mehr als ein paar Schnappschüsse hatte, und dessen Oberfläche weitgehend von einer langweilig erscheinenden Atmosphäre

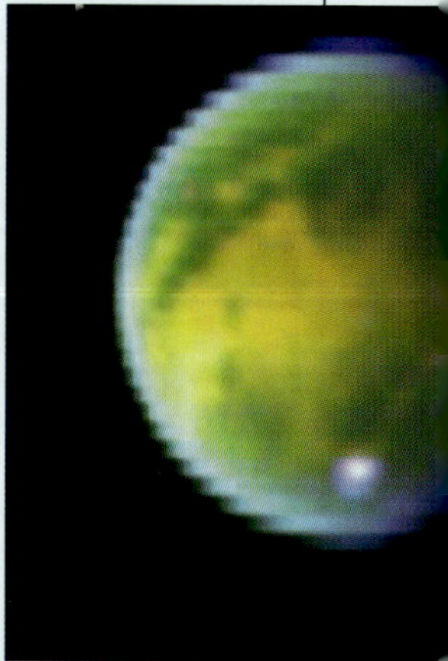

Abb. 4.21: Cassinis Visual and Infrared Mapping Spectrometer hat in diesem Falschfarbenbild bislang unbekannte Details an der Titan-Oberfläche zu Tage gebracht. Die gelben Bereiche deuten Hydrokarbonreiche Regionen an. Grün weist auf eher vereiste Bereiche hin. Methan-Wolken erscheinen weiß. (NASA/JPL)

verhüllt war: Ein bisschen heller im Süden als im Norden war ein bisheriges Ergebnis. Nach dem Verlust des Landegeräts BEAGLE auf dem Mars war man auf alles gefasst. Jedenfalls wurde mit dem erzielten Erfolg nicht gerechnet.

Die europäische Atmosphärensonde Huygens ist Huckepack auf der amerikanischen Cassini-Sonde sieben Jahre lang gereist, um sich zu Saturn vorzuarbeiten. An Weihnachten 2004 stand die Trennung an und in 1270 Kilometer Höhe über der Oberfläche begann der Atmosphäreneintritt. Cassini diente als Relais-Station zur Erde und konnte bis zur Erschöpfung der Batteriekapazität von Huygens 72 spannende Minuten lang Daten senden. Dass die NASA vergaß, einen Übertragungskanal freizuschalten, konnte glücklicherweise weitgehend durch erdgebundene Radioteleskop-Beobachtungen wettgemacht werden, welche die Trägersignale der Huygens-Sonde abhören konnten. Der Landeplatz war in einer Region der Nordhalbkugel, also im dortigen Winter.

Woran wird nun die Erdähnlichkeit dieses Mondes fest gemacht?

- Titans Oberfläche wurde vermutlich eher durch tektonische Prozesse als durch Bekraterung geformt und wird als noch heute aktiver Körper angesehen.
- Seine Oberfläche ist weitgehend kraterfrei, was mit der dichten Atmosphäre und mit Erosionsprozessen zu tun haben mag; sie ist von organischen Molekülen bedeckt.
- Vieles spricht für die Ausbildung von Wolken, aus denen gelegentlich flüssiges Methan ausregnen kann; die Atmosphäre ist stark methangesättigt.
- Der letzte „Regen“ soll nur wenige Erdenjahre zurückliegen; eine Jahreszeit auf Titan dauert jeweils 7,5 Erdenjahre.
- Es mehren sich Hinweise, dass es auf Titan analog zur Erde einen „hydrologischen“ Zyklus mit Ausregnen, Sammeln und Verdunsten von Flüssigkeit gibt. Allerdings liegen die Temperaturen um rund 200°C tiefer als auf dem Blauen Planeten.
- Bilder während des Absinkens von Huygens in der Atmosphäre lassen Täler erkennen, die in eine größere Küstenlinie einmünden. Diese ist in Abb. 4.22–4.24 zusammen mit einem Bild nach der Landung auf „feuchtem“ Grund und einer Panoramaaufnahme wiedergegeben.
- Täler wurden möglicherweise von schnell fließenden „Gewässern“ ausgewaschen.
- Die Oberfläche an der Landestelle, die in ihrer Konsistenz mit „feuchtem Sand“ verglichen wird, war einige Zentimeter unter der festen

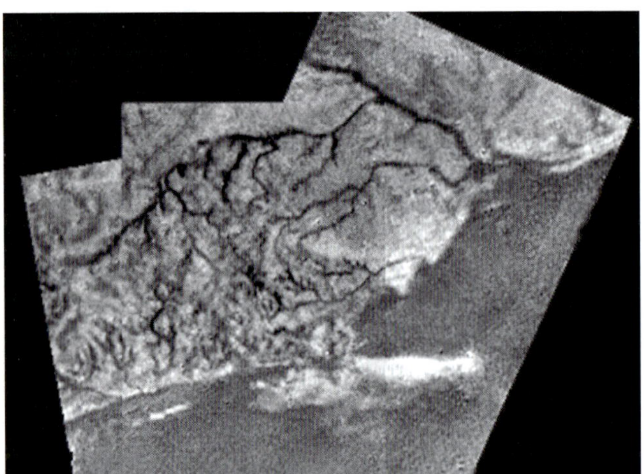

Abb. 4.22: Szene der Titan-Oberfläche während des Abstiegs der Huygens-Sonde in der Atmosphäre. Deutlich zu sehen sind dunkle Flusstäler, die in eine offene „Küstenlinie“ münden. (ESA, 2005)

Abb. 4.23: Eis- und Gesteinsschollen von Huygens nach der Landung auf weichem Grund auf Titan aufgenommen. (ESA, Jan. 2005)

Abb. 4.24: Panoramabild von Titan entstanden durch Zusammenfügen von Einzelszenen. (ESA, Jan. 2005)

Oberfläche mit flüssigem Methan gesättigt, was aus sprunghaftem Anstieg des Methangehalts von bis zu 30% durch Abwärme der Sondenelektronik geschlossen wurde.

- Eine Enttäuschung war sicher, dass die erwarteten Methanseen nicht sichtbar waren.

J. Staude meint dagegen im Editorial der März-Ausgabe 2005 von „Sterne und Weltraum“: Titan ist eine fremde Welt. Das in den Medien oft wiederholte Argument, auf Titan könnten wir studieren, wie die Erde am Anfang ihrer Entwicklung ausgesehen hat, erweist sich als grundfalsch, denn nun steht fest: Während auf der Erde die Autofahrer den Sauerstoff aus der Luft holen, und das Benzin aus der Tankstelle, ist es auf Titan genau umgekehrt – kein guter Platz fürs Leben!

Über lange Zeiträume ist die Gashülle des Titan nicht stabil; der Mond verliert Gas aus seiner Atmosphäre ins All, da seine Schwerkraft nur ein Siebtel der irdischen beträgt. Während der letzten 4,5 Milliarden Jahre soll er schon drei Viertel seiner Atmosphäre verloren haben, was an der Abreicherung von Stickstoff-14 festgemacht wird. Das Problem wird durch die Annahme der Nachlieferung aus dem Innern wettgemacht. Auch das Methan in der Atmosphäre ist aufgrund der UV-Strahlung der Sonne langfristig nicht stabil; sein Langzeitverhalten wird ebenfalls mit dem Argument der Nachlieferung aus dem Mondinnern gesichert. Da Titan keine UV-blockierende Ozonschicht wie die Erde hat, kann diese Strahlung tief in die Atmosphäre eindringen und dabei photochemische Reaktionen auslösen. Die dabei entstehenden Bruchstücke (Radikale) schließen sich zu immer längeren und komplexeren Molekülen zusammen. Der dabei freigesetzte Wasserstoff kann von Titan nicht gehalten werden und entweicht ins All. Nach und nach – so die Vorstellung – verklumpen sich die Kohlenwasserstoffmoleküle und bilden schließlich feinste Schwebeteilchen, die dann „ausregnen“ und die Oberfläche mit einer dunklen Schicht anreichern. Kommt es zu Methan-Regen, so werden diese Teilchen zusammengeschwemmt und mit dem Methan in tiefer liegende Regionen gespült. So kommt es zur Anreicherung in den dunklen Tälern und auf den Böden der Abflusskanäle.

Huygens hat viele Fragen aufgeworfen. Cassini wird als Fernerkundungsgerät während der nächsten Jahre bei nahen Vorbeiflügen Titan immer wieder ins Visier nehmen, wobei die Huygens-Daten als die so genannten Ground Truth-Daten dienen.

Der Kometenmond. Cassini hat auch den Mond Enceladus ins Visier genommen. Dabei wurden Eisteilchen entdeckt, die aus der Südpolregion stammen und in den Weltraum ausgeworfen werden, was in Abb. 4.25 zu sehen ist. Die geologische Aktivität rührt daher, dass Wasserdampf unter hohem Druck aus den Spalten gepresst wird. Damit sich Teilchen bilden können, muss allerdings der Wasserdampf eine gewisse Dichte haben – und das lässt auf relativ warme Temperaturen auf Enceladus schließen. In einem Fall lässt sich die pilzförmige Wasserdampfwolke in eine Höhe von bis zu 186 km über der Mondoberfläche verfolgen. „In gewisser Weise ähnelt die Aktivität von Enceladus der eines Kometen“, sagte Torrence Johnson vom Jet

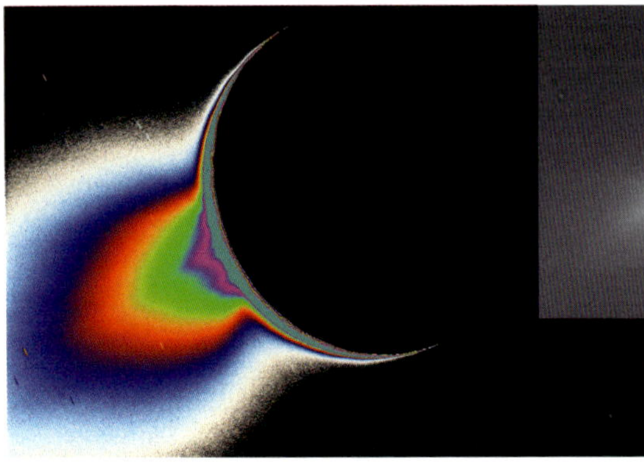

Abb. 4.25: Der Saturnmond Enceladus, der trotz seiner geringen Größe von rund 500 km so warm sein muss, dass er hoch verdichteten Wasserdampf in seiner Südpolregion freisetzt. Das rechte Bild zeigt seine Temperaturverteilung, die in der Tat im Südpolbereich einen heißen Spot hat. (NASA/JPL)

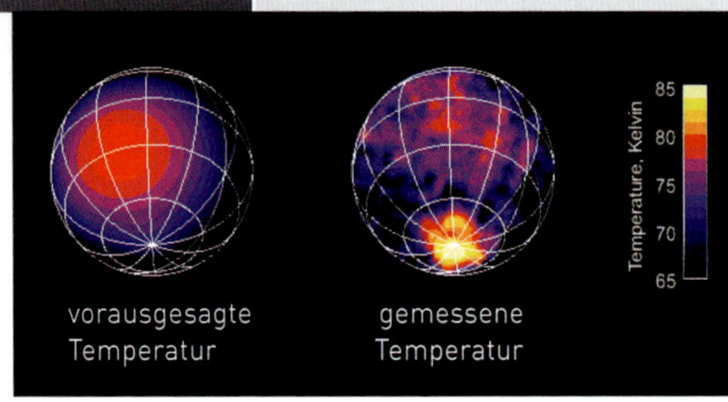

Propulsion Laboratory der NASA, „allerdings ist die Energiequelle für geysirartige Ausbrüche bei Kometen das Sonnenlicht, während Enceladus innere Wärmequellen haben muss." Abb. 4.26 zeigt noch weitere Beispiele aus dem Planetensystem, das durch seine Aktivität überrascht. Das ist auf der linken Seite der vulkanaktivste Mond im Planetensystem überhaupt, der Jupitermond Io, und daneben die Südhalbkugel des Neptunmondes Triton, der selbst in 30fachem Sonnen-Erde-Abstand noch eine Art „Eisvulkanismus" betreibt.

Welche Energiequellen diesen Vulkanismus betreiben, ist aber noch rätselhaft. Möglicherweise heizt radioaktiver Zerfall das Innere des kleinen Mondes auf. Bei einem Durchmesser von nur 500 Kilometern müsste Enceladus aber eigentlich schon lange ausgekühlt und geologisch tot sein, genau wie andere Körper seiner Größe. Oder es könnte sein, dass sich die Gezeitenkräfte des Saturn und der anderen Monde so verstärken, dass das Innere von Enceladus aufgeheizt wird.

Bewertung. Es ist sicher äußerst spektakulär, was uns die Cassini-Huygens-Mission übermittelt. Sie ist auf lange Sicht die letzte große Planetenmission. Es ist kein Zufall, dass sie gerade den interessantesten und schönsten Planeten untersucht – und doch durch und durch eine sterile Welt. Ob sich die Hoffnungen erfüllen, tiefere Einblicke in die Vergangenheit unseres System zu bekommen, bleibt abzuwarten: die Ähnlichkeiten, aber auch die Gegensätze halten sich in etwa die Waage.

Creation Pointer

Schon heute steht fest, dass uns kaum eine Planetenwelt ein solch gut ausgestattetes Labor zum Studium raffiniertester Verhältnisse bietet – Saturn ist ein Bilderbuch der Phantasie eines unübertroffenen Designers.

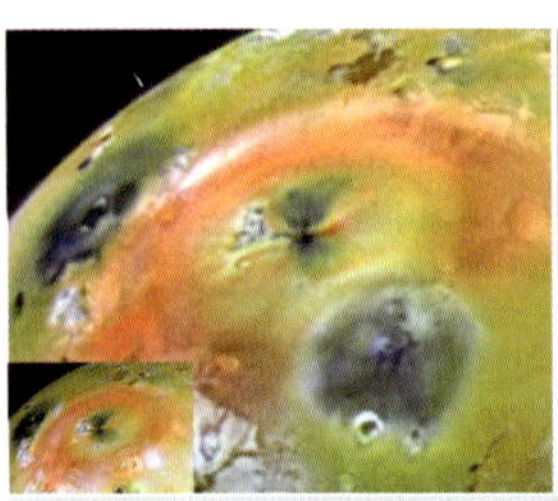

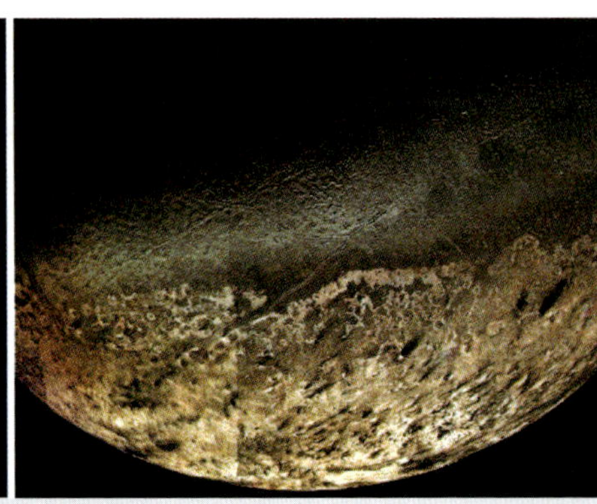

Abb. 4.26: Der Jupitermond Io mit seiner extremen Vulkanaktivität, so dass in etwa 100 Jahren die Oberfläche neu kartografiert werden muss. Das rechte Bild zeigt die Südhalbkugel des Neptunmondes Triton, auf der Südwinde Schmauchspuren von Vulkanaktivität auf der Oberfläche in Form dunkler Streifen abgelegt hat. (NASA)

4.3.5 Kometen – Spielbälle der Sonne

Kompakt:

- Klein, flüchtig und doch allgegenwärtig
- Diskussion der Reservoirs
- Fragen nach der Herkunft bleiben offen

In einem mehrere Milliarden Jahre alten Planetensystem haben Kometen schon immer einiges Kopfzerbrechen ausgelöst, da sie erklärtermaßen

- Überbleibsel aus der Frühzeit des Sonnensystems darstellen sollen,
- zudem mit typischerweise einigen Kilometern Größe relativ kleine Eiskörper sind und
- durch ihre elliptischen Bahnen immer wieder an der Sonne vorbeigeführt wurden, wobei sie durch Sublimation periodisch Material verlieren, was sich in einem bis zu Millionen Kilometer ausgedehnten Schweif eindrucksvoll darstellt.

Trotzdem tauchen sie bis auf diesen Tag häufig am Nachthimmel auf. Wenn sie auch nicht alle gleich spektakulär sind, so sind sie sozusagen allgegenwärtig. Abb. 4.27 zeigt den Kometen Hale-Bopp mit seinem ausgeprägten Staub- und Plasmaschweif während seiner spektakulären Erscheinung im Jahre 1997. Allgemein werden die Kometen in eine kurzperiodische (Umlaufzeit < 200 Jahre) und eine langperiodische (Umlaufzeit > 200 Jahre) Kometenpopulation aufgeteilt. Die beiden Gruppen unterscheiden sich zudem charakteristisch bezüglich der Inklination ihrer Bahn: kurzperiodische Kometen bewegen sich nahe der Ekliptik, während die langperiodischen Kometen alle Winkel einnehmen können. Abb. 4.28 stellt das beste bislang erhaltene Bild eines Kometenkerns dar, nämlich den von der NASA-Raumsonde Stardust Anfang 2004 aufgenommenen Kometen Wild 2. Es ist eine Fotomontage von den Gasjets, die vom Kern ausgehen, und einer hochaufgelösten Aufnahme vom soliden Kern.

Wegen der ständigen Verlustprozesse in Sonnennähe von typischerweise ein bis zehn Metern des Durchmessers pro Umlauf muss es ein Reser-

Abb. 4.27: Der im Jahre 1997 erschienene Komet Hale-Bopp. Deutlich sind die beiden Schweife zu sehen: das bläulich gefärbte Gebiet ist der sogenannte Plasmaschweif, der eher milchige Teil der Staubschweif. Im hellen Kopf befindet sich punktförmig der Kometenkern.

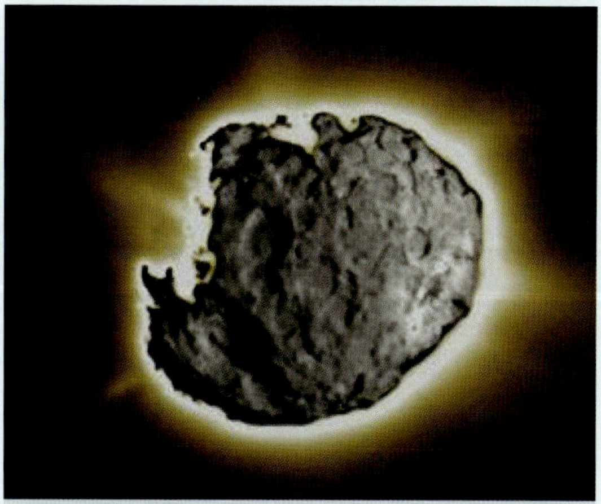

Abb. 4.28: Bislang beste Abbildung eines Kometenkerns: die des Kometen Wild 2 in einer Bildkomposition. Zu sehen sind die vom Kern ausgehenden Gasjets überlagert mit einem Bild des Kometenkerns. Dieser zeigt gut erhaltene Krater als Zeichen zahlreicher Zusammenstöße. Gleichzeitig wird deutlich, dass der Kometenkern nicht wie eigentlich erwartet ein relativ loses Aggregat von Staub und Eis, sondern ein solide aussehendes Objekt ist. (NASA, Januar 2004)

voir in großer Entfernung von der Sonne geben, das unser Planetensystem mit diesen Objekten ständig beliefert. Beim üblicherweise akzeptierten Alter unseres Sonnensystems dürfte es sonst längst keine Kometen mehr geben. Jan OORT hat 1950 aus den großen Halbachsen ihrer Bahnellipsen auf eine nach ihm benannte Kometenwolke am Rande unseres Sonnensystems geschlossen, die sich bis zu rund 100 000 AE ausdehnen soll. Sie soll Quellort der langperiodischen Kometen sein. Die Vorstellung ist, dass verschiedene gravitative Störungen gelegentlich Objekte in ihrer Bahn stören und ins Sonnensysteminnere lenken. Allerdings bleibt die Oortsche Wolke solange ein Postulat, bis sie sicher nachgewiesen ist, was wegen der großen Entfernungen und der Kleinheit der Objekte im dunklen Weltraum nicht einfach sein wird.

Doch selbst wenn es die Oortsche Wolke geben sollte, bleibt die Frage, weshalb die Bahnen der kurzperiodischen Kometen nur gering gegen die Ekliptik geneigt sind. Da kein effektiver Mechanismus für Inklinationsänderungen bekannt ist, hat Gerard KUIPER für die kurzperiodischen Kometen den nach ihm benannten Kuipergürtel (Kuiper Belt) in einer Entfernung von 30–50 AE Entfernung eingeführt. Im Jahre 1992 hat das Hubble-Weltraumteleskop mit 1992 QW1 das erste Objekt in einer Entfernung von 44 AE ausfindig gemacht. Heute sind rund 900 Objekte aus dem mutmaßlichen Kuipergürtel bekannt. Sie werden als Trans-Neptun-Objekte (TNOs) bezeichnet. Die Zahl der neuentdeckten TNOs pro Jahr wird in Abb. 4.29 dargestellt. Sie werden unterteilt in klassische KBOs (CKBOs = classical KBOs = klassische Kuipergürtel-Objekte) und den zerstreuten KBOs (SKBOs = scattered KBOs). Dabei sind ca. 10% aller KBOs SKBOs (KOREVAAR 2004). Der Unterschied liegt in der Bahnexzentrizität und der Periheldistanz (kleinster Abstand der Bahn von der Sonne). Die SKBOs kommen nahe an Neptun heran und sind daher gefährdet, von Neptun aus der Bahn geworfen zu werden. Die CKBOs dagegen bewegen sich auf nahezu kreisförmigen Bahnen in sicherer Distanz zu Neptun. Damit ergibt sich die Frage, ob diese Objekte tatsächlich Quelle kurzperiodischer Kometen sind, oder ob es sich nicht einfach um TNOs (Trans Neptune Objects) handelt, die keine direkte Beziehung zu Kometen haben. Die Bezeichnung TNO betont die Beobachtung, während die Bezeichnung KBOs eine Deutung enthält. Bleiben wir zunächst bei der Bezeichnung TNO, um deren Charakteristik zu diskutieren; danach kann schnell ihre mögliche Verwandtschaft zu Kometen beurteilt werden.

1. Verteilung der großen Halbachsen.

Sie ist in Abb. 4.30 dargestellt. Daraus lassen sich zwei Befunde ableiten:

- Es gibt ein relativ enges Band zwischen 40 und 50 AE, in dem sich fast alle Objekte bewegen
- Es gibt eine Häufung der TNOs bei 40 AE. Das sind die sogenannten Plutinos; sie haben alle dieselbe Halbachse und damit Umlaufzeit wie Pluto, die 1,5mal länger als die des Neptun ist. Sie bildet mit Neptun eine stabile Resonanz. In diesem Sinne ist Pluto ein großes TNO.

2. Rund 1% der TNOs sind Doppelobjekte („Binaries").

Bislang wurden acht TNO-Binaries gefunden, die umeinander kreisen. Dabei ist erwähnenswert, dass Pluto mit seinem fast gleichgroßen Begleiter auch ein solches Doppel bildet.

3. Die geringe Inklination der TNOs.

Bei 80% der TNOs beträgt die Inklination < 15°. Damit können sie als „Gürtel" charakterisiert werden.

4. Die Größe der TNOs.

Diese wird von der scheinbaren Helligkeit unter Annahme von Distanz und Albedo abgeleitet. Dabei wird von der Albedo von Kometen ausgegangen, wobei ältere Kometenkerne sehr dunkel sind. Bei höherer Albedo sind also die geschätzten Durchmesser eher zu groß. Die größten TNOs werden auf 1 500 km geschätzt. Damit würde Pluto zu Recht als das bisher größte TNO betrachtet.

5. Das spektrale Verhalten der TNOs.

Das populäre Modell für einen Kometen ist ein „schmutziger Schneeball". Spektralanalysen von TNOs zeigen ähnliche Signaturen, allerdings mit einem wichtigen übergeordneten Unterschied: TNOs sind eher rötlich, während Kometenkerne eher bläulich sind.

Bewertung: Wenn es bislang auch chancenlos ist, die Hypothese der Oortschen Wolke zu verifizieren und damit eine Quelle für langperiodische Kometen durch Beobachtung direkt sicher zu stellen, stellt sich nun für den viel näheren Kuipergürtel die Frage, ob wenigstens dieser nachweisbar ist. Sind also die beschriebenen TNOs als Objekte des Kuipergürtels Vertreter bzw. Vorläufer kurzperiodischer Kometen?

- *Größe.* TNOs sind etwa 10 bis 100mal größer als typische Kometenkerne. Über Kollisionen könnte dies geändert werden. Allerdings sind die Stoßraten sehr gering.
- *Verteilung.* Abb. 4.30 zeigt, dass die Anzahl der TNOs jenseits von 45 AE schnell abfällt. Sollte es an den heutigen Beobachtungsmöglichkeiten liegen, sollte der Abfall deutlich gemächlicher erfolgen. Weitere TNOs müssten deshalb viel weiter entfernt oder eben viel kleiner sein.
- *Farbe.* Die plausibelste Erklärung für eine Änderung der allgemeinen Färbung vom Rötlichen der TNOs zum Bäulichen der Kometen sind wiederum Kollisionen, durch die die Außenschicht abgetragen und das chemisch anders aufgebaute Innere offen gelegt würde. Doch auch hier stimmt die kleine Kollisionsrate eher bedenklich.
- *Binaries.* Ein größeres Rätsel jedoch stellt die Paarbildung innerhalb der TNOs dar, die immerhin für 1% der Objekte beobachtet wird, wobei die Komponenten vergleichbar groß sind.

Diese Liste zeigt, dass es trotz zahlreicher Untersuchungen eine ganze Reihe von grundsätzlichen Fragen und Geheimnissen gibt, welche die Frage nach einem Reservoir für Kometen in einem Langzeitkosmos umgeben. Beim Stand der heutigen Erkenntnis kann sicher behauptet werden, dass die Trans-Neptun-Objekte nur deshalb als Kometenquelle betrachtet werden, weil es sonst (bislang) keine schlüssige Erklärung für die Existenz kurzperiodischer Kometen gibt. Überzeugend ist diese Lösung aber auch nicht. Wurden die Kometen bislang als schmutzige Schneebälle verstanden, so haben Beobachtungen mit dem im infraroten Spektralbereich arbeitenden Spitzer-Teleskop gezeigt, dass Kometen auf ihren Bahnen regelrechte Trümmerstrecken hinterlassen in Form von soliden Staubteilchen mit einer typischen Größe von einem Millimeter. Damit hätten diese Staubteilchen den größten Anteil am Massenverlust der Kometen und das „schmutzige-Schneeball-Modell" könnte sich bald überlebt haben und durch ein „staubiges-Steine-Modell" zu ersetzen sein.

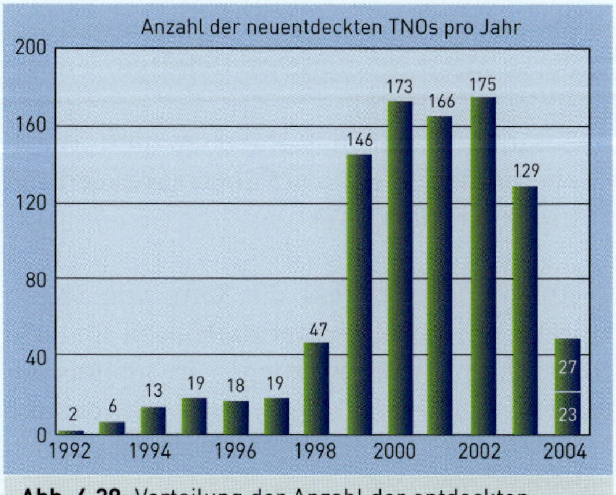

Abb. 4.29: Verteilung der Anzahl der entdeckten TNOs pro Jahr in der Zeit von 1992 – 2004. Der Balken bei 2004 ist das Ergebnis einer Hochrechnung aufgrund der bis Mitte Juni 2004 entdeckten Objekte. (Minor Planet Center, Cambridge, MA, USA)

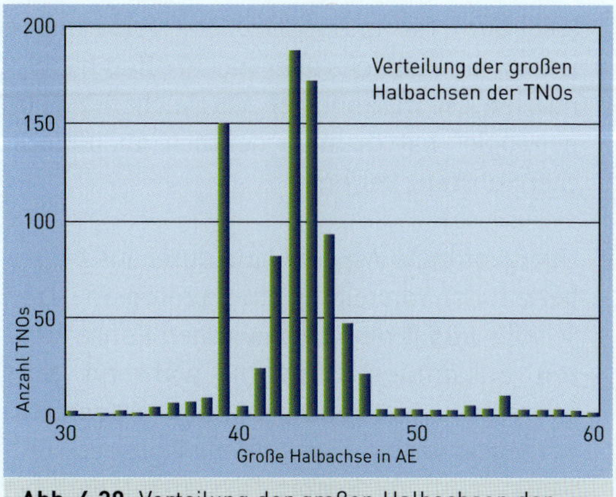

Abb. 4.30: Verteilung der großen Halbachsen der Umlaufbahnen der ca. 900 bis heute bekannten TNOs. Deutlich zu erkennen ist die Resonanz bei 40 AE und der abrupte Abfall bei < 50 AE. (Minor Planet Center, Cambridge, MA, USA)

Kompakt:

- Planetare Ringe
- Kometen
- Staubschicht auf dem Mond
- Sonnenrotation
- Retrograde Bewegungen
- Planetare Magnetfelder
- Bemerkenswerte Gegebenheiten

4.4 Zusammenfassende Bewertung

Da in diesem Buch der gesamte Kosmos im Blickfeld ist und die Planeten auf ein Kapitel eingegrenzt sind, soll diversen Fragestellungen aus unserem Planetensystem durch eine zusammenfassende Bewertung Rechnung getragen werden.

- Wir haben bei dem Verständnis der Verhältnisse unseres Planetensystems mit einer großen Einschränkung umzugehen: Wir haben nur ein einziges, das im Detail untersucht werden kann.

- Planeten haben sich als sehr individuelle Objekte herauskristallisiert und sind deshalb nicht ohne weiteres in eine Entwicklungsreihe zu stellen, wobei vorhandene Unsicherheiten Spielraum für unterschiedliche Erklärungen lassen, die ihrerseits aber (noch) offen bleiben müssen. Die Disziplin der „Vergleichenden Planetologie" hat dadurch deutlich an inhaltlicher Substanz verloren.

- Übergeordnete Aspekte sind durchaus plausibel mit der Vorstellung einer protoplanetaren Scheibe und ihren physikalischen Konsequenzen zusammenzubringen, während eine ganze Reihe von Befunden erneut Fragen aufwirft und vertraut gewordene Konzepte teilweise empfindlich stört. Dies meint, dass bei vereinfachender, grober Betrachtung die Verhältnisse einigermaßen stimmig sind, während eine ganze Reihe von Befunden im Detail auseinanderlaufen. Ob es sich bei den nachfolgenden Problemen um Details oder eher um Grundsätzliches handelt, mag der Leser selbst entscheiden.

a) Planetare Ringe

Sie sind erklärtermaßen Kurzzeitphänomene. Da sie aber nicht von Anfang an zusammen mit den Planeten existieren mussten, sind die daraus abgeleiteten Schlüsse für deren Alter nicht zwingend. Es ist jedoch bemerkenswert, dass sie bei allen vier Gasplaneten gleichzeitig zu beobachten sind (und zwar gerade dann, als wir technisch in der Lage sind, sie zu beobachten und das, obwohl für sie verschiedene Ursachen angenommen werden müssen). Zudem sind die Ringbögen bei Neptun so zu verstehen, dass die Ringteilchen noch nicht die Zeit hatten, sich über den ganzen Orbit zu verteilen, während neuere Beobachtungen mit dem Keck-Teleskop bereits einen Rückgang des Ringsystems andeuten.

b) Kometen

Die heutige Existenz der relativ kurzlebigen Kometen in einem alten Planetensystem wirft ungelöste Fragen auf. Grundsätzlich werden sie für (relativ) unmodifizierte Objekte aus der Planetenentstehungsphase gehalten. Sie unterliegen als relativ kleine, vorwiegend aus volatilen Elementen bestehende Körper Verlustprozessen durch:

- Materialabtrag bei jedem Sonnenvorbeiflug: einige Meter bei typischen Objektgrößen von einigen Kilometern
- Zusammenstöße mit Planeten- und Mondoberflächen; z. B. Komet Shoemaker-Levi mit Jupiter im Jahre 1994

Abb. 4.31 zeigt links die Kette von Bruchstücken, wie sie auf Jupiter zugeflogen sind und rechts eine der Auswirkungen in Jupiters Atmosphäre: Wie ein blaues Auge schwebt das Ergebnis eines Zusammenstoßes in der Atmosphäre.

- Änderung der Bahn durch nahe Vorbeiflüge an großen Planeten, so dass sie das Planetensystem verlassen. Es gibt dagegen keine Chan-

Abb. 4.31: Der ankommende Komet Shoemaker-Levi wurde durch die Gravitationskraft des Jupiter in 21 Bruchstücke zerlegt, die dann nacheinander in die Jupiteratmosphäre eindrangen und zerstört wurden. Das rechte Bild wurde im infraroten Spektralbereich aufgenommen. (NASA/JPL)

ce, dass uns Kometen aus anderen Systemen erreichen.

Eine bis in unsere Zeit reichende Kometenpopulation kann nur aufrecht erhalten werden durch das Postulat einer weit entfernten Kometenwolke als Langzeitreservoir. Jan Oort hat sie 1950 aus der Beobachtung von Kometenbahnen und aus der Notwendigkeit, ein Reservoir zu brauchen eingeführt. Wegen der typischen Inklinationsverhältnisse der Kometenbahnen wurde von Gerard Kuiper der nach ihm benannte Kuipergürtel eingeführt.

Es hat sich zwar öfter bewährt – und dies gehörte zu den Highlights der Physik – Aspekte aufgrund von Beobachtungen zu postulieren, um entsprechende Untersuchungen einzuleiten. Ob dieser Erfolg auch der Oortschen Wolke und dem Kuipergürtel einmal zukommen wird, muss offen bleiben. Denn die Verhältnisse von kleinen, dunklen Körpern in großer Entfernung von bis zu 100 000 AE entziehen sich (bislang) eines Nachweises. Dagegen könnten Kuipergürtel-Objekte als Proto-Kometen nachweisbar sein. Bisherige Untersuchungen zum Kuiper-Gürtel geben jedoch wenig Anlass zur Hoffnung, hier die benötigten Kometenvorläufer zu finden.

c) Dicke Staubschicht auf dem Mond

Im Raum zwischen den Planeten vagabundieren Objekte unterschiedlichster Größe. Begünstigt durch die Gravitationswirkung von Planeten und Monden stoßen sie mit denselben in einem Impaktvorgang zusammen. Freie Oberflächen ohne Atmosphäre sind davon unmittelbar betroffen. Der aus diesen Krater-bildenden Prozessen stammende oder direkt aufgesammelte interplanetare Staub bedeckt zunehmend die entsprechenden Oberflächen. Planeten- und Mondoberflächen werden so zu „Geschichtsbüchern" für die Astrophysiker. Die aufgesammelte Menge ist als Funktion der Zeit teilweise direkt messbar oder genügend genau abschätzbar. Rechnet man die Menge auf besagte Milliarden Jahre hoch, so sollte sich auf dem Mond eine mehrere Meter dicke Staubschicht abgelegt haben. Jedoch haben z. B. menschliche Fußspuren auf dem Mond nur wenige Zentimeter losen Staubes gezeigt. Aus dieser Sicht scheint der Mond jünger zu sein als bislang ermittelt. Es gilt jedoch heute als allgemein akzeptiert, dass sich mit der Zeit insbesondere unter den Temperaturschwankungen auf der Mondoberfläche die zunächst lose Staubschicht in einer Art kaltem Sinterprozess verfestigt hat. Damit kann nicht mit der unerwartet dünnen Schicht gegen hohe Alter argumentiert werden, weil eben ein gut Teil davon in sogenannten Brekzien unter der losen, obersten Staubschicht vorkommt.

d) Sonnenrotation

Im Falle der Bildung unserer Sonne aus einem Urnebel sollte diese entsprechend ihrer Kontraktion immer schneller rotieren wie die Tänzerin bei einer Pirouette (Sterne zeigen gelegentlich polare Jets, um den zunehmenden Drehimpuls abzuführen). Das zu erwartende Ergebnis wäre eine schnell rotierende Sonne. Tatsächlich bewegt sie sich eher behäbig mit einer Umdrehung am Äquator in 24 Tagen und 16 Stunden in Polnähe. Diese langsame Rotation bedeutet, dass die Sonne mit ihrer 745fachen Masse der um die Sonne umlaufenden Körper nur rund 0,5% des gesamten Drehimpulses im Planetensystem repräsentiert.

Nun wird das Bild stimmig gemacht durch die Annahme einer Koppelung über das Magnetfeld, welche die Rotation der Sonne verlangsamt und die des restlichen Materials zur Planetenbildung beschleunigt. Dies ist ein delikates Problem, das selbst durch jahrelange Arbeit nicht befriedigend gelöst ist. Es muss nüchtern festgestellt werden, dass die Verteilung des Drehimpulses der beteiligten Objekte nicht gut mit der Vorstellung einer protoplanetaren Scheibe übereinstimmt. Um die Sache noch ein bisschen komplizierter zu machen: Die Sonnenachse ist um mehr als 7° gegen die Ekliptik geneigt.

e) Retrograde Bewegungen

Aus der Entwicklungsvorstellung von Planeten aus einer protoplanetaren Scheibe würde man erwarten, dass alle Objekte im gleichen Drehsinn umlaufen. Das tun sie aber nicht:

- Die Venus rotiert retrograd und zwar mit relativ langsamer Geschwindigkeit, während ihre obere Atmosphäre sich relativ schnell um den Planeten bewegt

- Uranus liegt mit seiner Rotationsachse in der Ebene der Ekliptik und rollt sich ab wie ein Wagenrad. Gerne wird von Planetenrotationsachsen als von Flipflops gesprochen, deren Ausrichtung sich spontan ändern kann. Die Erde würde glücklicherweise durch die Gravitationswirkung ihres außergewöhnlich großen Mondes stabilisiert. In diesem Sinne befände sich Uranus in einer transienten Phase, während die Venus dies bereits hinter sich hätte. Aber es könnte auch ganz anders gewesen sein.

- Es gibt eine Reihe von Monden, die sich wie interplanetare Geisterfahrer verhalten, indem sie entgegen dem allgemeinen Drehsinn umlaufen. Grundsätzlich bringt man das zusammen mit eingefangenen Objekten. Wenn sie dann allerdings auf sehr kreisrunden Bahnen umlaufen, wie der Neptunmond Triton, dann ist das zumindest sehr bemerkenswert.

f) Planetare Magnetfelder

Sie werden klassisch mit einem Dynamoeffekt in ihrem Innern in Verbindung gebracht: Komplizierte Bewegungen geschmolzener, elektrisch leitender Materie erzeugen einen magnetischen Dipol, dessen Achse leicht gegenüber der Rotationsachse geneigt ist, was für die Erde und Jupiter gegeben ist. Bei Saturn dagegen sind beide Achsen identisch.

Vor Voyager gab es keine bestätigten Messungen zu Magnetfeldern von Uranus und Neptun. Sie fielen so ungewöhnlich aus (exzentrische Lage, mit über 50° eine auffallende große Neigung zur Rotationsachse des Planeten), dass dafür ein anderer Effekt herangezogen wurde. Es wird von oberflächennahen Schichten gesprochen, die dafür verantwortlich sein sollen. Die Entstehungsweise ist damit allerdings nicht geklärt.

g) Bemerkenswerte Gegebenheiten

- **Ungewöhnlich austarierter Abstand zwischen Sonne und Erde**

Eine heißere und gleichzeitig weiter entfernte Sonne könnte grundsätzlich für den gleichen Temperaturhaushalt der Erde sorgen wie wir ihn kennen. Allerdings würde sie dabei gleichzeitig mehr ultraviolette Strahlung erzeugen, was verheerende Folgen für das Leben auf der Erde hätte. Dagegen würde eine nähere, kühlere Sonne zu viel Infrarot- und zu wenig optische Strahlung erzeugen, womit Prozesse der Photosynthese beeinträchtigt würden. Damit steht die Erde in einem bemerkenswert abgestimmten Verhältnis zu einer für den Erhalt des Lebens unabdingbaren Sonne.

Würde die Erde z. B. auf einer etwas engeren Bahn um die Sonne kreisen, wäre deren Einstrahlung größer. Es wäre wärmer und es würde mehr Wasser aus den Ozeanen verdunsten. Die Luft enthielte mehr Wasserdampf, der den Wärmefluss nach außen behindern würde. Die Erde würde zu einem Treibhaus. Ein größerer Abstand würde eine Abkühlung und damit eine Vereisung einleiten, die sich dabei noch selbst verstärken würde. Denn die Polkappen würden sich vergrößern, womit die lokale Reflektivität erhöht und noch mehr Wärmestrahlung ungenutzt in den Weltraum zurückreflektiert werden würde. Schließlich noch eine Anmerkung für Ästheten: Für das grandiose Schauspiel einer totalen Sonnenfinsternis müssen Sonne und Mond ungefähr die gleiche Winkelgröße besitzen, was eine gute Abstimmung der Kombination zwischen Abstand und Größe von Sonne und Mond bedarf. Die Durchschnittswinkelgröße von Sonne und Mond sind praktisch identisch – nur ein erstaunlicher Zufall?

- **Bemerkenswerte Wirkung von Erdatmosphäre und Erdmagnetosphäre**

Die strahlenabsorbierende Funktion der Atmosphäre wurde bereits in Kap. 1.1 diskutiert und illustriert. Das für den Astronomen zunächst Störende – nämlich die Beschneidung des Informationszugangs durch Absorption hochenergetischer Strahlung – erweist sich als lebenserhaltendes Moment, das die Beobachtung (auch des Gefilterten) erst möglich macht. Wäre dieser Schutz durch unsere Atmosphäre nicht gegeben, würden wir nicht nur permanent geröntgt werden; Leben würde ausgerottet, der Planet Erde sterilisiert werden. Die Erdmagnetosphäre schützt uns auch vor dem ständigen Bombardement durch Sonnenwind, die Erdatmosphäre vor Meteoriten, die je nach Größe und Beschaffenheit während ihres Fluges durch die Atmosphäre zerstört, zerkleinert oder abgelenkt werden können. Letztlich wirkt die Atmosphäre wohltuend und ausgleichend auf die sich ausbildenden Tag- und Nachttemperaturen und ist notwendig für die Wettermaschine der Erde. Von dem Rausch der Farben eines Sonnenuntergangs überm Meer einmal ganz abgesehen, den sie erzeugt.

Der Schutzschild der Atmosphäre wird nun noch effektiv unterstützt und erweitert durch die Wirkung der Magnetosphäre, deren Ursache unser Erdmagnetfeld ist. Sie umgibt schützend unsere Umgebung zum Weltraum hin, während die Erde mit Überschallgeschwindigkeit durch den Sonnenwind – einen von der Sonne freigesetzten Teilchenstrom – rast. Es ist kein (höheres) Leben auf einem Planeten ohne Magnetosphäre denkbar. Zudem sind die Pole der Erdmagnetosphäre verantwortlich für das grandiose Schauspiel des Polarlichts.

- **Das nasse Element**

Wir können durch das ganze Planetensystem reisen und werden auf keiner der zahlreichen Planeten- oder Mondoberflächen auch nur eine Wasserpfütze finden. Wasser ist aber unbedingt notwendige Voraussetzung für das Leben, wie wir es kennen. Wir finden es deshalb nicht nur dort, wo Ozeane und Meere sind, sondern überall auf der Erde. Im Vergleich zu den Sandsteppen des Mars oder den Steinwüsten des Mondes ist selbst die Sahara noch ein nasser Schwamm. Wasser finden wir an jedem Ort der Erde. Die Wolken bringen es mal da, mal dort hin. Mal regnet es, mal schneit es; sogar in den Wüsten fällt Tau.

Auf der Erde befinden sich insgesamt ungefähr 1,4 Milliarden Kubikkilometer Wasser in einem unaufhörlichen Kreislauf. Der Anteil des Wassers in der Atmosphäre beträgt weniger als ein Hunderttausendstel des Gesamtwasservorrats, ist aber für das Klima und damit für das Leben von grundlegender Bedeutung. Jene 13 000 Kubikkilometer Wasser in der Atmosphäre sind als Wasserdampf vorhanden und würden – auf die Erde verteilt – eine Wasserhöhe von nur 25 Millimetern ergeben. Da die mittlere Niederschlagsmenge bei 970 Millimetern liegt, bedeutet dies, dass das atmosphärische Wasser jährlich etwa 30mal ausgetauscht wird. Damit ja nichts von dem kostbaren Nass verloren geht, gibt es eine Art eingebaute Wasserdampfsperre: Im Bereich von 5 bis 20 Kilometern Höhe gefriert der Wasserdampf in Form von Eiskristallen aus. Sie sinken infolge der Schwerkraft ab. Auf diese Weise wird geradezu blockadeartig das Abdampfen von Wasser in den Weltraum verhindert, und wir erhalten einen wohltemperierten, lebensfreundlichen Wasserplaneten, der aber zunehmend von dem bedroht wird, für den er gemacht wurde.

– **Kosmische Effekte beeinflussen das Wetter**

Neuere Untersuchungen haben zudem gezeigt, wie gar kosmische Effekte unser Wetter beeinflussen können. Es geht dabei um kosmische Strahlung, hochenergetische Teilchen, die von explodierenden Sternen sonstwo in unserer Galaxie ausgespuckt werden. Sie können Einfluss nehmen auf die Temperatur unserer Erde (Hogan 2004). Dabei sollen kosmische Teilchen beim Eindringen in unsere Atmosphäre die Moleküle als Stoßpartner ionisieren, was dann im Ganzen gesehen Anlass zu Wolkenbildung gibt. Bei reduziertem Teilchenfluss werden folglich weniger Wolken gebildet, was zur Erwärmung der Erde beiträgt. Untersuchungen von Satellitendaten der letzten 20 Jahre zeigen, dass das Wolkenmuster über eine Periode von rund 10 Jahren variiert und somit nahe bei dem 11jährigen Sonnenfleckenzyklus liegt. Eine vermehrte Fleckenhäufigkeit lässt die Feldstärke des solaren Magnetfeldes wachsen. Kosmische Strahlen werden daran effektiver abgelenkt. Damit werden bei höherer magnetischer Feldstärke weniger kosmische Strahlen die Erde erreichen und weniger Wolkenbedeckung auslösen.

Am Ende des Kapitels zu Planetensystemen soll noch eine Postkarte gezeigt werden, welche die japanische Asteroidensonde Hayabusa Ende 2005 von sich aufgenommen hat: Sie flog – die Sonne im Rücken – auf den Asteroiden Itokawa zu, während ihr Schattenwurf auf der Asteroidenoberfläche abgebildet wurde. In Abb. 4.32 wird das Szenario gezeigt. Nach einer Reise von rund einer Milliarde Kilometern sollte das kleine Landegerät abgesetzt werden; leider erreichte es wegen einiger 100 m nicht die Oberfläche des Asteroiden und kreist nun als kleine Sonde um die Sonne. Leider ist auch nicht klar, ob sie bei ihrer Landung Staub aufgesammelt hat, der dann nach bisheriger Planung im Sommer 2007 in Australien auf der Erde landen sollte.

Der rund 700 m x 305 m große Brocken hat überrascht: Im Gegensatz zu Eros mit 33 km Größe sieht man fast keine Krater. Ein Argument könnte die kleine Größe sein. Mit rund einem Fünfzigstel seiner Größe im Vergleich zu Eros

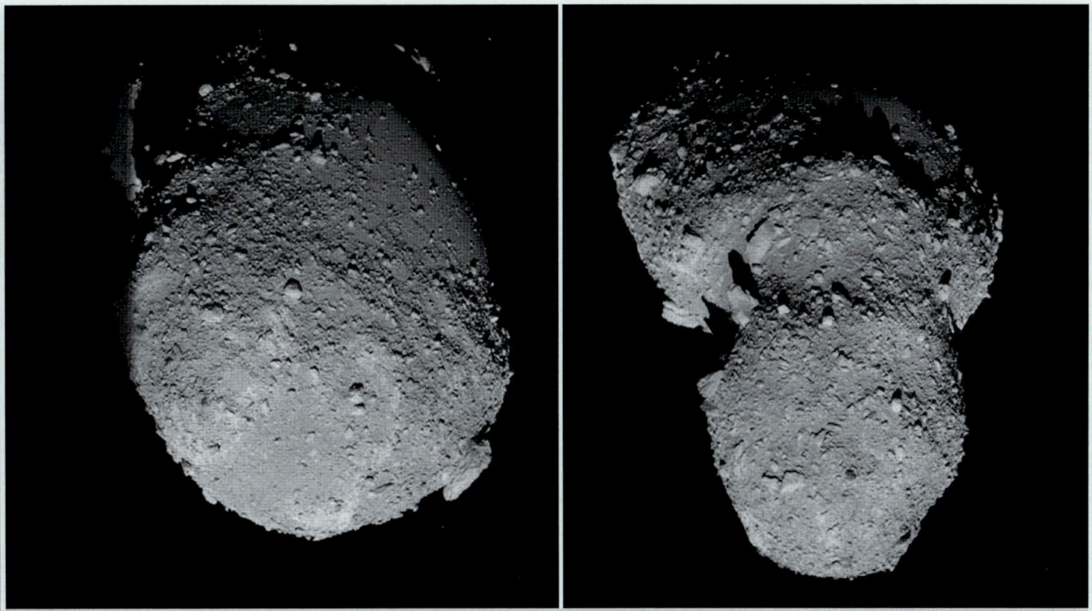

Abb. 4.32: Der Asteroid Itokawa, auf dessen Oberfläche die Silhouette der Raumsonde Hayabusa projiziert wurde. Das Bild auf der rechten Seite zeigt die außergewöhnlich schroffe Oberfläche des Asteroiden, die wegen des Fehlens einer Staubschicht und von Einschlagskratern auf ein junges Alter schließen lässt. (JAXA)

könnte der Körper recht jung sein und mag deshalb noch nicht das feine Puder auf der Oberfläche erzeugt haben. Ein anderer Punkt könnte auch sein, dass die Sonne beim Abtransport des feinen Materials eine Rolle spielte, nämlich durch ihre UV-Strahlung: Es könnten Elektronen aus dem Oberflächenmaterial herausgeschlagen worden sein, die dann aufgrund elektrostatischer Kräfte davonschwebten. Manche halten gar einen großen Einschlag als Ursache für möglich, wobei dieser auch andere Spuren hinterlassen haben müsste.

(Bild: Digital Stock/NASA)

«Das als wahr Erkannte ist oft nur eine Decke aus dünnem Eis mit unbekannten Tiefen darunter.»
H. Markl, Biologe

5. Modell und Wirklichkeit

«Science is the culture of doubt.»
Richard Feynman, Physiker

Kompakt:

- Aus einem Naturbild folgt nicht eindeutig ein Weltbild
- Basis eines Naturbildes ist das Modell
- Die „Wahrheit" der Modelle liegt in ihrer Bewährung
- Daten bedürfen einer Deutung

Der Mensch versucht, sich ein Bild zu machen von der Wirklichkeit, in der er lebt, Zusammenhänge zu sehen und diese „berechenbar" zu machen, auch da, wo sich zunächst nur unverstandene Einzelphänomene zeigen oder Teilzusammenhänge, die ihn nicht befriedigen und die er noch in umfassendere Zusammenhänge eingliedern möchte. Er sucht im weiteren Bereich seiner Erfahrungen und Einfälle nach Vorstellungen und Denkrastern, mit denen ihm das gelingt.

Dieses Streben nach Vereinheitlichung des menschlichen Denkens, mit möglichst wenig „Prinzipien" eine möglichst große Anzahl von Phänomenen zu „erklären" und einzuordnen, zielt heute im Letzten auf das mit einer „Weltformel" beschreibbare Weltbild ab („Theory of Everything"). Während früher ein Weltbild dogmatisch den Ausgangspunkt für Erklärungen bildete, scheint es heute eher ein Endprodukt zu sein, auf das wissenschaftliches Arbeiten abzielt. Ein Paradigmenwechsel? Das kann durchaus bezweifelt werden, da auch heute grundlegende theoretische Vorstellungen die Forschung und die Interpretation ihrer Ergebnisse leiten – und leiten müssen.

5.1 Vom Weltbild zum Naturbild

Im Mittelalter gab es im Abendland ein einheitliches vom Christentum geprägtes Weltbild. Mit dem Humanismus und der Reformation begann die Entwicklung mehrerer konkurrierender Weltbilder, und die Aufklärung suchte im Glauben an den Fortschritt und die Möglichkeiten der Wissenschaft den Menschen aus seiner vermeintlich „selbstverschuldeten Unmündigkeit" (Immanuel Kant) zu führen. Dabei sollte mit dem Begriff „Weltbild" immer ein Sinnganzes und der Rückbezug auf das eigene Lebensverständnis erfasst werden.

Heute wird landläufig ein Weltbild mit einem naturwissenschaftlichen Weltbild verbunden, was nach W. Heisenberg eigentlich ein Naturbild ist, weil Naturwissenschaft mehr nicht leisten kann. Nach dem bereits Geschilderten ist nicht überraschend, wenn nun das Naturbild in Abb. 5.1 als eine Untermenge eines Weltbildes dargestellt wird.

Im Naturbild beschreibt Physik funktionale Zusammenhänge angemessen und verbindlich, nachdem sie zuvor geeignete Randbedingungen postuliert hat. Insbesondere ist es dabei Aufgabe der Physik, Beschreibungen für Vorgänge in unserer Welt zu finden, allein unter der Anwendung bekannter Naturgesetze – und ohne Eingriff von außen. Das ist die eigentliche Aufgabe der Naturwissenschaft.

Da das Naturbild eine Untermenge des Weltbildes ist, kann Letzteres zwar naturwissenschaftliche Aussagen enthalten, aber nicht einfach und eindeutig aus ihnen gefolgert werden. Beide Bilder passen keinesfalls immer spannungsfrei zueinander, aber es scheint lohnend, ihr Verhältnis genauer zu betrachten. Unter unseren Zeitgenossen gibt es Naturwissenschaftler mit unterschiedlichen Weltbildern. Aus einem Naturbild folgt nicht zwangsläufig und eindeutig ein Weltbild. Weltbilder gibt es nicht einfach und sie werden auch nicht durch bloße Forschung entdeckt: Wir machen uns welche.

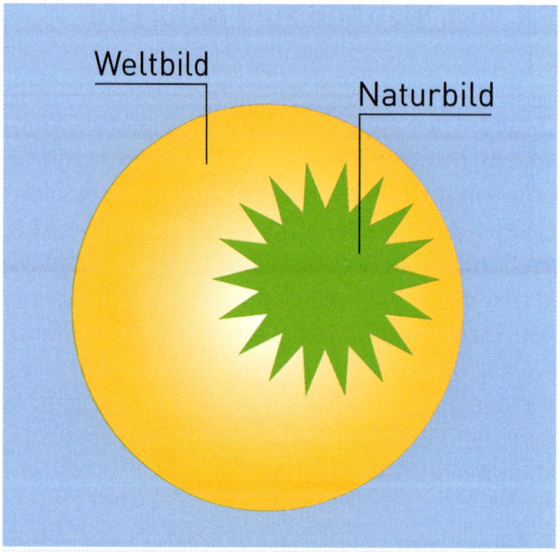

Abb. 5.1: Prinzipielle Darstellung des Naturbildes als Untermenge eines Weltbildes.

Naturwissenschaftliche Forschung im klassischen Sinn versteht sich ausschließlich als Erkenntnismethode, mit der nachweisbares Wissen gewonnen werden kann. Sie ist deshalb „nur“ für das Sichtbare, Messbare und (unabhängig von Raum, Zeit und Beobachter) Reproduzierbare (s. Einschränkungen in Kap. 1) zuständig. Wenn wir Experimente durchführen, so fragen wir die Natur aus. Der Naturwissenschaftler kann nur dort mit Aussicht auf eine Antwort fragen, wo er beobachten kann. Aussagen, die darüber hinaus gehen, können allenfalls als indirekt erschlossene Erkenntnis gelten, z. B. durch Extrapolation von Bekanntem auf Unbekanntes, was nicht mehr als abgesichertes Wissen gelten kann. Dies hat Hans-Peter Dürr vor einigen Jahren in seinem Buch „Das Netz des Physikers“ sehr deutlich gezeigt. Alles Übernatürliche abzuschaffen, nur weil es messend nicht zu erfassen ist, würde bedeuten, die Naturwissenschaft als Alleinklärungsinstanz zu überhöhen, und ist nicht wirklich zielführend, weil er mögliche Optionen ohne hinreichende Begründung ausschließt. Das gilt insbesondere für Ursprungsfragen, um die es hier geht. Soweit diese Aufgabe naturwissenschaftlich angegangen werden kann, lautet die Frage also: Wie ordnen wir wissenschaftliche Beobachtungen unter der Annahme der universellen Gültigkeit der uns heute bekannten naturwissenschaftlichen Gesetzmäßigkeiten in ein einfaches, möglichst in sich widerspruchsfreies, zeitabhängiges Modell ein?

Wird ein hinlänglich widerspruchsfreies Bild erreicht, so stellt der Anfangszustand des Modells für die Kosmologie eine naturwissenschaftliche Antwort auf die Frage nach dem Ursprung dar. Ob allerdings der auf diese Weise skizzierte Weg der tatsächliche war, bleibt grundsätzlich offen. Denn eine Reproduktion der wirklichen Kosmosentstehung ist nicht möglich. Vielmehr kann es nur um Erklärungsversuche gehen, die möglichst weder den uns heute bekannten Naturgesetzen noch den heute bekannten Beobachtungsdaten widersprechen.

Ist das nicht zu gering gedacht? Nein. Wissenschaftliche Modelle und Erklärungen sind grundsätzlich vorläufig. Sie sind zu jedem Zeitpunkt stets die wissenschaftlich wahrscheinlichsten Erklärungen und Modelle. Sie können aber infolge neuer Experimente und Messungen erweitert, korrigiert oder verworfen werden. Dies wurde vor allem von Karl Popper in seinem Buch „Logik der Forschung" betont. In diesem Sinne ist auch das gängige Entwicklungsmodell der Standardkosmologie als vorläufig anzusehen. Ob oder inwieweit es der Wirklichkeit entspricht, ist nicht sicher zu sagen. An dieser Grenze beginnt die Domäne persönlicher Überzeugungen und Bekenntnisse. Viele Forscher vermuten, dass einem einigermaßen widerspruchsfreien Modell in hohem Maße ein wirklichkeitsbezogener Impetus zukommt, der deshalb vielen geeignet erscheint, das Modell bereits für die Wirklichkeit (was immer dieser Begriff genau bezeichnet) zu nehmen. Diese Instrumentalisierung der Modelle ist aber nicht zwingend. Jedes Modell repräsentiert eben nur eine mögliche Erklärung und bezieht sich zudem in der Regel nur auf bestimmte Aspekte der Realität. Das umfassendere, detailliertere Modell ist nur mit einer höheren Wahrscheinlichkeit korrekt und zutreffend, mehr nicht. Wir hatten dies schon bei der Betrachtung des Standardmodells und der Alternativen gesehen. Das Standardmodell erklärt derzeit mehr Phänomene als andere Modelle und wird deshalb von der Mehrheit der Wissenschaftler favorisiert. Ob es deshalb schon zutreffend ist, oder zumindest näher an der Wirklichkeit als die konkurrierenden Modelle, ist eine ganz andere Frage, die nicht im Rahmen wissenschaftlicher Methodik beantwortet werden kann.

5.2 Das Modell als Trivialisierung der Welt

Daten sind die Basisinformation, die jedoch ohne Interpretation nicht aussagekräftig ist. Die Natur ist zu komplex, um sie umfassend beschreiben zu können. Deshalb bildet die Voraussetzung einer Einordnung in ein Naturbild ein entsprechendes Modell. Das Modell ist etwas, womit wir anstelle einer nicht fassbaren Wirklichkeit operieren, wobei durch Projektion der Natur auf einzelne Parameter eine Trivialisierung der Natur passiert. Damit ist für das Modell nicht die Natur das Original, sondern eine durch bestimmte Filter präparierte Welt. Beim Naturbild handelt es sich eigentlich nicht um das Bild der Natur – wie das Wort nahe legen könnte – sondern um ein Bild unserer Beziehungen zur Natur. Die „Wahrheit" der Modelle (=Karikatur der Wirklichkeit) liegt allein in ihrer Bewährung, sprich wie gut sie Daten einordnen können. Naturwissenschaft kennt keine andere Autorität. Die Vorläufigkeit der Modelle wurde bereits betont. Sie dienen lediglich der Systematisierung und der Vorhersagbarkeit. Allerdings zeigt z. B. die Breitenwirkung des Urknallmodells den weltbildstiftenden Charakter naturwissenschaftlicher Modelle.

Modelle können immer nur Teilaspekte unserer Welt modellieren. Beispiel: Ein Fischer, um nochmals mit H.-P. Dürr zu sprechen, arbeitet mit einem Netz einer gewissen Maschenweite von 5 cm und analysiert dann seinen Fang. Er stellt danach fest: Alle Fische sind größer als 5 cm. Er muss allerdings schnell einsehen, dass diese Aussage unmittelbar mit der Maschenweite seines Netzes zusammenhängt. Naturwissenschaftliche Modelle haben teilweise eine große Maschenweite.

Bewertung: Weltbild ist das ganze Haus, Naturbild lediglich ein Teil seiner Räume. Mit jeder Verfeinerung der naturwissenschaftlichen Methodik sind natürlich immer detailliertere Einsichten möglich (Wandstärke, Größe der Zimmer etc.). Diese Details mögen gar zu unterschiedlichen Häusern passen. Allerdings kommt das ganze Haus auf diesem Wege nie in den Blick. So findet sich auch keine Abbildung des Architekten im jeweils gewählten Teil. Wer allerdings deshalb die Existenz des Architekten leugnet, zeigt nur mangelndes Methodenbewusstsein. Naturwissenschaft kann keinem die Entscheidung für oder gegen ein Weltbild abnehmen. Sie kann dafür nur Anhaltspunkte liefern.

Unsere persönliche Sicht als Autoren gründet in der Überzeugung, dass wir der Wirklichkeit der Welt am ehesten gerecht werden, wenn wir von einem Ineinander-Verwobensein von sichtbarer und unsichtbarer Wirklichkeit ausgehen, so dass die Welt der Naturwissenschaft nur als Teilmenge der Gesamtwirklichkeit aufscheint, sozusagen als Weltvordergrund. Uns ist bewusst, dass wir mit solchen persönlichen Aussagen den Rahmen naturwissenschaftlicher Sätze verlassen. Solche Bekenntnisse hängen an persönlichen Voraussetzungen, die nicht naturwissenschaftlich begründbar sind, sondern Grundüberzeugungen widerspiegeln. Ihre Gültigkeit ist in einem wissenschaftlichen Kontext nicht demonstrierbar.

5.3 Anpassbare Parameter

Computer-Simulationen sind gängige, unersetzliche Elemente des naturwissenschaftlichen Erkenntnisprozesses. Man muss sich allerdings der Grenzen einer softwaremäßigen Simulation bewusst sein:

- werden sie mit angemessenen, realistischen Randbedingungen gestartet?
- beschreiben sie den ganzen Prozess adäquat?

Allerdings verführen die Möglichkeiten heutiger Computer zur Einführung von zahlreichen anpassbaren Parametern, wozu im nächsten Abschnitt ein Beispiel gegeben wird. Das Ergebnis sind Modelle mit großer Maschenweite, d. h. sie erfassen nur einen (eventuell kleinen) Teil der Realität. Computer mit ihren Simulationsmöglichkeiten fördern den Glauben an die Möglichkeit einer Modellierung. Er scheint fast eine Art Religion der jungen Generation zu sein. Man sitzt vor diesen Wundermaschinen, die auf Kommando Wirbelstürme simulieren und Steuererklärungen ausspucken. Hier hat sich teilweise ein Prozess verselbständigt, der weitgehend das Experiment ersetzt.

Eine oft vorgebrachte Kritik trifft einen Trend in der modernen Physik zu zahlreichen, anpassbaren Parametern. Wenn auch solche Theorien Vorhersagen machen, so geht das auf Kosten ihrer Eindeutigkeit, siehe Abb. 5.2. Im Extremfall können weitgehend unterschiedliche Daten auf irgendwelche Weise in flexible Theorien eingebaut werden, so dass in letzter Konsequenz die Theorie durch ihre Flexibilität unwiderlegbar ist. In der Zuspitzung könnte das Strickmuster folgendermaßen lauten: Überprüfe die Vorhersage anhand der Daten. Gelingt die experimentelle Bestätigung nicht unmittelbar, dann erreiche eine Übereinstimmung – oder vermeide zumindest einen Widerspruch – durch Einführung anpassbarer Parameter oder gehe zu einer leicht modifizierten Theorie über.

Abb. 5.2: Humoristische Betrachtung des Unterschieds zwischen Theorie und Praxis

5.4 Konstanz der Konstanten

> «Die Naturkonstanten spiegeln zugleich unser größtes Wissen und unsere größte Ratlosigkeit wider.»
>
> John Barrow, Astrophysiker an der Universität Cambridge

Was könnte mehr ermüden als eine Debatte über etwas, das sich gar nicht ändert? Doch Kosmologen und Physiker geraten regelmäßig aus dem Häuschen, spricht man die „Konstanz der Naturkonstanten" an. Sieht man jedoch, wie dieses Thema das Selbstverständnis von Astronomen und Teilchenphysikern gleichermaßen berührt, wird die Aufregung klar: Zweifel an der Konstanz der Konstanten ist ein Tatbestand zwischen physikalischer Sensation und globaler Katastrophe.

Man kennt heute ein System von rund 25 Naturkonstanten. Meist werden sie in den Lehrbüchern der Physik als Fundamente der Naturwissenschaft wie die 10 Gebote aufgelistet, während sie von anderen Experten für „menschliche Konstrukte" gehalten werden. Immer wieder tauchen z. B. Berichte zu einer variablen Lichtgeschwindigkeit auf, verschwinden aber meist auch schnell wieder.

Sicher ist diese Polemik nicht ganz ernst gemeint. Doch der Grundsatzstreit unter den Physikern ist echt – und die Thesen sind radikal. Gelegentlich scheint nichts mehr heilig: Newtons Gravitationskonstante? Schwankt wie der Börsenkurs. Die Lichtgeschwindigkeit im Vakuum, deren Konstanz für Einstein das Fundament seiner Relativitätstheorie war? Plötzlich soll sie alles andere als konstant sein. Die Ladung des Elektrons? Mal größer, mal kleiner. Ob solcher Berichte wackelt für manche schon die gesamte moderne Physik.

Die Physiker hassen und lieben ihre Konstanten zugleich. Einerseits wäre Physik ohne Konstanten nicht denkbar. Auf der anderen Seite wurmt es den Physiker, dass er einige Faktoren in seinen Formeln gleichsam von Hand hinzufügen muss. Max Planck träumte von einer Theorie mit einer einzigen Konstanten, aus der alles andere ableitbar wäre. Bis heute weiß niemand, ob die Naturkonstanten nur Zufälle sind oder sich aus grundlegenden Prinzipien ableiten lassen.

Am meisten ärgern sich die Physiker über die krummen Werte der Naturkonstanten. Dass das Licht in unserem Einheitssystem mit 299 792 Kilometern pro Sekunde durch das All flitzt, ist dabei noch das geringste Übel. Was den Physikern mehr Kopfschmerzen bereitet, sind fundamentale Konstanten wie die Feinstrukturkonstante Alpha. Sie sind aus anderen Konstanten derart zusammengesetzt, dass die vom Menschen willkürlich festgelegten Maßeinheiten sich herauskürzen. Alpha kommt ohne Gramm, Meter und Sekunde oder Ähnliches aus und ist ein reiner Zahlenwert – ungefähr 1/137,036. Der merkwürdige Bruch wurde 1915 von A. Sommerfeld eingeführt, um die Bahnen der Elektronen um den Atomkern zu beschreiben. Seitdem rätselt man, warum gerade eine „hässliche" 137 unter dem Bruchstrich steht. Den Quantenphysiker W. Pauli verfolgte dieser seltsame Wert bis an sein Lebensende: Er soll in einem Krankenzimmer mit der selben Nummer gestorben sein.

Obwohl die Naturkonstanten mit immer größerer Genauigkeit vermessen werden können, sind ihre Werte nicht erklärbar. Sie bergen sozusagen das letzte Geheimnis des Universums. Das System der Naturkonstanten gleicht einem sorgsam austarierten Kartenhaus. Das Haus ist stabil, solange sich nichts bewegt. Doch die kleinste Änderung irgendwo könnte alles zum Einsturz bringen. Ganz unten im Kartenhaus steckt Alpha: „Wenn der Wert von Alpha weiter wächst", sagt der israelische Theoretiker J. Bekenstein, „werden die Atome eines Tages zusammenstürzen." Das Universum würde dann nur noch aus Strahlung bestehen. Keine Materie, kein Leben – ziemlich langweilig. Einziger Trost: Das traurige Ende ist noch in weiter Ferne, wenn die Sonne längst erloschen ist.

Was hat es mit möglichen Schwankungen der Feinstrukturkonstanten auf sich? Wie wird sie gemessen? Nachstehend als Stichwort zusammenfassend und ohne hier weiter darauf einzugehen die gängigen Methoden, während der Diskurs zu einer möglichen Zeitabhängigkeit der Feinstrukturkonstanten anschließend angesprochen wird.

- **Aus Spektren entfernter Quasare (0.6 < z < 3):**
  – finden Flambaum, Webb et al. mit dem Keck Teleskop: Für z>1 war die Feinstrukturkonstante um 0.0005% kleiner als heutige Laborwerte. Allerdings sind die Fehlerbalken groß.
  – finden Srianand et al. mit dem ESO VLT Teleskop: keine Änderung der Feinstrukturkonstanten
- **Aus der Untersuchung des natürlichen Oklo Kernreaktor mit einem geschätzten Alter von 2 Mrd. Jahren:**
  – finden Damour und Dyson: keine Änderung der Feinstrukturkonstanten
  – finden Lamoreaux und Torgersen nach erneuter Analyse der Daten: leichte Änderung der Feinstrukturkonstanten
- **Aus Laborexperimenten:**
  – finden Hänsch et al.: zwischen 1999 und 2003 änderten sich Feinstrukturkonstanten nicht.

Ausgelöst wurde die Diskussion im Jahre 2002, als ein internationales Forscherteam die Auswertung von Spektren weit entfernter Sterne präsentierte. Sie wurden an Objekten in einer Entfernung von 11 Milliarden Lichtjahren mit dem Keck-Teleskop auf Hawaii gemessen. Die charakteristischen Spektrallinien dieser fernen Objekte sind so etwas wie der Strichcode der frühen Materie. Dabei wurde beobachtet, dass die Lichtwellen von Eisen, Nickel, Magnesium, Zink und Aluminium weiter draußen im All etwas andere Frequenzen haben sollen als die Spektren dieser Elemente auf der Erde. Das Ergebnis war: Alpha – so etwas, wie die Mutter aller Naturkonstanten – hatte im frühen Universum einen etwas kleineren Wert als heute (da Alpha als Produkt anderer Naturkonstanten geschrieben werden kann, z. B. der Vakuumlichtgeschwindigkeit, des Planckschen Wirkungsquantums etc. müssen sich auch diejenigen fragen, was sie tun, die mit der Konstanz der Lichtgeschwindigkeit spielen). Die Abweichung bei dieser schwierigen Messung beträgt nur ein hundertstel Promille. Eine Veränderung der Feinstrukturkonstanten Alpha wäre besonders dramatisch, weil diese die Kraft zwischen dem Atomkern und der Elektronenhülle bestimmt. Damit wäre auch die Masse des Protons berührt, deren Schwankung zehn Mal so stark wäre. Sicher ist es fraglich, ob die betreffenden Messfehler richtig abgeschätzt wurden. Erst eine unabhängige Messung mit einem anderen Teleskop kann hier mehr Klarheit bringen.

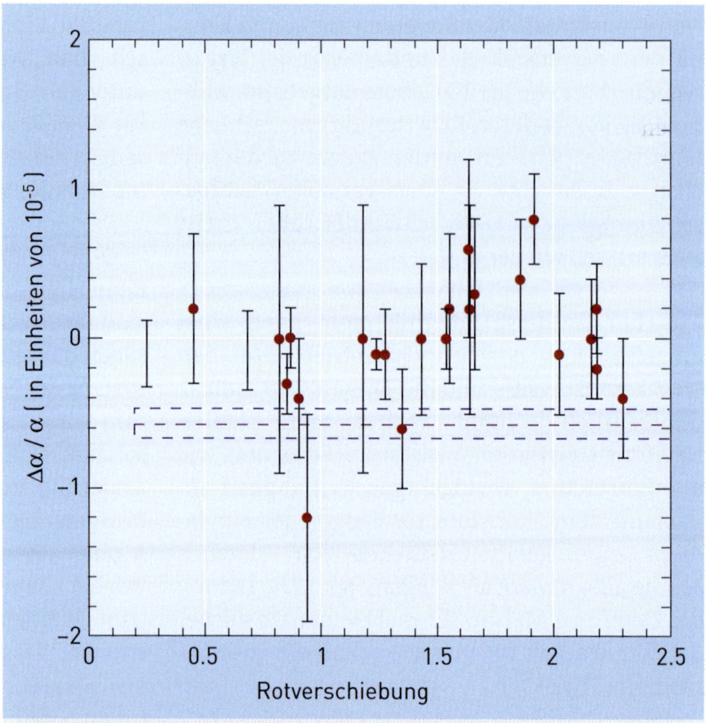

Abb. 5.3: Die relative Änderung der Feinstrukturkonstante aufgetragen gegen die aus der Rotverschiebung ermittelten Entfernungen. Resultat: Während der letzten zehn Milliarden Jahre ist die relative Änderung der Feinstrukturkonstante weniger als 0,6 Millionstel. Die von der gestrichelten Linie eingerahmte Fläche ist der Wert der relativen Änderung, die eine bislang vorgetragene Hypothese vorhersagt.

Ein Team europäischer Astronomen nahm sich 34 Nächte Zeit, um mit dem 8 m Teleskop Kueyen und dem Spektrographen UVES 18 weit entfernte Quasare aufzunehmen. Dabei fungieren die Quasare nur als helle, weit entfernte Lichtquellen. Das Licht der Quasare wird von interstellaren Wolken, die in den Galaxien zwischen uns und den Quasaren liegen, teilweise absorbiert. Die so entstehenden Absorptionslinienspektren verraten uns, wie groß zum Zeitpunkt der jeweiligen Absorption der Wert der Feinstrukturkonstante ist. Hierbei befinden sich die absorbierenden Gaswolken in sechs bis elf Milliarden Lichtjahren Entfernung, also auch entsprechend weit zurück in der Zeit. Insgesamt 50 solcher Absorptionszentren hat das Team analysiert. Konnten die Astronomen eine Abhängigkeit der Feinstrukturkonstante von der Entfernung feststellen? Abb. 5.3 zeigt das Ergebnis der ESO.

Die relative Änderung der Feinstrukturkonstante ist hier gegen die aus der Rotverschiebung ermittelte Entfernung aufgetragen. Als Resultat geben die europäischen Astronomen an, dass während der letzten zehn Milliarden Jahre die relative Änderung der Feinstrukturkonstante weniger als 0,6 Millionstel beträgt. Die von der gestrichelten Linie eingerahmte Fläche ist der Wert der relativen Änderung, die eine bislang vorgetragene Hypothese vorhersagt. Die Messungen der ESO widerlegen diese Vorhersage deutlich.

Mit derselben Methode wollen die Astronomen nun auch andere Naturkonstanten untersuchen. Insbesondere das Verhältnis aus Protonen- und Elektronenmasse soll aus dem Studium der Absorptionslinien weit entfernter Wasserstoffmoleküle bestimmt werden. Wir werden sehen, wie konstant dieses Verhältnis über die letzten Jahrmilliarden war, denn die Situation in Bezug auf die anderen Konstanten ist ganz ähnlich.

G. Börner vom Max-Planck-Institut für Extraterrestrik in Garching hat für die emsige Forschungstätigkeit um die Konstanz der Konstanten eine ganz banale Erklärung: „Die Theoretiker langweilen sich, weil die großen Teilchenbeschleuniger wegen Umbaus gerade keine Daten liefern." Allerdings sind mit diesem Seitenhieb gegen die Theoretiker die mit dem Thema des Kapitels berührten Probleme nicht gelöst. – Falls sie überhaupt zuverlässig gelöst werden können.

In modernen Superstring-Theorien, die es sich zur Aufgabe machen, Quantenmechanik und Gravitation in einer einzigen Theorie zu beschreiben, ergibt sich die Zeitabhängigkeit der Naturkonstanten dagegen direkt aus der Existenz so genannter verborgener Dimensionen.

5.5 Daten und deren Deutung

Zur Darstellung unserer Situation soll die in Abb. 5.4 gezeigte Skizze dienen: Die gestrichelte Linie sei der wirkliche Verlauf der Weltgeschichte; wir nennen sie Weltlinie. Sie führt uns von der wirklichen Vergangenheit zur wirklichen Zukunft. Der heutige Tag ist ein Punkt entlang des Verlaufs der Weltlinie; wir nennen ihn Gegenwart. In diesem Punkt können wir zuverlässig die ermittelten Daten und die damit zu verbindenden Gesetze darstellen. Da wir im Allgemeinen die heute bekannten Naturgesetze zur Bestimmung vergangener Verhältnisse nur linear nach hinten und zur Vorherbestimmung zukünftiger Entwicklungen nur linear nach vorne extrapolieren können, kommen wir z. B. im Rahmen eines Urknallmodells als Tangente an der Weltlinie im Punkt der Gegenwart zum Big Bang bzw. zum Big Bounce. Das gilt natürlich nur, falls die seit einigen Jahrzehnten diskutierte beschleunigte Expansion des Weltalls nicht anhält. Das Bild veranschaulicht auch, dass die Unsicherheiten mit der zeitlichen Entfernung von der Gegenwart drastisch zunimmt. Damit liegt zwischen der ermittelten und der wirklichen Vergangenheit bzw. Zukunft ein unbestimmtes Deutungsfeld, das wir Pseudo-Vergangenheit bzw. Pseudo-Zukunft nennen wollen. Der Weg der linearen Extrapolation führt uns in Richtung Vergangenheit und Zukunft in Modell-Scheinwelten.

Wenn nach erfolgter Modellierung eines Vorgangs Beobachtungsdaten vorliegen, ist zu erwarten, dass uns diese die Notwendigkeit von Korrekturen anzeigen. Wenn allerdings Theorien mit anpassbaren Parametern die Basis bilden, so ist die Versuchung gegeben, alternative Erklärungen erst gar nicht heranzuziehen. Dieser Prozess wird teilweise unterstützt durch die Review Boards, d. h. Einrichtungen im Wissenschaftsapparat. Diese Komitees beurteilen z. B. die Beobachtungsvorschläge für Großteleskope oder die Inhalte zur Veröffentlichung eingereichter Aufsätze auf ihre Sinnfälligkeit und empfehlen diese zur Durchführung oder zur Veröffentlichung oder auch nicht. Sie bewirken aber auch, bewusst oder unbewusst, dass es Deutungen im sogenannten Mainstream immer leichter haben. Auf diese Weise ist z.B. H. Arp (siehe Kap. 2) in das wissenschaftliche Abseits gestellt worden. Seine Theorien und Erklärungen wurden als relativ unwichtig eingestuft.

Wenn die Ressourcen knapp sind – astronomische Beobachtungszeit ist sehr knapp und kostbar –, dann ist die Mehrheitsmeinung eben in der stärkeren Position. Sie hält sich für wichtiger.

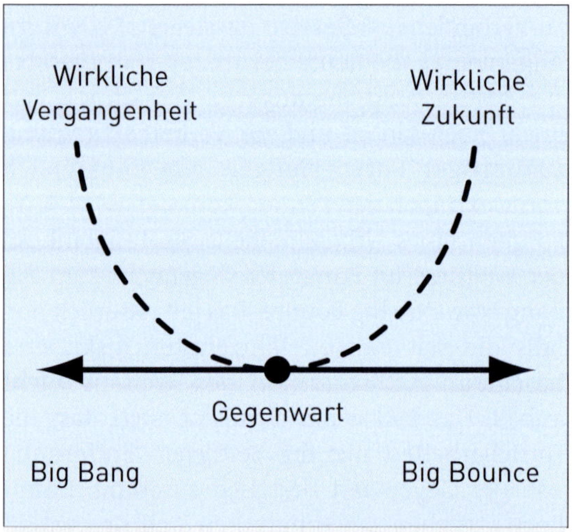

Abb. 5.4: Schematische Darstellung zwischen der Extrapolation aufgrund gegenwärtig gegebener naturwissenschaftlicher Verhältnisse und dem wirklichen Verlauf der Ereignisse (nach A. M. K. Müller). Zwischen der linearen Extrapolation und dem Verlauf der Weltlinie liegt der Bereich einer Pseudo-Vergangenheit bzw. -Zukunft.

Dieses Beispiel demonstriert, wie der Fortgang wissenschaftlicher Entdeckungen durch dessen Verschränkung mit menschlichen Entscheidungen mitbestimmt wird. Man kann hier sogar noch einen Schritt weitergehen und zeigen, dass generell das spezifisch menschliche Moment in wissenschaftlicher Arbeit gewissen Gesetzmäßigkeiten gehorcht. Diese Beobachtungen fanden z.B. in Thomas Kuhns Buch „Strukturen wissenschaftlicher Revolutionen" ihren Niederschlag. Es zeigt sich, dass der Weg zu besseren wissenschaftlichen Modellen alles andere als geradlinig verläuft, weil Wissenschaft von Menschen betrieben wird.

5.6 Modell und Wirklichkeit

Zu den bislang betrachteten Aspekten der Beziehung zwischen wissenschaftlichem Modell und der Wirklichkeit kommt hinzu, dass wissenschaftliche Modelle und Wirklichkeit nicht nebeneinander stehen, sondern dass zwischen ihnen eine Grenze besteht. Während jedes wissenschaftliche Modell durch Beobachtungen der Wirklichkeit belegt und gestaltet wird, beschreibt „Wirklichkeit" ein umfassenderes Sein außerhalb wissenschaftlicher Begriffsbildung. Das Einfangen von Teilen der Wirklichkeit erfolgt mit dem schon besagten Netz. Es ist aber eben kein bloßes Einfangen, sondern vielmehr ein Aussieben. Nun gehen die Möglichkeiten wissenschaftlicher Methodik Hand in Hand mit der Klugheit und der Kreativität des Wissenschaftlers. Je nach Gestaltung des Netzes wird er immer neue und andere Bausteine der Wirklichkeit aussieben und in sein Modell der Wirklichkeit einzupassen versuchen. Es hängt z. T. vom Menschen ab, ob er klug genug ist, alle wesentlichen oder sogar alle Bausteine der Wirklichkeit mit seinem Netz einzufangen. Leider weiß er aber von vornherein nicht, welche das sind. Er fischt im Trüben, wie ein Fischer, der erst einmal verschiedene Fangmethoden ausprobiert. Denkt man diesen Gedanken weiter, so entspricht letztlich die Gesamtheit aller Siebe allen Denkmöglichkeiten des Menschen. Er kann nur das für ihn

Denkbare aussieben. Hier besteht dann aber ein Dilemma. Falls es Bereiche der Wirklichkeit gibt, die der Mensch nicht denken kann, hat er keine Chance, ein Sieb einzusetzen, das diesen Aspekt der Wirklichkeit einfängt. Die Wirklichkeit des Wissenschaftlers endet an der Grenze seiner Methodik! Diese wichtige Erkenntnis grenzt ein, was im wissenschaftlichen Kontext mit Wirklichkeit gemeint ist: Es ist die Summe aller möglichen wissenschaftlichen Erfahrungen. Dabei ist explizit die objektivierbare Erfahrung gemeint, also die Erfahrung, die wiederholbar und demonstrierbar ist. Unwichtig ist dabei, ob diese Erfahrungen bereits gemacht wurden oder nicht. Diese Definition wissenschaftlicher Wirklichkeit ist nicht unvernünftig, sie ist angemessen. Nur innerhalb dieser Wirklichkeit können objektive, vermittelbare Erfahrungen gemacht werden. Über die verschiedenen Elemente dieser Wirklichkeit können wir miteinander reden, genau wie die Fischer sich über ihre Fische und die Fangmethoden unterhalten. Soweit die Erfahrungen in ein Modell eingebaut wurden, beschreibt das Modell die Wirklichkeit widerspruchsfrei.

Gibt es Wirklichkeit jenseits wissenschaftlicher Erfahrung? Das ist eine bedeutsame Frage und wir wollen sie hier kurz beleuchten, denn die Antwort hat erhebliche Konsequenzen. Viele Wissenschaftler werden diese Frage verneinen. Sie gehen davon aus, dass der Mensch als Teil dieser Welt und ihrer Wirklichkeit alle Aspekte der Wirklichkeit auch erkennen kann. Dem Einwand, viele Dinge, zum Beispiel das menschliche Gehirn, seien zu komplex, um sie zu verstehen, werden sie mit der Hoffnung begegnen, dass alle diese Dinge sich in der Zukunft werden erklären lassen. Zumindest im Prinzip, zumindest als wissenschaftlich ausreichend genaues Modell. Es sei ein Problem zunehmender Komplexität und eine Frage von Systemeigenschaften, die aber im Prinzip wissenschaftlicher Erfahrung zugänglich seien. Dem kann man sicher in vielem zustimmen. Wenn es andererseits aber Bereiche der Wirklichkeit geben sollte, die wir nicht denken können, dann haben wir in der Tat keine Chance, ein Sieb einzusetzen, das diese Aspekte der Wirklichkeit auch einfängt. Mit dieser Feststellung haben wir nun aber doch zumindest die Existenz dieser Grenze gedacht und mitgeteilt. Daraus folgt nach dem oben Gesagten, dass auch die Grenze wissenschaftlicher Wirklichkeit bereits Teil wissenschaftlicher Wirklichkeit sein muss. Die Anerkennung einer Grenze bedeutet dann aber auch die Anerkennung der möglichen Unvollständigkeit wissenschaftlicher Wirklichkeit in Bezug auf eine umfassendere Wirklichkeit, in die die wissenschaftliche Wirklichkeit möglicherweise eingebettet sein könnte. Einen solchen Rand wissenschaftlicher Wirklichkeit gibt es zum Beispiel in der Mathematik. Das Unvollständigkeitstheorem von Kurt Gödel besagt, dass ein großes Modell mit seinen Beziehungen, also ein System, entweder widersprüchlich oder unvollständig ist. Die Mathematik, grob gesagt, ist solch ein System. Da sie nicht widersprüchlich ist, darauf achten die Mathematiker genau, muss sie unvollständig sein. Es gibt also mathematische Aussagen, die mathematisch nicht bewiesen werden können. Allgemeiner gesagt gibt es Dinge oder Gegebenheiten, die wir mit Modellen oder mathematischen Systemen nicht einfangen können. Da ist eine Grenze. Und diese Grenze ist wirklich, und es ist eine Erkenntnisgrenze. Diese Erkenntnis bedeutet dann aber auch schon das Ende wissenschaftlicher Aussagefähigkeit über eine mögliche Wirklichkeit jenseits der Grenze. Die Grenze kann wissenschaftlich nicht überschritten werden.

Gibt es Hinweise auf eine Wirklichkeit, die wir nicht denken können? Können wir diese wissenschaftliche Erkenntnisgrenze überschreiten? Versuchen wir es. Geben wir die Objektivität auf, also die Demonstrierbarkeit von wiederholbaren Erfahrungen, dann bewegen wir uns im größeren Feld persönlicher Erfahrungen. Denken wir z. B. an vertraute Beziehungen. Das Vertrauen in diesen Beziehungen ist nicht beweisbar und auch nicht demonstrierbar. Die Glaubwürdigkeit einer anderen Person kann niemand beweisen, auch die Person selbst nicht. Die Glaubwürdigkeit kann sich zwar an „Symptomen" (z. B. Worten oder Taten) zeigen, doch sind Zweifel immer möglich (Worte und Taten mögen unterschiedlich interpretierbar sein). Deshalb ist die Glaubwürdigkeit einer Person, ihre Vertrauenswürdigkeit nicht generell wissenschaftlich demonstrierbar. Wir haben keine formale Sprache für sie. Dennoch sind wir von für uns vertrauenswürdigen Menschen umgeben (hoffentlich). Die Vertrauenswürdigkeit von Personen ist, wenn sie vorliegt, eine subjektive Wirklichkeit, von der wir überzeugt sind, auch wenn wir sie nicht wissenschaftlich beweisen können. Wer akzeptiert, dass es eine solche Wirklichkeit gibt, lebt damit in einem Aspekt der Wirklichkeit, der jenseits naturwissenschaftlicher Erfahrung liegt. Das Ringen der Maler und Dichter um Ausdruck und Sprache ist ein Beispiel für den Versuch, an einer nur persönlich erfahrbaren oder erfahrenen Wirklichkeit anderen dennoch Anteil zu geben. Weiterhin ist hier noch anzumerken, dass es neben wiederholbaren subjektiven Erfahrungen ebenso auch nicht wiederholbare subjektive Erfahrungen gibt, denen wir auf Grund unseres Lebenszusammenhangs einen Platz in der Wirklichkeit einräumen.

Man kann hier einwenden, dass die meisten subjektiven Erfahrungen, denken wir an die genannten Beziehungen, wahrscheinlich in der Zukunft mit den geeigneten Netzen der Wissenschaftler eingefangen werden können. Wenn unser Verständnis vom Menschen und seinem Gehirn nur weit genug fortgeschritten sei, werde es gelingen, durch Untersuchung seiner Gehirnmoleküle und der Vorgänge dort z. B. die Vertrauenswürdigkeit einer Person zu beweisen. Wir hätten dann quasi einen Superlügendetektor. Damit wird aber nur der Hoffnung Ausdruck verliehen, dass wir eines Tages in der Lage sein werden, all diejenigen Wirklichkeitsbereiche, die bislang nur der subjektiven Wirklichkeit zugeordnet sind, doch noch in die der wissenschaftlichen Erfahrung zugänglichen Wirklichkeit einzuordnen. Dieses Argument kann generell auf alle subjektiven wiederholbaren Erfahrungen angewendet werden. Dies wird in der Tat von vielen Menschen so gesehen und es gibt sicher Teilaspekte subjektiver Erfahrung, in denen dieser Übergang zur wissenschaftlichen Beschreibung bereits gelingt oder gelingen könnte. Denken wir z. B. an die Erforschung der Phantomgeräusche (Tinnitus). Diese Ansicht aber zu generalisieren ist innerhalb der wissenschaftlichen Wirklichkeit unzulässig, denn es ist eine Vermutung. Wer so argumentiert, weitet bereits den Bereich der wissenschaftlichen Wirklichkeit auf alle wiederholbaren Erfahrungen des Menschen aus, ohne dass dafür eine Evidenz vorliegt. Während die einen behaupten, es gibt eine Wirklichkeit jenseits wissenschaftlicher Erfahrung, helfen sich andere damit, dass sie bislang subjektive Wirklichkeitsbereiche des Menschen aufgrund des Vertrauens in die wissenschaftlichen Möglichkeiten ebenso bereits im wissenschaftlichen Erfahrungsbereich sehen.

Es gibt Menschen, zu denen auch die Autoren gehören, die behaupten, es gebe Wirklichkeiten und Erfahrungen, die sich *prinzipiell* dem Zugriff wissenschaftlicher Untersuchungen entziehen. Diese Behauptung ist natürlich wissenschaftlich nicht zu beweisen oder zu widerlegen. Es ist ein Bekenntnis. Deshalb kann auch hier derselbe Einwand wie schon oben erhoben werden. Innerhalb des wissenschaftlichen Rahmens kann man immer annehmen, dass es in der Zukunft gelingen werde, den Menschen soweit zu verstehen, dass auch diese Erfahrungen erklärt werden können. Entweder man findet nichts, dann war die Aufregung vergeblich, oder dort ist tatsächlich eine echte Grenze, dann könne man immer noch sehen, wie man damit fertig wird. Wer so argumentiert, und viele tun dies bewusst oder unbewusst, weitet das Naturbild wissenschaftlicher Erkenntnis – die wissenschaftliche Wirklichkeit – kraft des Vertrauens auf die eigene Methodik und den menschlichen Geist, zu einem quasi alles umfassenden Weltbild aus. Dieses Vertrauen ist ein Glaube und der Übergang von dem Naturbild zum Weltbild ist ein religiöser Schritt, der nichts mit wissenschaftlichem Erkenntnisgewinn zu tun hat und deshalb auch nicht Teil wissenschaftlicher Wirklichkeit ist. Deshalb ist auch der oben genannte Einwand ein Bekenntnis. Beide Bekenntnisse stehen dann unentscheidbar einander gegenüber.

Es gibt in der Tat bei der Argumentation um den Begriff der Wirklichkeit und bei der Mitteilung subjektiver Erfahrungen ein doppeltes Kommunikationsproblem, das hier noch kurz angedeutet werden soll:

- Der Mitteilende hat keine Sprache, die zuverlässig den Inhalt und die Bedeutung der eigenen Erfahrungen transportiert.

- Der Empfänger des Mitgeteilten hat keine Kontrolle über den Wahrheitsgehalt der Aussagen.

Damit ist aber die Mitteilung subjektiver Erfahrung ein Stück weit der Deutung und der Willkür des Empfängers ausgeliefert. Umgekehrt hat der Empfänger keine Kontrolle über die Wahrheit, den Wirklichkeitsgehalt der Mitteilung: der Mitteilende könnte ihn täuschen wollen. Wegen dieser Begrenzungen ist weiteres zwischen beiden notwendig: Vertrauen. Dieser Begriff, jenseits wissenschaftlicher Sprache - wie wir sahen – ist Ausdruck einer tieferliegenden Beziehung zwischen Sender und Empfänger. Vertrauen erlaubt es dem Mitteilenden, das Mitzuteilende in Sprache zu fassen, wissend, dass er sich damit der Interpretation des Empfängers ausliefert. Es erlaubt dem Empfänger, das Mitgeteilte als wahr zu akzeptieren.

Zusammenfassung. Wir begannen mit dem Nachdenken über wissenschaftliche Modelle und ihre Beziehung zur Wirklichkeit und sind mitten in Fragen der Kommunikation von Wirklichkeit gelandet. An der Grenze wissenschaftlicher Wirklichkeit stehen wir ebenso an den Grenzen der verlässlichen Kommunikation und Demonstrierbarkeit. Dem wissenschaftlichen Satz auf der einen Seite steht auf der anderen Seite das Bekenntnis gegenüber. Im Bekenntnis beanspruchen die persönlichen, oft auch kritisch hinterfragten Erfahrungen und Erkenntnisse einen Platz in dieser Welt. Diese Bekenntnisse können naturwissenschaftlich nicht verteidigt werden, kommen aber dennoch mit dem Anspruch daher, Wirklichkeit zu beschreiben, und beinhalten die Hoffnung, verstanden zu werden. Die Nichtbeweisbarkeit bezeugter Wirklichkeit ist keine Qualität, die gegen sie spricht; aus dem Munde vertrauenswürdiger Personen ist sie vielmehr ein Hinweis auf die Lebenswirklichkeit des Menschen und seiner Umwelt auch jenseits mitteilbarer und beweisbarer Konzepte.

Weil es in diesem Buch eben nicht nur um Wissenschaft geht, sondern um Wirklichkeit, eine Kosmologie im umfassenderen Sinne, deshalb werden die folgenden Passagen nicht mehr notwendig von wissenschaftlicher Wirklichkeit gedeckt. Dessen sind wir uns als Autoren bewusst. Mit dieser Spannung leben alle Beziehungen zwischen Menschen. Missverständnisse, Täuschung, Verstehen, alles ist möglich. Im letzten Kapitel unternehmen wir den Versuch, das Universum, das wissenschaftliche Modell des Weltalls, in den Kontext einer umfassenderen biblischen Kosmologie zu stellen, die das Weltall mit der Erde als Schöpfung bezeichnet.

(Bild: Digital Stock/NASA)

6. Spuren der Schöpfung

«Nach dem Genesisbericht hat das Universum eine Geschichte hinter sich, die physikalisch nicht beschreibbar ist.»

Kompakt:

- Wege zu einem „persönlichen" Kosmos
- Statuswechsel der Schöpfung und Phasenübergang in der Physik
- Beispiele anthropischer Kosmologie

Jeder Mensch lebt in „seinem" Kosmos. Unsere lebenstragenden Grundüberzeugungen sind in der Regel nur zum Teil wissenschaftlich abzudecken. Sie basieren vielfach auf sehr persönlichen Erfahrungen, die wir in den Begegnungen unserer Person mit unserer Umwelt gewonnen haben. Dabei sei unter Umwelt hier die umfassendste Wirklichkeit gemeint, die jeder Person gegenübersteht.

Können oder wollen wir uns deshalb überhaupt auf den Standpunkt einlassen, den Kosmos, unseren Kosmos, vor allem aus der naturwissenschaftlichen Sicht zu betrachten, ihn auf objektive Inhalte zu reduzieren? Obwohl dies legitim ist, kann das in letzter Konsequenz wohl nicht der Weg sein. Ein solches Vorgehen entspricht meist doch nicht dem Anspruch an uns selbst. Wir begegnen unserer Umwelt in der Regel nicht nur in objektivierbaren Bezügen. Bringen wir also die Struktur des Universums, das Standardmodell und all das zuvor Gesagte mit unseren persönlichen Überzeugungen zusammen.

In der Bibel werden Himmel und Erde als Schöpfung bezeichnet. Schöpfung bedeutet in diesem Kontext unter anderem: Himmel und Erde sind gewollt, sie sind nicht von allein entstanden; jemand, nicht von vornherein Teil dieser Welt, steht ihr gegenüber. Die Erde und ihre Lebensbedingungen waren anfänglich optimal für Pflanzen, Tiere und Menschen. Sehr viele Einzelheiten dieses Schöpfungsvorgangs haben wir nicht. Die Bibel stellt fest, dass Himmel und Erde aus „Nichts" geworden sind, sie schildert aber den Ablauf nur im Überblick. Die Feststellung von Himmel und Erde als Schöpfung steht nicht nur in der biblischen Schöpfungsgeschichte. Auch im Dekalog (siehe 2. Mose 20, 11) wird betont, dass die Schöpfung in sechs Tagen, astronomisch nur ein Augenblick, entstanden ist, als Begründung für die Sieben-Tage-Woche. Sechs Tage sind im Vergleich zu den in der Kosmologie diskutierten Zeitskalen ein Nichts oder ein Hohn und daran gibt es nichts abzumildern. Sechs Tage verhalten sich zum Weltalter der Standardkosmologie etwa wie 1 : 1 Billion. Wie kann das möglicherweise verstanden und eingeordnet werden? Versucht man, den biblischen Schöpfungsbericht und das Standardmodell oder auch die genannten Alternativen zusammen zu denken, und Spuren der Schöpfung in unserer Welt zu finden, dann ergibt sich ein gewisser Klärungsbedarf. Untersuchen wir also einige dieser Fragen.

6.1 Phasenübergang: Verlust der Geschichte

Entspricht die in 1. Mose 1 beschriebene Schöpfung der Welt, so wie wir sie kennen? Ja und nein. Ja, weil dies eben die Erde ist und der Himmel, den wir sehen. Nein, weil das meiste von der ursprünglichen Schöpfung nicht mehr existiert, sondern tragisch vom Menschen verschuldet verloren gegangen ist. Dies, das Verlorengegangensein und die mögliche Wiederherstellung des ursprünglichen Zustandes der Schöpfung sind zentrale Themen jüdischen und christlichen Glaubens und Lebens. Nach den Aussagen der Bibel sehen wir die Schöpfung nicht mehr in dem Zustand, in dem sie geschaffen wurde. Der „Sündenfall“ – die vom Menschen verschuldete Trennung von Gott – führte zum Verlust des idealen Schöpfungszustandes. Dadurch traten Veränderungen – wir nennen das Phasen- oder Statuswechsel – ein, die vorher unbekannt waren, Tod, Trennung, Krankheit, körperliche Veränderungen (Schmerzen bei der Geburt, Pflanzenfresser werden zu Fleischfressern etc.).

Man kann solch einen Statuswechsel mit den aus der Naturwissenschaft bekannten Begriff des Phasenübergangs vergleichen. Dabei geht ein physikalisches System von einem Zustand in einen anderen über. Bei der Eisschmelze, auch ein Phasenübergang, ändert sich der Ordnungszustand des Systems. Die Information über die Eiskristallstruktur geht dabei verloren. Könnte es sein, dass solch ein Statuswechsel, der Verlust des Schöpfungszustandes, in der Geschichte passiert ist und auch Einfluss auf die Physik genommen hat? Der Physiker könnte das Eintreten des Todes und der Unordnung als sprunghafte Erhöhung des Grades der Unordnung oder der Entropie bezeichnen. Wenn eine solche Entropieerhöhung tatsächlich stattfand und damit die „Physik der Schöpfung“ das Element der Entropie im heutigen Sinne nicht kannte (die Dinge waren hochgradig geordnet), ist zu erwarten, dass wir nicht bis zum Schöpfungszeitpunkt zurückschauen bzw. zurückmodellieren können. Dann wäre die entsprechende Information beim Phasenübergang verloren gegangen. Aus der Struktur des Wassers können wir eben nicht ohne weiteres auf die Struktur des Eises schließen. In der Bibel finden sich Hinweise auf solch eine Deutung: Paulus sagt dazu einmal in 1. Kor. 13,12 im Hinblick auf die neue Schöpfung, dass wir sie nur noch verzerrt wahrnehmen können, wie durch einen zerstörten Spiegel. Gilt dies vielleicht auch für die erste Schöpfung? Der Rückschluss auf einen Urzustand wäre dann fast nicht mehr möglich.

Auch die Wand des Mikrowellenhintergrundes stellt einen solchen Phasenübergang dar. Das Austreten der ersten Lichtquanten aus der „Energiebrühe“ eines Urknallszenarios zu einem Zeitpunkt t_0 + 300 000 Jahre würde auch hier unser Vordringen zu den Anfängen behindern. Hiermit ist selbstverständlich nicht gesagt, dass die Entkopplung von Strahlung und Materie im Urknallszenario dem Zeitpunkt des Sündenfalls entspricht. Dies würde sowohl dem Kontext einer Urknalltheorie als auch dem des Schöpfungsberichts der Genesis widersprechen. Wir möchten lediglich darauf hinweisen, dass es in beiden Betrachtungsweisen Begrenzungen der Beobachtungsmöglichkeiten eines Anfangs gibt.

Wenn wir also dem Bericht der Genesis glauben, unterliegen dann nicht darüber hinausgehende alternative Schlüsse über die Anfänge und das Verständnis vom Detail der Abläufe einer Fehlinterpretation oder Spekulation? Haben die heute beobachtbaren Phänomene möglicherweise die Erinnerung an die Vergangenheit verloren? Es wäre dann nur möglich, die Uranfänge in relativ unscharfen Konturen nachzubilden. Es gibt Facetten der Wirklichkeit, die jenseits einer experimentellen Überprüfung oder gar Verifizierung und jenseits der Grenzen menschlichen Denkens liegen. Eine Wirklichkeit, die nicht den

Kategorien von Raum und Zeit angehört, oder die schon jenseits einer entsprechenden Phasengrenze liegt, entzieht sich dem Experiment und ist der naturwissenschaftlichen Methode nicht zugänglich. Deshalb müssen wir damit rechnen: Mit der Schöpfung berühren wir eventuell ein Geheimnis, für das wir letztlich keine wissenschaftliche Sprache haben. Im Folgenden gehen wir nun davon aus, dass unser Verständnis des Urzustands direkt nach der Schöpfung unvollständig ist.

Lohnt es sich dennoch, nach Spuren der Schöpfung zu suchen? Gibt es Hinweise, die wie ein Schattenwurf noch die Schöpfung ahnen lassen? Es gibt sie, aber sie sind für den nicht zwingend erkennbar, welcher der Offenbarung der Bibel nicht traut. Nur wer gelernt hat bzw. bereit ist, die Welt mit den Augen der Bibel zu sehen, findet überall Spuren der Schöpfung. Wer Gott nicht in jeder Blume sieht, findet ihn nirgendwo.

6.2 Universum nach Maß

> «Wenn wir ins Universum hinausblicken und erkennen, wie viele Zufälle in Physik und Astronomie zu unserem Wohle zusammengearbeitet haben, dann scheint es fast, als habe das Universum in gewissem Sinne gewusst, dass wir kommen.»
> Freeman Dyson, Kosmologe

Im folgenden Abschnitt wird es darum gehen, beispielhaft darzulegen, dass selbst in dem in diesem Buch kritisch betrachteten Ansatz eines Urknallmodells Spuren sichtbar werden, die auf komplexe, geniale Zusammenhänge hinweisen.

Das Kopernikanische Weltbild hat den Menschen aus dem Zentrum des Planetensystems verdrängt. Dies wurde als Abdrängen des Menschen in die Bedeutungslosigkeit, als Kränkung empfunden (was allerdings für den Physiker nur eine Koordinatentransformation bedeutet). Das so genannte Anthropische Prinzip scheint dem Menschen zumindest im Erkenntnisprozess jedoch wieder einen zentralen Ort zuzuweisen.

Die Anthropische Kosmologie. Im Zuge detaillierter Untersuchungen des Kosmos kamen überraschende Zusammenhänge zwischen uns als lebenden Beobachtern und den Eigenschaften des Kosmos zutage: Auf einem der buchstäblich zahllosen kosmischen Objekte, der Erde, gibt es eine beobachtende Intelligenz. Wie muss aus naturwissenschaftlicher Sicht das dazugehörige Universum aussehen, das Beobachter beherbergen kann? Diese Frage wird im gängigen Bild durch die folgende Logik sukzessive heruntergebrochen:

- Intelligenz setzt Leben voraus
- Leben braucht als elementare Grundlage zumindest eine ganze Palette chemischer Elemente jenseits der leichten Elemente Wasserstoff und Helium
- Schwere Elemente entstehen nach dem Standardmodell durch thermonukleare Fusion leichter Elemente
- Thermonukleare Fusionen laufen im Innern von Sternen ab und benötigen einige Milliarden Jahre, um größere Mengen schwerer Elemente zu produzieren
- Eine Zeitspanne von mehreren Milliarden Jahren steht aber nur in einem Universum zur Verfügung, das entsprechend alt ist

Daher kann aus naturwissenschaftlicher Sicht die Antwort auf die Frage, warum das heute von uns beobachtete Universum so alt ist, nur lauten: Weil sonst die Menschheit gar nicht da wäre. Es darf aber auch nicht viel älter sein, weil sonst andere Randbedingungen ungünstiger werden.

Das ist ein Beispiel einer anthropischen, auf den Menschen bezogenen Formulierung, in der die Existenz von intelligentem Leben im naturalistischen Bild mit den Eigenschaften des Kosmos in Zusammenhang gebracht wird. Genauere Untersuchungen dieses Zusammenhangs zeigen, dass im Rahmen des Standardmodells als Vorbedingung für Leben bestimmte Eigenschaften nicht nur bezüglich der Größenordnung der meist angenommenen Zeiträume passen („Milliarden Jahre"), sondern dass darüber hinaus eine ganze Anzahl hochpräziser Feinabstimmungen von Gesetzen und Naturkonstanten vorliegt, ohne die kein Leben möglich wäre. Diese Feststellung fordert zur Deutung heraus: Leben wir in einem Universum nach Maß?

Unser Universum scheint so beschaffen zu sein, dass in ihm interessante Dinge geschehen können. Es ist sehr leicht, sich andere Welten vorzustellen, die sozusagen Totgeburten wären, weil sich nach den in ihnen herrschenden Gesetzen nichts Bemerkenswertes hätte entwickeln können. Selbst in einem entwicklungsbasierten Weltall lassen sich allein aus der Tatsache, dass es uns als kohlenstoffbasiertes Leben um einen Stern der Spektralklasse G umlaufend gibt, einige Grundzüge des Weltalls und Einschränkungen für die Werte physikalischer Konstanten ableiten.

Beispiele für Feinabstimmungen. Inzwischen kennt man eine größere Anzahl solcher Feinabstimmungen:

- zwischen Expansionsrate und Schwerkraft im Kosmos,
- die Naturkonstante der Starken Wechselwirkung
- die Sommerfeldsche Feinstrukturkonstante; bereits eine Änderung von nur 1% würde die Existenz von Hauptreihensternen im Hertzsprung-Russell-Diagramm (und damit von unserer Sonne) unmöglich machen.
- die kosmologischen Konstanten
  etc.

Nachstehend sollen zwei Beispiele einer solchen Feinabstimmung skizziert werden. Wir schreiben darüber nicht unbedingt deshalb, weil wir glauben würden, dass die Dinge so abgelaufen sein müssen, sondern eher um zu zeigen, wie komplex und genial Zusammenhänge in der Schöpfung eingerichtet sind und dass sie selbst in dem modellhaften Ansatz eines Urknallszenarios nicht zu übersehen sind.

a) Synthese des Kohlenstoffs

Im Rahmen gängiger Urknallvorstellungen ist es höchst erstaunlich, wie durch die Synthese schwerer Elemente der für das Leben benötigte Kohlenstoff entstanden ist. Wasserstoff, Helium und Anteile von Lithium werden als Ergebnis des Urknallszenarios angesehen. Schwere Elemente, auch Kohlenstoff, sollen erst später im Innern von Sternen bzw. Supernovae gebildet worden sein.

Drei Heliumkerne werden pro Kohlenstoffkern als Grundvoraussetzung benötigt:

$$^{4}He + {}^{4}He + {}^{4}He \rightarrow {}^{12}C$$

Dass gerade drei davon zusammenstoßen, ist sehr unwahrscheinlich, weshalb diese Reaktion auch zu langsam wäre. Dann wurde von E. E. SALPETER eine alternative Reaktion eingeführt, denn viel häufiger ist der Zusammenstoß von zwei ^{4}He-Kernen, die ^{8}Be produzieren:

$$^{4}He + {}^{4}He \rightarrow {}^{8}Be$$

Der Zusammenstoß eines Berylliumkerns mit einem weiteren Heliumkern liefert aber nicht notwendigerweise einen Kohlenstoffkern, denn durch die meisten Stöße wird Beryllium zerstört oder eben nur abgelenkt. Da Beryllium zudem eine Lebensdauer von nur 10–16 Sekunden hat, sind nicht viele Versuche möglich. Im Jahre 1954 erkannte der Kosmologe Fred HOYLE, dass auch diese Reaktion nicht genügend ergiebig ist, es sei denn, sie läuft resonant ab. Helium und Beryllium fusionieren zu Kohlenstoff, weil der Kohlenstoffkern in seinem Anregungsspektrum bei genau der richtigen Energie eine Resonanz hat, welche die Bildungswahrscheinlichkeit drastisch erhöht.

$$^{8}Be + {}^{4}He \rightarrow {}^{12}C$$

Das bedeutet Folgendes: Da der angeregte Kohlenstoffkern nur ganz bestimmte Energieniveaus annehmen kann, läuft die Reaktion nur dann mit genügend hoher Ausbeute ab, wenn die Energie der Stoßpartner ^{8}Be und ^{4}He zusammen gerade einem erlaubten Energieniveau des Kohlenstoffs entspricht, wenn sie also in Resonanz sind. Fred HOYLE sagte nun aufgrund der Tatsache, dass Leben auf der Kohlenstoffbasis existiert, ein noch unentdecktes Energieniveau des Kohlenstoffkerns voraus. Dieses wurde später tatsächlich gefunden und liegt nur 4% über der Summe der Massenenergie der Stoßpartner. Dieser merkwürdige „Zufall" kommt durch ein sehr kompliziertes Zusammenspiel der Kräfte der Starken Wechselwirkung in den Kohlenstoffkernen zustande. Der fehlende Energiebetrag wird leicht durch die kinetische Energie der Kerne aufgebracht.

Fast noch merkwürdiger ist, dass der Kohlenstoff nicht nach einem entsprechenden Schema sofort zu ^{16}O weiterreagiert und dann gar nicht vorhanden wäre:

$$^{12}C + {}^{4}He \rightarrow {}^{16}O$$

Tatsächlich hat ^{16}O ein „resonanzverdächtiges" Energieniveau. Dieses ist aber für eine ergiebige Reaktion um 1% (!) zu niedrig. Diese Differenz kann hier nicht durch kinetische Energie ausgeglichen werden, da diese immer positiv ist.

Fred HOYLE war vom Erfolg seiner anthropischen Voraussage so beeindruckt und bekannte: „Nichts hat meinen Atheismus so sehr erschüttert wie diese Entdeckung" (WILKINSON 1993).

Spätestens seit der Formulierung der Quantentheorie sind sich die Naturwissenschaftler bewusst, dass der Vorgang und der Einfluss des Messprozesses in der Theorie mitbedacht werden muss. Für die Kosmologie bedeutet dies, dass keine Theorie aufgestellt werden sollte, welche die Existenz eines Beobachters nicht zulassen würde. Damit wirkt das Anthropische Prinzip als Filter für mögliche Theorien, wie in Abb. 6.1 dargestellt.

Der entscheidende Befund ist, dass dieser Filter über die Entwicklung des Kosmos fast nichts durchlässt. Betrachtet man die Menge denkbarer Kosmen, die durch unterschiedliche Naturgeset-

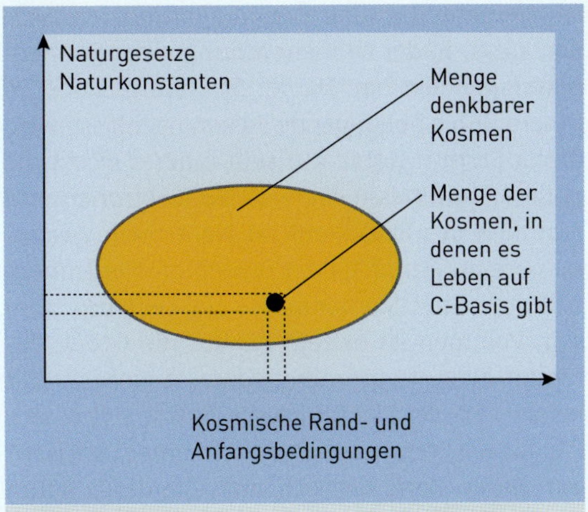

Abb. 6.1: Das Anthropische Prinzip als Filter (nach BECKERS 1999)

ze und -konstanten und verschiedene Rand- und Anfangsbedingungen gekennzeichnet sind, so ist die Teilmenge der Kosmen, in denen Leben auf Kohlenstoffbasis vorkommt, verschwindend gering. Wenn für die bloßen, elementarsten Bausteine des Leben bereits ein so raffiniertes Fine Tuning nötig ist, dann liegt der Verdacht nahe, dass es vielleicht doch nicht so ein bedeutungsloses Zufallsprodukt ist, für das man es gerne hält.

> «Man spricht von Feinabstimmung des Universums in Bezug auf Leben.»
> Michael BRANTNER

b) Die Schwache Wechselwirkung

Im naturwissenschaftlichen Bild wird davon ausgegangen, dass die schweren Elemente jenseits von Helium im Innern großer Sterne durch Kernfusion entstehen. Zusätzlich muss aber das Problem gelöst werden, wie diese Elemente zugänglich werden, sprich dem Interstellaren Medium beigemischt werden, was über den Mechanismus von Sternexplosionen, den so genannten Supernovae, passiert.

Gehen wir für unsere Überlegungen von einem Stern mit rund 25 Sonnenmassen aus, in dessen Zentrum sich Eisen (Eisen ist das schwerste Element, das über Fusion synthetisiert werden kann) in der Größenordnung einer Sonnenmasse gebildet hat. Da der Strahlungsdruck im Innern durch abklingende Fusion nachlässt, wird dieser Stern instabil. Auf sein Inneres stürzt die äußere Sternmasse ein, was die Elektronen und Protonen des Eisenkerns zu Neutronen zusammenpresst. Damit haben wir einen Neutronenball von einer Sonnenmasse im Zentrum, aber sein Volumen ist extrem bis auf die Größe des Mount Everest zusammengepresst worden: Mit bis zu 15% der Lichtgeschwindigkeit stürzt sich die äußere Sternmaterie in Form einer Stoßfront auf diesen Kern, der sich nun allerdings kaum mehr komprimieren lässt – und prallt zurück. Dieser Rückstoß erzeugt gewaltige Temperaturen und hohe Drücke, wodurch nun eine radiale Schockwelle nach außen läuft. Das passiert in kürzester Zeit.

Der Stern kann einen Durchmesser von der Größe der Jupiterbahn erreichen. Wenn die Schockwelle ihn durchläuft, dann trifft sie auf Widerstand und wird langsamer, muss sie doch rund 24 Sonnenmassen bewegen. Ohne Hilfe würde sie sich schnell totlaufen. Aber ihr folgt eine Flut von Neutrinos, die im Neutronenkern unter dem Druck der einfallenden Materie erzeugt wurde. Nun ist die Materie in der sich verlangsamenden Stoßfront so dicht, dass sie die Energie vieler Neutrinos absorbiert, wodurch sie neuen Schub bekommt – um den Stern zur Explosion zu bringen.

Bei dieser energiereichen Tätigkeit können sich viele Elemente bilden, die schwerer sind als Eisen. Eine Supernova scheint einige Wochen lang so hell wie eine Galaxie normaler Sterne. Die Energie, die sie so hell macht, stammt aus der Radioaktivität instabiler Elemente, die zerfallen und nun stabilere und enggepackte Kerne bilden. Dieser intergalaktische Leuchtturm kann in unserem Beispiel mit rund 20 Sonnenmassen den Löwenanteil seiner Materie in den Raum stoßen und damit die angesprochenen schweren Elemente. Das Sternzentrum ist endlich vom lästigen Druck des restlichen Sterns befreit und begibt sich in Form eines rotierenden Neutronensterns zur Ruhe.

Die Geschichte fasziniert an sich. Doch wo bleibt nun das anthropische Moment? Es steckt im Neutrino-Ausbruch, durch den der Stern zur Explosion gebracht wird. Computersimulationen in den 80er Jahren des letzten Jahrhunderts haben gezeigt, dass die Schockwelle das Explodieren des Sterns allein nicht lösen kann und Neutrinos daran beteiligt sein müssen. Aber einige Experten waren skeptisch, weil eine erstaunliche „Feinabstimmung“ der Eigenschaften der Neutrinos für diese Aufgabe Voraussetzung ist. Alles hängt von der Schwachen Wechselwirkung ab, einer der vier Grundkräfte. Wäre die Schwache Wechselwirkung etwas zu schwach, dann wäre selbst eine dichte Schockwelle für Neutrinos durchlässig und sie würden einfach durch den Stern hindurchfluten, wie sie es auch meist ungehindert durch die Erde tun, weil ihr Wechselwirkungsquerschnitt sehr klein ist. Wenn allerdings die Schwache Wechselwirkung etwas größer wäre, dann würden die Neutrinos in Reaktionen im Sterninnern selbst verwickelt und würden für die hier benötigte Aufgabe nicht zur Verfügung stehen.

Die Schwache Wechselwirkung muss genau richtig dosiert sein, damit genug Neutrinos aus dem Zentrum entweichen und mit der Schockwelle wechselwirken können. Verbliebene Zweifel an diesem Bild des Explosionsmechanismus wurden durch Untersuchungen an der Supernova SN1987 A ausgeräumt: Die Energie und die Anzahl der Neutrinos, die der Supernova entkamen und vermessen wurden, entsprechen der Forderung der Modelle. Sie bestätigen den Mechanismus, dass in der Tat die Neutrinos die treibende Kraft liefern, die große, mit schweren Elementen durchsetzte Gasmassen in den Interstellaren Raum treiben können. Im naturwissenschaftlichen Bild ist dies gar die Voraussetzung für Planeten wie die Erde und was damit zusammenhängt (nach Gribbin & Rees 1994).

Viele weitere Beispiele sind am Ende von Kap. 4 unter „Zusammenfassende Bewertung“ im Hinblick auf unser Planetensystem gegeben; weitere werden bei Barrow und Tipler 1989 und bei Ross 1993 diskutiert.

Creation Pointer

Bei diesen Feinabstimmungen handelt es sich nicht um Anpassungen, wie sie in der Evolutionsbiologie diskutiert werden. Sie sind nicht zweckmäßige Ergebnisse einer „kosmischen Evolution", sondern im naturwissenschaftlichen Bild festgestellte, nicht tiefer begründbare Voraussetzungen für Leben.

Dieses Fine Tuning wird von vielen entdeckt und anerkannt, aber unterschiedlich interpretiert, z. B. mit der Vorstellung von Multiversen (Hypothetische Existenz vieler Universen) verbunden, unter denen das unsrige eines wäre. Da kann man sich zurecht fragen, ob es wirklich nicht sparsamer geht! E. TRYTON schrieb in diesem Sinn: *„Our Universe is simply one of those things which happen from time to time"* (TRYTON 1973). Diese Deutung der Feinabstimmung sieht richtig, dass auch Unwahrscheinliches gelegentlich passiert, wenn nur häufig genug entsprechende Versuche gestartet wurden. Sie gibt sich mit dem Zufall als Erklärung zufrieden. Nun ist der Hinweis auf Zufall (Kasten 6.1) keine Erklärung. Nach KANT ist er ein limitierender Begriff, der etwas verneint, ohne selbst eine konkrete Bestimmung zu haben. Zufall ist ein Nicht-Gesetz; er markiert die Grenze der Berechenbarkeit. Natürlich hat eine Multiversen-Vorstellung den „Vorteil", dass sie keine transzendente Welt braucht. Dafür behauptet sie allerdings die Existenz von etwas, wofür keinerlei konkrete Anhaltspunkte zu erwarten sind.

Andererseits: Warum sollte nicht eine transzendente Macht, ein Planer hinter dem Kosmos stehen? Warum sollte eine Schöpfungsdeutung kategorisch ausgeschlossen werden? Es hat sicher seine Vorteile, die Naturwissenschaft als eine Disziplin zu haben, in der Gott nicht als Kausalfaktor oder gar Lückenbüßer für Unverstandenes vorkommt. Es ist aber zu fragen, wie weit dieses methodische Prinzip bei den hier angesprochenen Grundsatz- und Grenzfragen sowie den Fragen nach dem Ursprung und der Geschichte des Kosmos noch angemessen ist. Wo wird die Frage nach Gott unausweichlich? Muss er nur als Anklageposition herhalten, wenn Katastrophen

Kasten 6.1: **Zufall**

Zufälliges Geschehen kann im Rahmen der Methodik der Naturwissenschaft nicht gewertet werden. Wer ein Geschehen als plan- oder absichtslos bezeichnet, wie es der umgangssprachliche Zufallsbegriff („blinder Zufall") nahe legt, der verlässt den naturwissenschaftlichen Bereich. Es gibt allerdings Zusammenhänge, wo scheinbar zufälliges Geschehen sich als durchaus plan- und sinnvoll erweist, ohne gleich als solches erkannt zu werden.

Beispiel **1**: Im Schachspiel ist die Zuglänge eines Läufers in den Schachregeln nicht festgelegt. Einem unkundigen Zuschauer werden in einem Spiel die Züge mit den Läufern zufällig erscheinen. Gerade dahinter verbirgt sich aber die Strategie, der Plan, die Absicht, das Know-how des erfahrenen Spielers! (nach MUTSCHLER 1997).

Beispiel **2**: Der Autoverkehr hat viele Merkmale, die zufällig sind: die Typen vorbeifahrender Autos, deren Farbe, ihre Geschwindigkeiten, die Fahrzeugabstände etc. Sie sind für einen Betrachter am Straßenrand zufallsverteilt.

Aus der Sicht der einzelnen Autofahrer wäre es aber unsinnig, dieses Geschehen deshalb als plan- und sinnlos zu werten. Die Auswahl der Farbe, das Erreichen einer Geschwindigkeit, das Einhalten eines Fahrzeugabstandes sind Folgen von Entscheidungen. Jede einzelne Fahrt kam aufgrund eines Willensentschlusses zustande.

Auf die Naturwissenschaften bezogen heißt dies, dass einem (scheinbar) zufälligen Geschehen in einem erweiterten Deutungszusammenhang unter Umständen ein Sinn, ein Plan, zugeordnet werden kann.

„Die Zufälligkeit der Naturkonstanten kann ich als Wahl zu meinen Gunsten deuten."
W. PANNENBERG, Theologe

über uns hereinbrechen? Als Naturwissenschaftler sollte man sich Rechenschaft darüber geben, dass man zwar Naturgesetze formulieren und ihre Gültigkeit über die Zeit hinweg feststellen kann, dass man aber z. B. die zeitliche Konstanz nicht begründen oder garantieren kann. Wer beginnt, sich darüber zu wundern, wird vielleicht aufgeschlossen werden für die Aussage, die den Bestand der Gesetze als Willen Gottes formuliert nach dem Motto: *„... alles hat in ihm seinen Bestand“* (Kol. 1,13-17).

Aber selbst die anthropische Deutung eines Planers oder Designers hat seine Grenze darin, dass sie nur wenig Spezifisches über den Designer zu sagen weiß. Dazu muss man sich als Ergebnis eines persönlichen Willensentschlusses an die Bibel wenden.

6.3 Zum Verständnis des Genesisberichts aus kosmologischer Sicht

> «Die verstehen sehr wenig, die nur verstehen, was sich erklären lässt.»
> Marie von Ebner-Eschenbach

Wir erheben nicht den Anspruch, den Genesisbericht in Gänze und umfassend zu verstehen. Deshalb wird hier auch nicht dessen endgültige Deutung für alle Zeiten festgeschrieben. Da er kein naturwissenschaftlicher Bericht ist, wohl aber allgemein verständlich die durch Gott geschaffenen Werke aufzählt und eine Erschaffung durch das Wort bezeugt, werden hier insbesondere seine Kernaussagen weiter vertieft, wohlwissend, dass der Bericht in seiner Gesamtheit auf einer anderen Erkenntnisebene liegt, nämlich das Schöpferhandeln Gottes bezeugt. Aber eine theologische Aus-

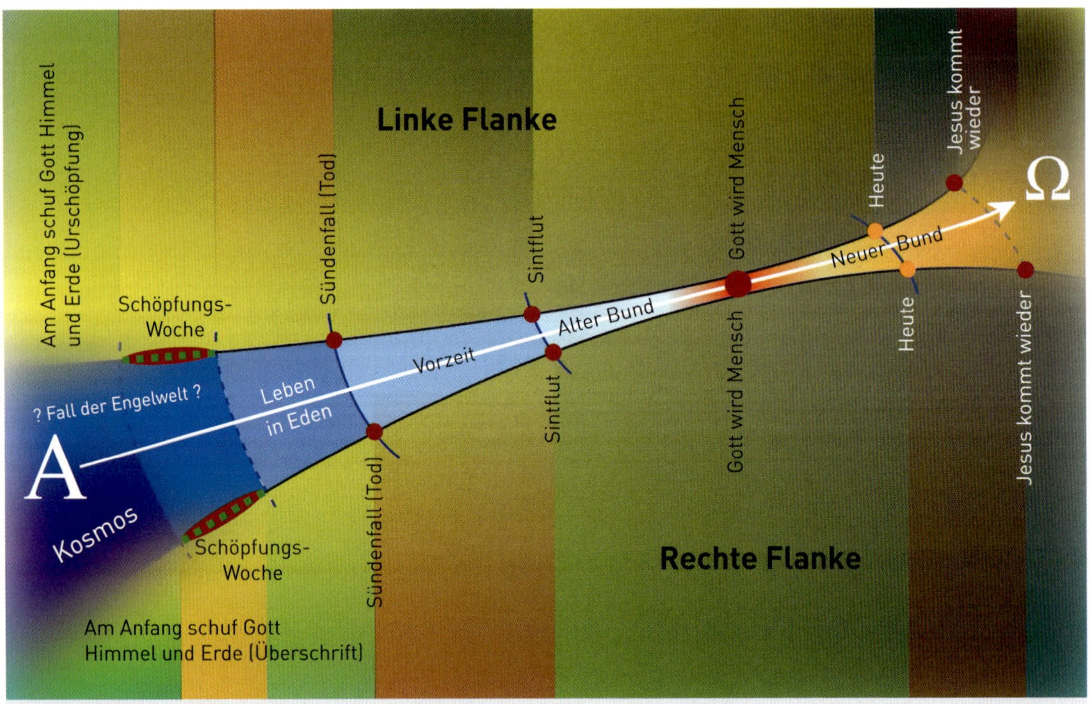

Abb. 6.2: Darstellung eines Schöpfungsdeutungsrahmens, der den Raum aufzuspannen versucht, in dem wir den Genesisbericht verstehen und Beobachtungsdaten einsortieren. Die Genesis ist in den Gesamtrahmen der Heilsgeschichte eingebunden dargestellt. Während die Heilsgeschichte weitgehend geschlossen dargestellt werden kann, soll das Aufweiten der Raumes am Anfang und am Ende der Zeit den natürlichen Unsicherheiten grafisch Rechnung tragen. Mit der Teilung des Bildes entlang des Zeitpfeils werden zwei verschiedene Deutungen zugelassen. Die Unterschiede beziehen sich vor allem auf den Beginn des Zeitpfeils (nach einem internen Positionspapier der Physik/Kosmologie-AG von Wort und Wissen zur Einordnung biblischer Kosmologien; vgl. auch Hilbrands 2004).

sage, die nichts über die konkrete Wirklichkeit zu sagen hat, wäre leeres Geschwätz – insbesondere wenn es um so ein grundlegendes Thema geht.

Wir begreifen den Genesisbericht als „Prophetie nach hinten". Es handelt sich hierbei nicht um eine Prophetie im herkömmlichen Sinne, die es zu erfüllen gilt und an dessen Erfüllung man ihre Glaubwürdigkeit messen kann (denn die Schöpfung fand ja schon statt); mit „Prophetie" soll hier das Element der Offenbarung hervorgehoben werden. Gott teilt uns hier mit, was geschah. Der Genesisbericht ist so einzigartig wie der Vorgang, den er beschreibt. Der Bericht lässt, ähnlich der klassischen Prophetie, im Rahmen der ganzen biblischen Aussagen gewisse Deutungsräume und Interpretationsspielräume zu. Je weiter wir zu einem Uranfang vorstoßen, desto schwieriger werden Aussagen im Hinblick auf deren Eindeutigkeit, was in Abb. 6.2 durch die jeweilige Aufweitung am Anfang und Ende des Deutungsrahmens zum Ausdruck kommt. Zudem sollte „das oder jenes traue ich Gott zu" ersetzt werden durch „was gibt der Text her". Neben dem „Buch der Bibel" ist für uns das „Buch der Natur" eine weitere, wenn auch aus besagten Gründen nachgeordnete, Erkenntnisquelle. Daten sollen uns also helfen, Interpretationsspielräume aus dem Genesisbericht einzuordnen. Es gilt, so dem Zeugnis von Gott als Schöpfer in unserer Zeit zu begegnen.

Wir sind uns des Folgenden bewusst: Gott hat in Jesus Christus Knechtsgestalt angenommen; er hat sich herabgelassen und sein Wort hineingegeben in die zeitbedingten Vorstellungsräume jener/ unserer Zeit. Indem Gott sein Wort sündigen, irrenden Menschen anvertraut, nimmt er es auf sich, dass dieses Wort auch einem verkürzten Verständnis und verschiedenen Deutungen preisgegeben wird. Eine reine naturwissenschaftliche Sicht ist im Genesisbericht nicht zu erwarten. Dennoch nehmen wir diesen Bericht ernst. Daher wollen wir durch umsichtigen Umgang vorschnelle Interpretationen zu vermeiden versuchen. Für uns ist es Ausdruck von Respekt und – um es mit einem alten Wort auszudrücken – Demut vor dem Wort, wenn wir dem, was wir meinen (heute) zu verstehen, einen Deutungsrahmen zuweisen, soweit er

- Inhalt und Charakter des Genesisberichts gerecht wird; dabei ist zu bedenken, dass es nicht zu allen heute gestellten naturwissenschaftlichen Fragen eine sprachlich-exegetische Punktlandung gibt,
  - weil es anerkanntermaßen Leerstellen gibt; d. h. dass nicht alle Vorgänge lückenlos beschrieben werden
  - weil er eine literarisch unvergleichliche Schilderung ist
  - weil er kein naturwissenschaftlicher Bericht sein will
  - weil er Statuswechsel beschreibt, die gegebenenfalls mit Änderungen der physikalischen Eigenschaften einhergingen
- sprachlich dem überlieferten Text nicht widerspricht
- von (kosmologischen) Daten nahegelegt wird

Wir legen dabei zwei Schöpfungsskizzen als Schöpfungsdeutungsrahmen zugrunde, dessen Freiräume wir als nicht im Widerspruch zur biblischen Überlieferung stehen sehen. Dieser Schöpfungsdeutungsrahmen ist in Abb. 6.2 skizzenhaft dargestellt.

a) Rechte Flanke des Schöpfungsdeutungsrahmens

Nachstehende Ausführungen beziehen sich auf die rechte Flankierung des Schöpfungsrahmens von Abb. 6.2. Wir gehen textgetreu am Genesisbericht entlang. Die Geschichte der Raumzeit beginnt mit der Erschaffung von Himmel und Erde am Tag 1. In den ersten drei Tagen der Schöpfungswoche würde die Erde schrittweise durch Schöpfungs- und Scheidewerke („erschaffen" und „scheiden" sind die zentralen Verben) aus dem ungestalteten Tohuwabohu (1. Mose 1,2) gebildet. Um für Meeres- und Landlebewesen bewohnbar zu sein wird sie im weiteren Verlauf ausgestaltet und mit Leben gefüllt. Dies beinhaltet, dass die Sonne, der Mond und die Gestirne am Tag 4 geschaffen und zusätzlich zur Erde um dieselbe im Weltraum angeordnet wurden.

Nimmt man die Größenordnung der in der Bibel geschilderten Alter der Geschlechter, so erhält man den Hinweis auf ein „Genesisalter" von rund 10 000 Jahren. Eine Unterstützung dieser Auslegung ist durch 2. Mose 20, 11 zu erhalten, wonach Himmel und Erde in sechs Tagen gemacht (hebr. „asah" עָשָׂה) wurden (siehe unter b)). Der 1. Vers „Am Anfang schuf Gott Himmel und Erde" wird als Überschrift bzw. Zusammenfassung von 1. Mose 1 verstanden.

Problemzonen:

- Wenn ein Schöpfungstag die Spanne zwischen Morgen und Abend ist, dann müssen zunächst die Tage 1 bis 4 ein anderes, in Bezug auf die Position der Erde, fest stehendes Licht gehabt haben, das die rotierende Erde beschienen hat. Dadurch bedarf es einer Rückprojektion des späteren Verständnisses für einen (Sonnen-) Tag. Es gab zwar Licht, aber es war wohl nicht das der Sonne. Der 1. Vers wird „Am Anfang schuf Gott Himmel und Erde" wird als Überschrift bzw. Zusammenfassung von 1. Mose 1 verstanden..
- Adam (und die Vögel zur ihrer Navigation) konnte nach heutigem physikalischen Verständnis aus Lichtlaufzeitgründen erst nach längerer Zeit das Licht der ersten Sterne sehen; hier kann allerdings, so wie auch im nächsten Punkt, das Element der zwangsläufigen Täuschung einer „erwachsenen" Schöpfung berücksichtigt werden, deren physikalische Implikationen im Einzelnen offen bleiben müssen.
  Dazu kommt: Nach dem heutigen physikalischen Verständnis braucht ein im Innern der Sonne angelaufener Fusionsprozess bis zu Millionen von Jahren, damit sich die im Innern erzeugte Energie allmählich bis an die Sonnenoberfläche vorarbeitet und dort als Strahlung mit Lichtgeschwindigkeit freigesetzt wird. Danach würden uns heute die Neutrinos (die mit Lichtgeschwindigkeit reisen) einen Fusionsprozess im Innern der Sonne signalisieren, aber wir würden noch immer vom „Licht der Schöpfung" leben. Die zu Adams Zeit im Sonneninneren erzeugten Photonen wären noch nicht bei uns angekommen.
- Es widerspricht unserem heutigen physikalischen Verständnis, dass im leeren Weltraum die Erde installiert war, um die später die Sonne, der Mond und Sterne platziert wurden.
- Die physikalischen Gegebenheiten eines Kosmos und auch die zu erwartenden Lichtlaufzeiten und damit die Alter der Sterne und Galaxien passen nach den heutigen Gesetzmäßigkeiten und physikalischen Größen nicht in den erwähnten Zeitrahmen.

Auch andere, von Abstandsmessungen unabhängige Größen, weisen auf andere Gegebenheiten hin, was immer daraus zu schließen ist. Nachfolgend einige Beispiele:

1. Unser Sonnensystem reist mit rund 800 Millionen Kilometern pro Stunde um das Zentrum unserer Milchstraße und braucht für einen Umlauf rund 230 Millionen Jahre.

2. Es ist nicht leicht einzuordnen, wie eine junge, bewohnte Erde über 160 Einschlagsprozesse – erzeugt durch große Körper aus dem Weltraum – verkraften konnte.

Ein weiteres eindrückliches Beispiel sind die Galaxien, deren Sternenverbund durch Gravitationswechselwirkung zusammen gehalten werden. Nach der Einsteinschen Relativitätstheorie kann sich auch die Gravitationskraft höchstens mit Lichtgeschwindigkeit ausbreiten. Die Konsequenz ist, dass bei derart gewaltigen astronomischen Systemen wie den Galaxien Hunderttausende von Jahren nötig sind, damit sich die Gravitationskraft über die gesamte Galaxie ausbreiten kann. Hätte eine Galaxie zum Zeitpunkt ihrer Erschaffung keine bereits wirksame Wechselwirkung ihrer Gravitation, würde sie auseinander fliegen.

b) Linke Flanke des Schöpfungsdeutungsrahmens

Der entscheidende Unterschied zwischen linker und rechter Seite in Abb. 6.2 liegt in der Tatsache, dass der 1. Vers: „Am Anfang schuf Gott Himmel und Erde..." nicht als Überschrift oder Zusammenfassung (rechte Seite), sondern als „Urschöpfung" verstanden wird (linke Seite), wo der Kosmos mit seinen Objekten eingerichtet wurde und damit die Erde als steriler Planetenkörper vorhanden war.

Angeregt wird diese Sichtweise nicht nur vom naturwissenschaftlichen Verständnis sondern auch von der Tatsache, dass in diesem Zusammenhang für Schaffen das hebräische Wort bara (hebr. ברא) verwendet wird, das in der Regel voraussetzungsloses, göttliches Schaffen bezeichnet. Da dieses Wort allerdings auch teilweise zusammen mit dem üblichen Wort für Schaffen, nämlich asah, verwendet wird, kann es nur hinweisend eingesetzt werden. Es ist damit kein eindeutiges Kriterium, um zwischen „Überschrift" und „Urschöpfung" zu unterscheiden. Jedenfalls ist V. 1 die einzige Stelle im Genesisbericht, wo im Zusammenhang mit der unbelebten Materie bara überhaupt Verwendung findet. Zusammen mit V. 1 im Johannesevangelium: „Am Anfang war das Wort und das Wort war bei Gott und Gott war das Wort ..." wird Gottes Logos als das Urmedium der Schöpfung deklariert. Diese Zuspitzung auf eine Nullpunktsituation, d. h. auf die Voraussetzungslosigkeit des Schaffens Gottes wird mit bara zum Ausdruck gebracht, wo Gott das Subjekt ist und bewusst vermieden wird, von einem Material zu sprechen, aus dem Gott seine Werke geschaffen hat. Um die Bedeutung des hebräischen Wortes bara zu illustrieren, stellen wir uns einen Baum vor, der im Sinne eines Wunders plötzlich da ist und aus dem der Schreiner gemäß asah dann ein Bett macht.

Die Phase des Tohuwabohu in V. 2 (Darstellung eines unbewohnten, ungeordneten Zustandes) könnte mit der auffallend häufigen und dichten Bombardierung der Planeten- und Mondoberflächen mit Meteoriten in deren Frühphasen im Zusammenhang stehen, die in gewisser Weise Geschichtsbücher der Astrophysiker sind (siehe Kap. 4.1). Die Schöpfungswoche würde sich in diesem Deutungsrahmen auf den Ausbau und die Ausgestaltung der vorhandenen, aber noch sterilen Erde beziehen, auf den Ausbau der Biosphäre. Das würde der Erde als „Fokus der Schöpfung" gerecht. Wenn nun am Tag 4 die Sonne und die Gestirne geschaffen (asah) wurden, muss dies in dieser Interpretation des Genesisberichtes ein Sichtbarwerden himmlischer Objekte meinen (ein irdischer Beobachter hätte das eine nicht vom anderen unterscheiden können), so wie das feste Land durch Wegschaffen des Wassers zum Vorschein kam. Noch heute ist beispielsweise auf der Venus oder dem Saturnmond Titan wegen ihrer dichten Atmosphären die Sonne nicht zu sehen. Dazu noch eine Anmerkung, die uns beispielhaft zeigen kann, dass in der Bibel dieses Bild eines (Ur-) Ozeans, der durch eine darüber liegende Wolkenschicht das Licht des Himmels bedeckt, aufgenommen wird:

Hiob 38, 8+9: *Wer hat das Meer mit Toren verschlossen, da es hervorbrach aus dem Schoß der Erde? Ich war`s, ich hüllte es in dichte Wolken, als Windeln gab ich ihm den dichten Nebel.*

Der Beginn der Kosmos-Schöpfung lässt sich in der Interpretation nach der linke Seite grundsätzlich nicht datieren; vielleicht fehlt auch deshalb ein Hinweis auf diesen Aspekt in der Bibel. Damit hätte Gott vor nicht festzulegender Zeit Materie und Strukturen auf kosmischen Skalen (Sternhimmel mit seinen Galaxien und Planeten) aus dem Nichts geschaffen. Es war so etwas wie der Rohbau des Kosmos. Der Text sagt nichts von einem Urknall, er sagt nichts von einer Wasserwelt, nichts von einem Schwarzen oder Weißen Loch. Der Text spricht klar und einfach von „Himmel und Erde", die geschaffen wurden. Himmel meint dann nicht einfach die (leere) Raumzeit, sondern wie es z. B. in Psalm 8 steht: *Wenn ich sehe den Himmel, deiner Finger Werk, den Mond und die Sterne ...*

Sind die Problemzonen bei der „rechten Flanke" naturwissenschaftlicher Art, so sind sie bei der „linken Flanke" exegetischer Natur:

- die Erschaffung von Sonne, Mond und Sterne am Tag 4 wird nun als „sichtbar werden" interpretiert. Zwar wird in diesem Vers das „schwächere" Wort asah עשה für Schaffen verwen-

det, aber „sichtbar werden" wird damit im Alten Testament nie ausgedrückt (es gäbe für dafür geeignete Begriffe im Hebräischen, die im Alten Testament verwendet werden) und scheint der Verwendung des Wortes asah nicht gerecht zu werden.
In 2. Mose 20, 11 wird die Erschaffung des Himmels ausdrücklich in die Schöpfungswoche integriert. Zwar wird auch hier das Wort asah verwendet, aber wenn wir das dann mit „Ausgestaltung" übersetzen wollen, müsste hier von einem anderen Himmel die Rede sein als in 1. Mose 1 („sky" statt „heaven"). Das ist aber nicht der Fall, denn das Paar „Himmel und Erde" meint immer die Gesamtheit des (sichtbaren) Kosmos.

Wir können und wollen uns nicht auf „linke" oder „rechte" Seite festlegen. Es gibt dazu noch keinen Konsens. Wir lassen das Spannungsfeld zwischen beiden Sichtweisen bewusst bestehen und sprechen daher auch von einem Deutungsrahmen. Während die rechte Flanke des Deutungsrahmens eher die exegetische Deutung betont, mag die andere Flanke eher mit der naturwissenschaftlichen Sichtweise kompatibel sein. Damit ist auch das Spannungsfeld zwischen einer exegetischen und einer interdisziplinären Auslegung angedeutet.

Nach dem Genesisbericht hat das Universum eine Geschichte hinter sich, die physikalisch nicht beschreibbar ist. Durch Fine Tuning kann gezeigt werden, dass wir ein geniales Universum vor uns haben, das nicht nur durch seine Größe und Schönheit, sondern durch ausgesprochene Raffinesse besticht. Dessen Designer kann nicht selbst zu unserem Universum gehören, da er ja sonst auch der Naturgesetzlichkeit unterliegen würde. Zudem hat er eine Eigenschaft, die es in unserem Universum nicht gibt: Er ist allmächtig. Daher hat Einstein völlig recht, wenn er sagt: Der Alte würfelt nicht. Er tut es nicht, denn er kennt ja schon das Ergebnis. Für ihn existiert kein Zufall, da dieser seiner Allmacht widersprechen würde.

Zusammenfassung. Der Schöpfungsdeutungsrahmen wurde nicht deshalb eingeführt, um schließlich eine Lösung zu finden, die sich nicht mehr mit wissenschaftlichen Daten stößt, sondern aus dem Motiv heraus, was der biblische Text aussagt und was er zulässt, ohne zu einem Widerspruch zu führen.

In der linken Flanke des Schöpfungsdeutungsrahmens lassen sich erstaunlicherweise viele naturwissenschaftliche Informationen zwanglos einordnen. Damit hätte der Schöpfer z. B. durch die Schaffung von Prototypen in dieser Kosmos-Schöpfung einen Anfang gesetzt, und so, wie sich Menschen und Tiere fortpflanzen, hätten wir auch die Neuentstehung von Sternen und Planeten (siehe Kap. 4) als eine entwicklungsbasierte Fortsetzung des Geschaffenen mit gewissen Variationen zu sehen, nach dem Motto: Es gibt Evolution, aber sie kann nicht alles. Das Entscheidende dabei ist: Sie ist nicht aus sich heraus kreativ, sondern hat allenfalls Kreativität verliehen bekommen. Sie hat zudem ihre Grenzen. Allerdings hat die Evolutionsanschauung wie ein Erdbeben Einfluss genommen auf die menschliche Suche nach Sinn, der sich nicht selten auf das Weiterbringen der Evolution reduziert.

Es sollte nicht zu sehr verwundern, dass eine auf den Menschen gezielte Schöpfung sich auf dessen Wohnstatt, die Erde, konzentriert, deren Ausbau in der Schöpfungswoche beschrieben sein könnte. Der „Rest" des Kosmos ist aus der Sicht der Erde schmückendes Beiwerk, das als Abbild der Größe, Macht und des verschwenderischen Reichtums des Schöpfers angesehen werden kann.

Zur Naturwissenschaft gehört unabdingbar etwas, das sich durch die Anthropische Kosmologie besonders gut darstellen lässt – ein Sinn für Wunder. Uns scheint deshalb eine Welt voller Wunder eher wahrscheinlich als eine Welt, die so klein ist, dass unser Verstand sie fassen kann.

„Man kann das Weltgebäude nicht ansehen, ohne die trefflichste Anordnung in ihrer Einrichtung und die sicheren Merkmale der Hand Gottes in der Vollkommenheit ihrer Beziehungen zu erkennen." (I. Kant)

„... allein ich will meine Meinung lieber in Gestalt einer Hypothese vortragen, und der Einsicht des Lesers überlassen, ihre Würdigkeit zu prüfen, als durch den Schein einer erschlichenen Überführung ihre Gültigkeit verdächtig zu machen, und indem ich die Unwissenden einnehme, den Beifall der Kenner verlieren." I. KANT

6.4 Zum Verständnis der Kosmologie aus der Sicht der Schöpfung

Das größte Konfliktpotential beim Versuch, die Schöpfung und moderne Kosmologie zusammen zu sehen, ergibt sich aus der Feststellung eines Kurzzeitszenarios. Genügend Zeit vorausgesetzt wäre es vielleicht möglich, gewisse Schöpfungsakte im Rahmen einer Entwicklungslinie zu sehen. Wenn man einen Töpfer im Zeitlupentempo bei der Herstellung eines Gefäßes betrachtet, könnte man vielleicht auf die Idee kommen, der Gegenstand sei auf irgendeine Art gewachsen, quasi von selbst, vielleicht gleich einem Kristallisationsprozess. Aber so? Sechs Tage? Das geht: ratz-fatz und fertig! Keine Chance für Entwicklung, egal auf welcher Seite des Rahmens von Abb. 6.2 wir uns bewegen. Deshalb ist das mitleidige Lächeln der Anhänger des Standardmodells und seiner Alternativen angesichts solch einer Idee zumindest nicht verwunderlich. Gerade deshalb ist aber auch der Satz: *Himmel und Erde wurden in sechs Tagen erschaffen* semantisch seziert worden, um genau zu verstehen, was damit gesagt ist.

Oft wird die Frage gestellt: Handelt es sich um sechs Tage gemäß unserem Verständnis, also sechs vollständige synodische Rotationen (Mittag zu Mittag) der Erde? Das entspricht nach gegenwärtiger Tageslänge sechs vollständigen siderischen Rotationen um je 360° plus noch etwa 6°, weil die Erde auf ihrer Bahn um die Sonne inzwischen ein Stück weiter gewandert ist. Ein Erdentag ist zwangsläufig an die Existenz der Eigenrotation der Erde um sich selbst, wie auch der Existenz einer Erdbahn in Sonnennähe gekoppelt. In diesem Sinne setzt die Messung des ersten Tages bereits die Existenz der Sonne bzw. einer anderen uns nicht bekannten Lichtquelle voraus. Dieser Interpretation schadet es nicht, falls die Tageslänge früher, d.h. vor dem Phasenübergangs des Sündenfalls nicht unserer entsprochen hätte. Selbst wenn die Erdrotation gebunden gewesen wäre, d.h. sie wendet der Sonne stets die gleiche Seite zu (genauso wie der Mond der Erde), könnte es sich bei den sechs Tagen höchstens um einen Zeitraum von etwa sechs Jahren handeln. Aber auch damit ist im Verhältnis zur Standardkosmologie noch nichts gewonnen. Es gibt Versuche, das hebräische Wort für Tag im Sinne eines Zeitraums gleich einem Äon zu deuten. Jeder Tag wäre dann etwa 2.5 Milliarden Jahre lang. Man fragt sich dann aber zu Recht, warum solche Zeiträume als Bezugspunkte für den Dekalog herhalten müssen, der doch erst nach dem Sündenfall, selbst als eine der geschichtlichen Konsequenzen, formuliert worden ist. Außerdem ist bei jedem Schöpfungstag ausdrücklich von „Es wurde Abend, es wurde Morgen" die Rede. Der Dekalog ist in unseren Raum und in unsere Zeit gesprochen und Gott wusste sehr gut, dass jeder Hörer auf dieser Welt, der vor dem 21. Jahrhundert lebte, sich darunter den Zeitrahmen von sechs Tagen einer Woche vorstellen würde. Will man ihm nicht bewusste Täuschung unterstellen, dann bleiben nur noch wenige andere Deutungen.

Könnte es sich um ein übersetztes Zeitmaß handeln? Nach der Schöpfung der Welt befand sich die Schöpfung in einer Phase der Gottesnähe. Im Genesisbericht finden sich dazu bildliche Redeweisen: Gott ging in der Abendkühle im Garten umher. Die besondere Gegenwart Gottes bedeutet auch, dass in dieser Phase Gottes Welt und die neu geschaffene Welt eng miteinander verwoben waren. Das Zeitmaß Tag ist jedoch sehr eng an unsere Materie gebunden. Ohne die Existenz von Materie gibt es, so weit wir die Gleichungen verstehen, weder Raum noch Zeit. Gott ist nicht an dieses Zeitmaß gebunden, er hat sein eigenes Zeitmaß, das in der Bibel oft mit Ewigkeit bezeichnet wird. Dabei handelt es sich nicht um eine große Zeiteinheit im Vergleich zum Tag, also nicht um eine Skalierung, sondern um eine völlig andere Qualität, für die wir keine Vorstellung haben. Es wäre also immerhin möglich gewesen, dass die Schöpfung sechs Gottestage gedauert hätte. Die ersten Menschen wären wegen ihrer Gottesgegenwart wahrscheinlich in der Lage gewesen, mit dieser Qualität von Zeit umzugehen. Mit der Gottesnähe verschwand auch der Zugang zu dieser Zeitqualität. Auch das Zeitempfinden des Menschen hätte dann beim Sündenfall einen Phasenübergang erlebt, und wir wären nicht mehr in der Lage, die ursprüngliche Bedeutung der sechs Tage zu ermessen. Die Sieben-Tage-Woche des Dekalogs wären dann nur ein schwacher Abglanz, ein Schatten der ursprünglichen Bedeutung einer völlig anderen Zeitqualität. Dessen Länge in unserer Zeit hätte dann fast nichts mehr mit der ursprünglichen Bedeutung gemein, außer der stetigen Erinnerung an die Tatsache der Schöpfung an sich. Damit wären dann die sechs Tage allerdings in ein Geheimnis gewandelt und an den Glauben verwiesen. Erst am Ende der Zeit würde es sich lüften.

Es gibt weitere Spekulationen über die mögliche Bedeutung der sechs Tage. Sie haben gemeinsam, dass der Zeitbegriff und die Einheit Tag in verschiedener Hinsicht gedeutet werden. Auf eine ausführliche Darstellung muss hier verzichtet werden. Auch über die Bedeutung des hebräischen Wortes „Himmel" ist spekuliert worden. Es ist ein Pluralwort und muss genau mit „die Himmel" übersetzt werden. Ist damit wirklich das Weltall gemeint, der Raum oberhalb der Erdatmosphäre? Oder müsste dieser Begriff nicht auch die Luft und Wolken, die gesamte Atmosphäre mit einschließen, die Welt oberhalb der Reichweite der Tiere und Pflanzen, oberhalb der Berge? Egal wie im Einzelnen die Deutung der Begriffe Himmel und sechs Tage ausfällt, die direkteste Interpretation der sechs Tage sind sechs Mal die Zeitspanne zwischen Morgen und Abend und sie ist zugleich auch diejenige, die orthogonal zu den aktuellen wissenschaftlichen kosmologischen Modellen steht.

Wie kann es also gelingen ein Modell des Universums zu bauen, das nach sechs Tagen den Anblick liefert, der dem heutigen entspricht? Dabei wird außerdem angenommen, dass dieser Schöpfungsakt vor erst einigen tausend Jahren, also kosmologisch kurzer Zeit, stattgefunden hat. Schon in vorherigen Kapiteln hatten wir gesehen, dass einfache Setzung in Raum und Zeit das Element der Täuschung beinhaltet. Bereits das Licht von entfernten Sternen innerhalb unserer Milchstraße wäre gegenwärtig immer noch geschaffenes Licht, weil das Licht der Sternoberflächen uns innerhalb der kurzen Zeit von einigen tausend Jahren noch nicht erreicht haben könnte. Dies setzt natürlich die Konstanz der Lichtgeschwindigkeit voraus, zu der in Kapitel 5 Stellung bezogen wurde. Der Bibel nach hat Gott nach Ablauf der sechs Tage die Schöpfung als „sehr gut" bezeichnet. Es wäre sehr merkwürdig, wenn der größte Teil dieser Schöpfung zu diesem Zeitpunkt für die ersten Menschen Fiktion, eher einer Kinoleinwand gleich, und nicht wirkliche Schöpfung gewesen sein soll. Aus dieser Überlegung folgt, dass ein solches Modell das Element der Täuschung vermeiden sollte. Wenn dies gelänge, kann man weiter fragen: Was hätten wir erreicht, wenn ein solches Modell beschrieben werden könnte? Wir hätten die Ergebnisse der wissenschaftlichen Kosmologie mit der Bibel zusammengebracht und ein größeres Modell der Wirklichkeit entwickelt. Obwohl Spekulation, wäre es dann auch nicht ausgeschlossen, dass aus einem solchen Modell Hinweise folgen, die wiederum zu nachprüfbaren Vorhersagen innerhalb des rein wissenschaftlichen Teils des Modells führen.

Die gedankliche Durchdringung der Ergebnisse wissenschaftlicher Kosmologie und ihrer Theorien ist für sich schon schwer genug. Der Versuch, eine Sechs-Tage-Schöpfung mit einzubeziehen, überschreitet die Grenze menschlicher Vorstellung. Und doch gibt es Bemühungen. Horst W. Beck hat in seinen, sich dem sperrigen Zeitproblem widmenden Publikationen zumindest Gedankenexperimente skizziert, wie Denkhilfen erschlossen werden können (Beck 2003, 2005). Demnach enthält die physikalische Feldtheorie, die Burghard Heim, ein Physiker aus Göttingen, Mitte der 80er Jahre des vergangenen Jahrhunderts entwickelte, Ansätze in genau diese Richtung. Die Theorie ist äußerst unanschaulich: Sie geht von in *Planck–Elementarlängen* gequantelten Raumstrukturen aus, die in sechs Dimensionen statt der üblichen vier (drei räumliche, eine zeitliche) eingebettet sind. Die Zahl der Dimensionen dieser Struktur wurde später auf Schwindel erregende 12 Dimensionen erweitert (Dröscher & Heim 1996). Die Plancksche Elementarlänge von $1{,}6 \cdot 10^{-35}$ m ist dabei die kürzest mögliche physikalisch sinnvoll bezeichenbare Distanz, das heißt auf der die physikalischen Gesetze unterscheidbare Ergebnisse liefern. Wird eine solche gequantelte Länge als Teil der Raumstruktur aufgefasst, so ergeben sich aus ihrer Einbettung in weitere Dimensionen im Rahmen der Heimschen Feldtheorie ganz neue Aspekte. Die Welt, die wir mit unseren Sinnen wahrnehmen, erscheint als Projektion von Vorgängen in höheren Dimensionen. Den zeitlichen Abläufen ergeht es ebenso. Die 15 Milliarden Jahre, die wir heute im Weltall durchmessen, könnte man in diesem Sinne als Projektion aus einer höheren Dimension ansehen, deren eigene Länge wesentlich geringer sein könnte, zum Beispiel nur sechs Tage. Diesen Gedanken haftet ohne Zweifel Spekulation an, aber sie scheinen auf nachvollziehbaren Rechnungen zu basieren.

Die Projektion eines mehrdimensionalen Geschehens in unseren Raum und in unsere Zeit erinnert ein wenig an den schon oben besprochenen möglichen Phasenübergang zur Zeit des Sündenfalls mit dem damit verbunden Verlust von Gottesbeziehung. Die Bibel stellt fest, dass die Wiederherstellung der Beziehung des Menschen zu seinem Schöpfer nicht vom Menschen geleistet werden kann, sondern Gott kommt mit Jesus in unsere begrenzte Welt, damit wir wieder Anschluss an Gottes Welt finden. Die Wiederherstellung des ursprünglichen Schöpfungszustandes könnte unsere Augen auch für ganz neue Zusammenhänge und Dimensionen öffnen, die wir jetzt nur schattenhaft wahrnehmen. Viele, die meisten unserer Fragen, werden wegen unserer Verhaftung in dieser unserer Welt solange offen bleiben. Mit der wissenschaftlichen Erforschung unserer Welt versuchen wir, dieser Erkenntnisgrenze nahe zu kommen. Jeder Mensch vermag subjektiv für sich Teile einer größeren Wirklichkeit zu entdecken. Aber erst am Ende der Zeit, verspricht Jesus, *„werdet ihr mich nichts mehr fragen"*.

Eine diesbezügliche, persönliche Stellungnahme der Autoren ist in Kasten 6.2 ausgeführt.

Kasten 6.2: **Persönliche Position**

«Intellektuelle Errungenschaften haben spirituelle Bedürfnisse weder gestillt noch beseitigt.»

Wir, die Autoren dieses Buches, sind in gewissem Sinne keine objektiven Berichterstatter – falls es das in diesem interdisziplinären und sicher nicht weltbildneutralen Umfeld überhaupt gibt. Wir haben dieses Thema als engagierte Astrophysiker und überzeugte Christen angelegt mit folgenden Prinzipien:

- Es sollten nicht altbekannte Allgemeinplätze, die bereits in den Medien allgegenwärtig sind, vertreten werden; das hat uns zu einer gewissen „Einseitigkeit" der Themendarstellung veranlasst.
- Gerade Mehrdeutigkeiten der Interpretation und alternative Deutungsversuche astronomischer Daten bildeten die Schwerpunkte unserer Darstellung.
- Wir versuchten die Tatsache herauszuarbeiten, dass es ein konsistentes kosmologisches Bild nicht gibt, folgten gleichzeitig den uns heute verständlichen Spuren des Genesisberichts, um naturwissenschaftliche Daten interdisziplinär einzuordnen. „Spuren" deshalb, weil Gottes Schöpfungshandeln ein Geheimnis ist und bleibt und weshalb wir einen Deutungsrahmen brauchen.
- Wir sind deswegen nicht von der Möglichkeit einer lückenlosen Darstellung der wirklichen Abläufe überzeugt, vermuten vielmehr, dass sich eine solche nicht erreichen lässt und gehen allenfalls von einem gewissen „Lüften des Schleiers des Geheimnisses der Schöpfung" aus.

So wie in der Musik nicht ein einzelner Ton isoliert die eigentliche Wirkung ausmacht, sondern die Gesamtheit des Orchesters, so soll die rein naturwissenschaftliche Sicht in die Spannung dessen eingebettet werden, was vorher war und danach kommen wird. Die Bibel zeichnet uns mit dem Bericht über die Anfänge eine der umfassendsten Darstellungen der Geschichte des Universums und der (Heils-)Geschichte des in ihn eingebetteten Menschen.

Daraus ergeben sich grundsätzliche Positionen. Naturwissenschaft wird oft als widergöttliche Einrichtung gesehen, die Gott völlig außen vorlässt und alles durch Entwicklungsprozesse über lange, nicht verifizierbare Zeiten erklären will. Richtig ist, dass sie sich z. B. im kosmologischen Kontext die Aufgabe gestellt hat, die Ursprünge des Universums ohne Eingriff von außen darzustellen. Dass dies nicht dem wirklichen Ablauf entsprechen muss, ist für uns selbstredend und aus grundsätzlichen Erwägungen naheliegend (z.B.: Wer oder was gab den Auslöser zur Kosmosentstehung? Woher kommt die Information für die einfachsten aber auch die komplexesten Vorgänge und Strukturen? Woher kommt das Bewusstsein des Menschen? Woher kommen die Naturgesetze (warum sind sie konstant?, woher der Raum, woher die Materie? etc.).

Naturwissenschaft und Bibel stehen nicht im Widerspruch zueinander; sie sind nicht im Wettstreit. Sie sind in der Weise einander zugeordnet, dass die erstere durch die letztere definiert, bedingt und geführt wird, was dann zu wahrer Erkenntnis führt.

Aber deshalb kann Naturwissenschaft für sich auch nicht (mehr) den Anspruch erheben, Wahrheit zu suchen (auch wenn dies weitgehend suggeriert und oft dargestellt wird). Sie hat im Sinne der Kosmologie vielmehr die Aufgabe, eine mögliche Vergangenheit und Zukunft des Kosmos möglichst konsistent mit heute bekannten Gesetzmäßigkeiten und Daten zu beschreiben. Wer das „System Naturwissenschaft" aus diesem Blickwinkel sieht, kann vieles besser einordnen. Er weiß, dass sich deshalb Naturwissenschaft nur auf die „berechenbare" Seite des Schöpfers begrenzt.

Deshalb werden nachstehend nochmals die beiden unterschiedlichen Positionen mit ihren Prinzipien zusammenfassend einander gegenüber gestellt:

a) Naturwissenschaft kann nur mit Entwicklung umgehen

- Es gibt keine voraussetzungsfreie Wissenschaft.
- Naturwissenschaft setzt natürliche Abläufe und Entwicklungen voraus; dies ist Teil ihrer Methode.
- Naturwissenschaftliches Arbeiten ermöglicht nicht die Darstellung des wahren Ursprungsgeschehens.
- Ziel naturwissenschaftlicher Forschung ist unter anderem (nur) die Schaffung eines konsistenten Modellrahmens, in dem möglichst alle Erscheinungen „erklärt" werden und aus dem Voraussagen über zukünftige Ereignisse abgeleitet werden können.
- Sollte Naturwissenschaft je zu einer solchen geschlossenen Darstellung des gesamten Kosmosgeschehens kommen, so kann sie dafür keine Gewähr auf Historizität geben, womit der wirkliche Ablauf offen bleiben muss. Sie kann nur Möglichkeiten unter bestimmten Randbedingungen aufzeigen.

Mit der Naturwissenschaft verbindet sich historisch der Anspruch, sie allein habe die Kompetenz, alles in der Welt in seinen Zusammenhängen zu erfassen und zu erklären. Wir stehen vor dem Postulat: Alles in der Welt einschließlich ihres Ursprungs und Werdegangs müsse ohne einen Gott erklärt werden und für nichts dürfe er und sein Tun als Erklärungsgrund in Anspruch genommen werden. Alles muss auf weltimmanente Gegebenheiten zurückgeführt werden. Evolutionslehre fügt sich klassisch in dieses geistige Klima ein.

In den physikalischen Theorien ist sicher kein Platz für Gott vorgesehen, das wäre auch ein wenig eng für den, den aller Himmel Himmel nicht fassen können. Wenn wir also Schöpfung zulassen, dann muss/kann das grundsätzlich zu einer anderen Position führen, als eine ausschließlich naturwissenschaftliche Betrachtung nahelegt. Es sollte also nicht wundern, wenn sich dies zum Beispiel bei der Einschätzung der Alter bzw. Abläufe äußern würde. Alles andere würde eine Manipulation nahe legen. Dennoch bleiben die astronomischen Beobachtungsdaten auch für das Schöpfungsverständnis richtig und eine wichtige Informationsquelle.

b) Schöpfung kann im Kontext naturwissenschaftlicher Altersbestimmungsmethoden zu Täuschungen führen, wenn heutige Abläufe zurückgerechnet werden

- Ein schöpfungsrelevanter Kurzzeitbegriff („Genesisalter") kann nicht immer im Kontext der naturwissenschaftlichen Altersbestimmung („Geschichtsalter") verwendet werden. Damit kann ein alt erscheinendes Objekt durchaus ein junges Genesisalter haben. In Anwendung dieser Erkenntnis sollte eine bunte Mischung aus jung und alt erscheinenden Phänomenen in unserem Kosmos nicht zu sehr überraschen.
- Mögliche Statuswechsel in der Schöpfung verkomplizieren das Bild.

Wenn es hier im Kontext der Schöpfung um den Verdacht der Täuschung geht, so muss dazu vorweg eine Unterscheidung gemacht werden. Dazu soll das Beispiel des geschaffenen Adam dienen: Er war am Tag seiner Erschaffung sicher kein Baby. Damit täuschte seine Erscheinung ein Alter vor, weil wir Alter mit Entwicklung verbinden, die in diesem Falle nicht stattfand. Im Gegensatz dazu wäre es eine echte Täuschung, wenn Adam im trauten Familienkreis seinen Kindern Erinnerungen aus seiner Kindheit hätte erzählen können. Sicher kann darüber gestritten werden, ob Adam einen Nabel und der Baum des Lebens Baumringe hatte. Unser Beispiel würde das eher verneinen.

Die Rede von einer anderen Physik in den Anfängen der Kosmosgeschichte ist keine Erfindung der Genesis oder der Autoren dieses Buches. Phasen- oder Statuswechsel werden öfter in naturwissenschaftlichen Diskussion angeführt. So haben Ergebnisse des Hubble Ultra Deep Field View im September 2004 einige Fragen aufgeworfen und dazu geführt, dass Andrew Bunker von der Exeter University seinen Eindruck folgendermaßen formulierte: „Another possibility is that physics was very different in the early Universe; our understanding of the recipe stars obey when they formed is flawed" (aus BBC-News vom 23. Sept. 2004 „Hubbles deepest shot is a puzzle"). Der biblische Bericht über die Kosmosgeschichte legt solche Statuswechsel nahe, z. B. beim Sündenfall. Aus dem bereits Gesagten ergeben sich Konsequenzen:

c) Vorläufiges Fazit

- Naturwissenschaftliches Arbeiten ist ein rein innerweltlicher Prozess, der uns allenfalls auf die Spur der Schöpfung bringen kann.
- Alternative Modelle können aus der Sicht der Kosmologie nicht auf Kurz- oder Langzeitaspekte verkürzt werden.
- Schöpfung täuscht immer Geschichte vor, die nie stattgefunden hat, wenn man Entwicklung unterlegt.
- Naturwissenschaft gibt nicht die grundlegenden Antworten, sondern flankiert sie.
- Ursprungsforschung erfordert zur Orientierung das Element der Offenbarung.

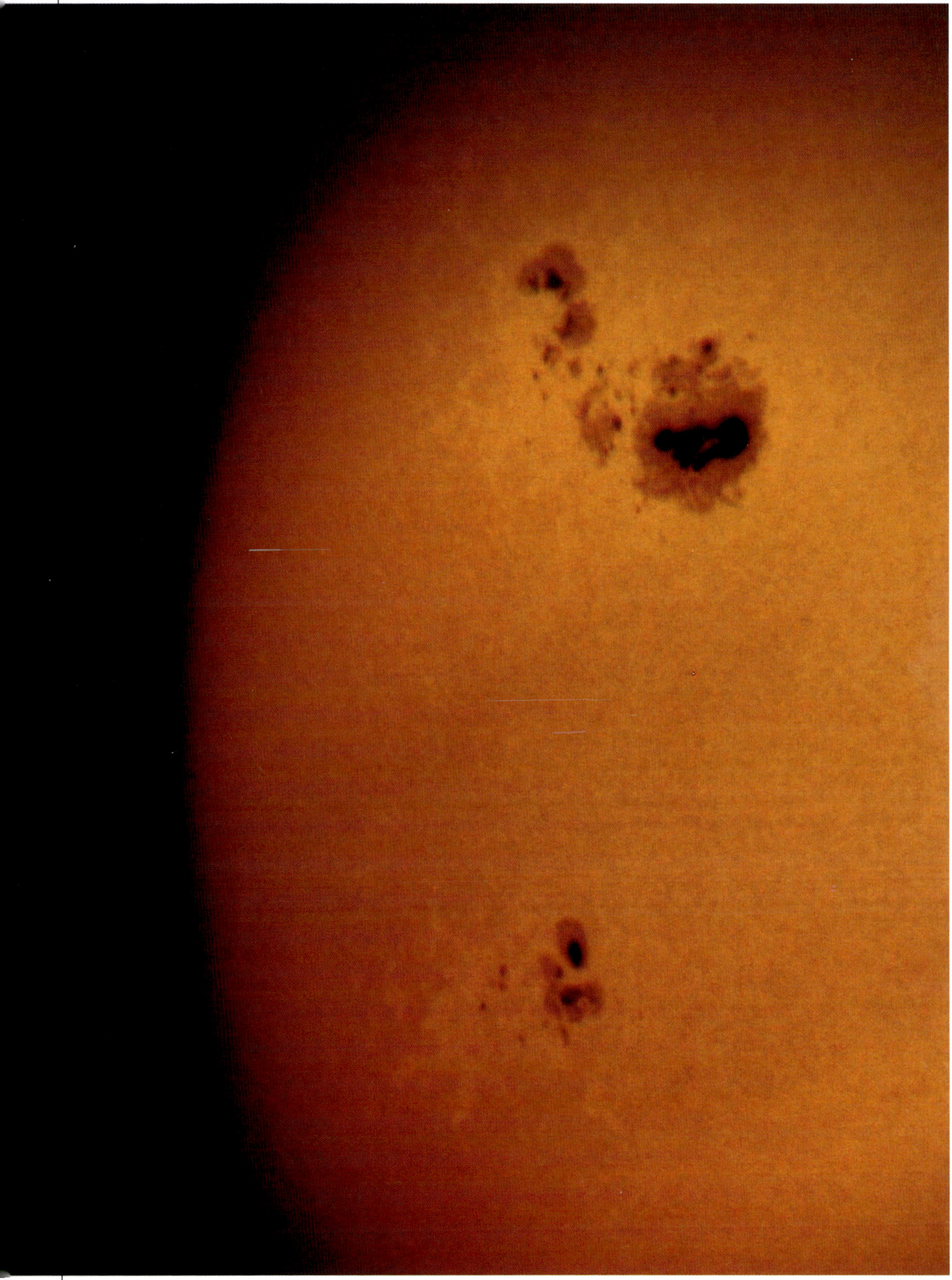

(Bild: Norbert PAILER)

„Die größte Offenbarung ist
die einsame Stille unter einem
sternenklaren Himmel.
Sie ist das Beste von allem
Glück der Welt."

ANHANG

In den Weltraum gelinst

Wie man den Himmel zur Spielwiese macht

Die Kulisse steht. Das Wort Kosmos ist ableitbar von Kosmetik. Diese ist im Allgemeinen als Hingucker gedacht. Das sollte beim Kosmos nicht anders sein, zumal er nach Worten von König David die Ehre Gottes erzählt. Natürlich sind wir von den vielen schönen bunten Bildern eines Hubble-Weltraumteleskops und denen anderer großer Sternwarten verwöhnt! Dennoch ist es ein nicht zu überbietendes Erlebnis, mit den eigenen Augen Himmelsereignisse zu beobachten und so mit der Schöpfung auf Tuchfühlung zu gehen. Da geben ein guter Feldstecher für die Übersicht und ein kleines Teleskop fürs Detail schon viel her. Eigene Beobachtungen haben durch die Entwicklungen insbesondere der Digitalfotografie enorm an Möglichkeiten und Bedeutung zugleich gewonnen. Es ist für die Astrofotografie ein echter Quantensprung! Astrofotografie für jedermann.

Insbesondere in ländlichen Gegenden, wo sich sowohl die Licht- als auch die Luftverschmutzung in tolerablen Grenzen hält, ist der Anblick des Sternhimmels immer noch ein Abenteuer. Man suche sich eine einsame Höhe, lege sich auf den Rücken, lausche den Geräuschen einer Nacht und schaue zu den Sternen – hinunter – und man mache sich klar, dass die Erdanziehung die einzige Kraft ist, die einen am Hinabgleiten in die unendlichen Tiefen des Alls hindert: Man sieht regelrecht, wie sich die rotierende Erde unter dem Sternenhimmel durchdreht. Das Band der Milchstraße, das sich über den Himmel zieht, der aufsteigende Mond, die Parade der Planeten, gelegentlich ein Komet, eine Sternschnuppe- und sogar bei Tag: Sonnenfleckengruppen und -finsternisse, Vorübergänge von Planeten vor der Sonnenscheibe – das alles bietet selbst die eigene Beobachtung!

Zunehmend viele schwärmen von diesem Hobby, das Verständnis für Optik, Mechanik, Wetter, Sichtbedingungen, Fotografie und Computer auf unterschiedlichen Niveaus verlangt – und natürlich Kenntnisse über Astronomie. Andere trauen sich deshalb gleich gar nicht daran. Mit meinem kurzen Bericht möchte ich Mut machen, den Wundern des Sternhimmels mit eigenen Beobachtungen nachzuspüren. Wer beobachtungstechnische Aspekte vertiefen will, der wird mit Gewinn auf ein Buch zurückgreifen, dessen deutsche Fassung ich zusammen mit David Levi, dem mit rund 30 Kometenentdeckungen erfolgreichsten Kometenjäger, vor einigen Jahren machte: „Abenteuer Astronomie". Dieses Buch ist im ersten Drittel ein interessantes Astronomie-Lesebuch; die restlichen zwei Drittel sind dem Aspekt der praktischen Nachtbeobachtung gewidmet und damit ist es auch ein ausgewachsenes Weltraum-Beobachtungsbuch. Hier sind nach jahreszeitlicher Folge gegliedert allen Sternbilder in alphabetischer Reihenfolge jeweils (Doppel-)Seiten gewidmet. Schnell erfährt man etwas über deren Ausdehnung am Abendhimmel in Form von Anzahl der Spanne gespreizter Finger bei ausgestrecktem Arm, über Objekte, die mit bloßem Auge verfolgt werden können, für welche ein Feldstecher gebraucht wird oder für die sich ein kleines Teleskop anbietet. Vieles wird über Illustrationen visuell erklärt. Nachtwanderungen am Abendhimmel – ein unverzichtbarer

Bild 1: Beispiele für erste Aufnahmen: Mond, Saturn und Mars mit angedeuteten globalen Strukturen und der Polkappe mit meinem 100 mmØ Newton-Teleskop und meiner CCD-Knipse.

Führer für Interessierte. Ob man sich selbst einen lang gehegten Wunsch erfüllt oder dieses Abenteuer der abendlichen Spaziergänge am Nachthimmel zusammen mit den eigenen Kindern oder Enkeln durchführt, bleibt situationsbedingt. Jedenfalls ist das Buch nach dem Urteil eines Fachmanns: „... diesbezüglich das Beste im deutschsprachigen Raum". Das über 280 Seiten starke Buch ist leider nicht mehr im Handel erhältlich, aber aus meinem Buchkeller – in limitiertem Umfang – für € 25.– zuzügl. Porto zu erwerben. Die Kulisse steht, das Werkzeug ist

Kasten A: **Eine kleine Hommage an die „Analogzeit"**

Anhänger der Analog-Fotografie sind teilweise Skeptiker gegenüber der Digital-Fotografie geblieben. Wer wie ich je seine eigene Dunkelkammer hatte und die Geburt eines Bildes durch Abwedeln und andere Tricks zwischen Essenzen, Dämpfen und dem Schemenhaften einer dunklen Laborwelt herbeiführte, der ahnt natürlich, was nun für ihn verloren ist, wenn er jetzt darauf verzichtet: die Dunkelheit, die Langsamkeit, das Prozesshafte, die Chemikalien, der Gestank und überhaupt das lange Warten auf das Bild. Diese Bilder trugen noch eine Handschrift ...
Nun soll das alles vorbei sein. Das Schleppen einer schweren (Mittelformat-) Kamera mit ihren voluminösen Objektiven. Das ganze Blitzgeschirr, ein reichhaltiges Sortiment von Rollfilmen. Jetzt soll also alles ersetzt werden durch Knöpfchendrücken an westentaschengroßen Kästchen, durch Instant-Bilder und durch integrierte Blitzfunzeln, die wahrhaft nicht dazu dienen, den Kölner Dom auszuleuchten...

Der Bild-„Magie" ist es einerlei, ob sie in einer Giftküche mit Hilfe von Schwefel, Schweiß, Natrium, Brom, Salz und Silber entstanden ist oder in der Ursuppe des Pixelreichs. Sie rührt allenfalls daher, dass man sich im Schnittpunkt eines Bildes trifft: Der eine, der ein Foto macht, der andere, der es gerne anschaut. Und je einfacher ein Bild entsteht, desto besser sollte es sein.

Bild 2a: Mein Beobachtungsplatz mit meinem „Beobachtungsbesteck" in unserem Garten; gelegentlich setze ich eine kleine Astro-Kamera ohne Voroptik ein; daher das Notebook auf dem Tisch. Aber alle nachstehenden Bilder wurden mit der CCD-Knipse aufgenommen.

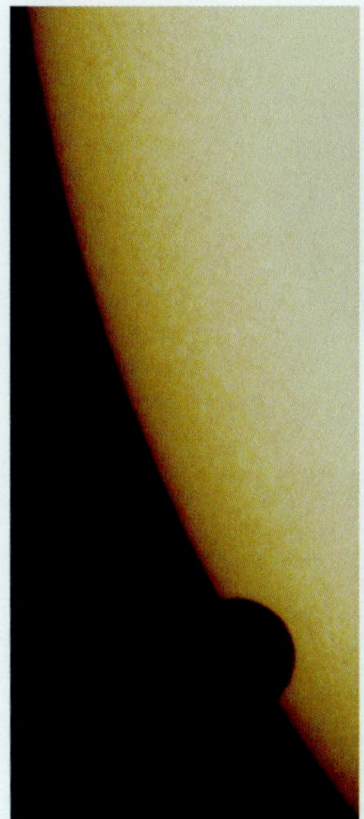

Bild 2b: Die Sonne bekommt eine Delle; 8. Juni 2004, 7:28 MESZ (links).

Bild 2c: Die Sonne zeigt in den Anfängen des Venustransits eine ausgeprägte Protuberanz; 8. Juni 2004, 8:08 MESZ. Man beachte die erstaunliche Dynamik der Sonne, die uns ansonsten recht gleichmäßig leuchtend vorkommt (rechts).

bereit; aber man darf kalte, klare Nächte nicht zu sehr scheuen – sie sind die besten!

Photonen aus meinem Vorgarten. Es war das erste Geld, das ich als Schüler in ein kleines Newton-Teleskop damals von Foto-Quelle investierte. Die ersten Erfahrungen begeisterten mich derart, dass der Wunsch immer drängender wurde, mich beruflich mit der Weltraumforschung auseinander zu setzen (es ist also nie schlüssig abschätzbar, was eine Tuchfühlung mit der Schöpfung auslöst). Bereits ein 100 mmØ großes Spiegelteleskop lässt die Welt gleich anders aussehen. Astrofotografie gewann für mich allerdings erst durch die Einführung von CCD-Kameras an Bedeutung. Selbst „aus der Hüfte" – d. h. ohne weitere Hilfsmittel – geschossene Fotos von Einzelheiten der Mondoberfläche durch das Okular meines kleinen Teleskops waren beeindruckend. Bildgalerie 1 gibt einen kleinen Eindruck von den ersten Ergebnissen mit meiner CCD-„Knipse". Wenn damit auch die Nikon Coolpix 5 700 gemeint ist, so ist der Ausdruck „Knipse" deshalb gerechtfertigt, als diese auch ein nicht entfernbares Objektiv hat mit allen aufnahmespezifischen Implikationen.

Gerne erinnere ich mich an meine Zeit als Doktorand, in der ich zum Zwecke eines kleinen Nebenverdienstes Nachtbeobachtungen für die interessierte Öffentlichkeit an dem Observatorium des Max-Planck-Instituts in Heidelberg anzubieten hatte. Ich vergesse nicht, wie schwierig es teilweise an einem Linsenteleskop war, den Mond mit seinen kontrastreichen Lichtverhältnissen zuverlässig mit einer Polaroidkamera abzubilden. Die CCD-Knipse hat mir nun die Belichtungsverhältnisse zuverlässig abgenommen. Gute Amateur-Aufnahmen, die noch vor Jahren professionell eingerichteten Instituten vorbehalten waren, stehen diesen heute nicht mehr fern. Das motiviert für weitere Schritte.

Ich nahm am 8. Juni 2004 unter blauem Himmel die Gelegenheit des astronomischen Jahrhundertereignisses für Europäer wahr, mit einem einfachen 200 mmØ Spiegelteleskop asiatischer Herkunft (Neupreis € ~ 200.– ohne Montierung) und wieder mit meiner CCD-Knipse den Venustransit (Vorübergang der Venus vor der Sonnenscheibe) fotografisch zu dokumentieren.

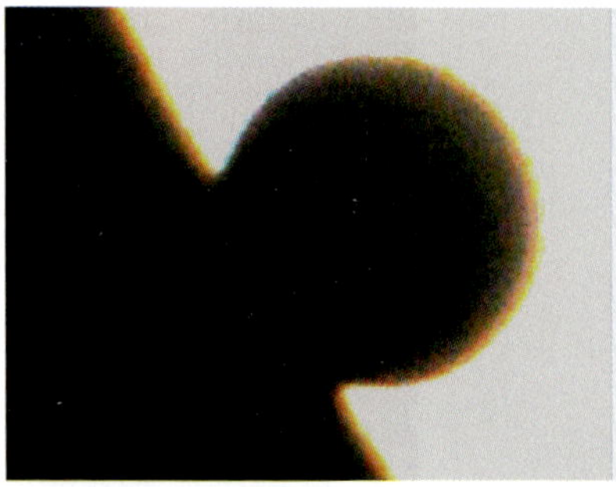

Bild 2d: Ausschnitt aus der Sonnenscheibe: Im unbeleuchteten Teil deutet sich die Atmosphäre der Venus an (7:36 MESZ).

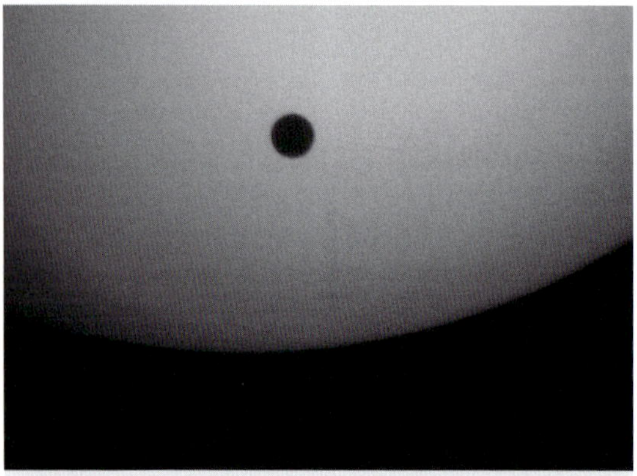

Bild 2e: Ein schwarzes Loch in der Sonne; die Venus während ihres Transits vor der Sonnenscheibe.

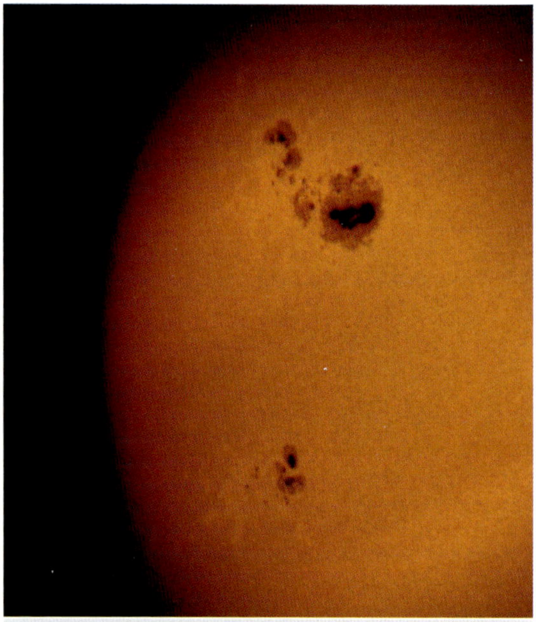

Bild 2f: Sonnenfleckengruppe am 19. Juli 2004 um 20:01 MESZ; gleichzeitig ist die granulare Struktur der Sonnen-„Oberfläche" und deren Randverdunkelung zu erkennen. Trotz der zeitlichen Nähe zum Sonnenfleckenminimum ist gelegentlich eine enorme Aktivität zu beobachten.

Dabei gelang mir neben der Sonnengranulation und einem so genannten Fackelgebiet auf der Sonne auch, über ein so genanntes H_α-Filter eine Sonnenprotuberanz aufzunehmen. Leider war dabei das Bildfeld zu klein, um die Szene gemeinsam mit der Venus vor der Sonnenscheibe zu erhalten. Man kann offensichtlich nicht alles haben! Selbst mit einem kleinen Teleskop wird der äußerst dynamische Charakter unseres Zentralgestirns evident, obwohl es uns jahraus jahrein erstaunlich gleichmäßig leuchtet und uns wärmt. Die nachstehende Bildgalerie 2 gibt einen Eindruck von dem Ereignis.

Der finale Kick. Durch glückliche Umstände hatte ich Zugriff auf gewisse Testobjekte von Entwicklungsvorhaben. Sie motivierten mich, ein eigenes Teleskop zu bauen. Es sollte selbst in (m)einem Ölkeller mit seiner reduzierten Infrastruktur möglich sein, ein Teleskopsystem nachzubauen, das im 17. Jahrhundert bereits von Newton entworfen wurde. Dabei hatte ich einen versierten Optiker als Partner an der Hand. Ich selbst war hoch motiviert, nach so vielen Jahren der Kopf- und Papiertätigkeit für Entwürfe von Weltrauminstrumenten einmal wieder meine praktischen Kenntnisse als ehemaliger Facharbeiter für Maschinenbau von vor rund 40 Jahren für eine astronomische Unternehmung zu aktivieren. Aus jener Zeit stammt noch eine kleine Bosch-Heimwerker-Bohrmaschine auf einem kleinen Bohrständer, ein paar Feilen, Schraubzwingen etc. Dazu kam ein selbst gebauter Maschinenschraubstock und die Dekupiersäge unseres Sohnes. Einem ausgeprägten Minimalisten wie mir musste das genügen.

Mittels CFK-Teilen (Kohlefaserwerkstoff, der allerdings auch durch verleimtes Holz, Aluminium oder Ähnliches ersetzt werden kann) und einem Silizium-Keramik-Spiegel (kann auch mit entsprechenden Implikationen für die Lagerung des Spiegels und die Gesamtmasse des Teleskops ein Glasspiegel sein) war ich in der Lage, ein 360 mmØ Newton-Spiegelteleskop zu bauen, das kaum mehr als 10 kg wiegt. Weil das Teleskop just

Kasten B: **Unterstützung eines guten Freundes**

Es war einmal ein guter Freund. Der wurde seit längerem regelrecht von der Astronomie aufgerieben. Er kaufte sich ein 5"-Teleskop und einige Astronomie-Bücher. Jeden Tag las er darin, und er lernte mehr und mehr Sternnamen, und er konnte zunehmend mehr ihrer Positionen hersagen. Er lernte während seiner Nachtbeobachtungen mit bedecktem Himmel, mit windigen Nächten, sommerlicher Hitze, sogar mit Schnakenstichen umzugehen. Er widerstand kältesten Nächten, in denen seine Finger vor Kälte blau anliefen. Bald verbesserte er sich mit einem 14"-Teleskop, er entschied sich zudem für Astrofotografie. Er besorgte sich eine komplette Ausrüstung: eine Kamera, Adapter, Filter, noch mehr Bücher. Obwohl seine Bilder nie großartig waren, schaffte er es immer, in ihnen Großartiges sehen.

Wenn gelegentlich Freunde vorbei kamen, so richtete er sein Teleskop z. B. zu bekannten Deep-Sky-Objekten, um sie ihnen vorzuführen. Diese wiederum fragten sicherheitshalber immer: „Du meinst dies kleine, unscharfe Ding?" Oder sie sagten: „Ich kann überhaupt nichts sehen." – Aber nichts entmutigte ihn; er konnte nie genug Himmel haben!

Ich bedaure meinen Freund und hoffe, dass er eines Tages wieder zurück zu einem gesunden Menschenverstand findet. Bis dahin werde ich ihn jeden Morgen, wenn ich mit verschlafenen Augen in den Spiegel schaue, freundlich grüßen.

während der Zeit entstand, in der ich an diesem Buch schrieb/hätte schreiben sollen(!), soll es als Anregung und Mutmacher für Interessierte mit ein paar Schlaglichtern dokumentiert werden. Im Internet gibt es einschlägige Seiten mit Bauanleitungen für Teleskope, meist so genannte Dobsons. Das sind Newton-Teleskope mit manueller Nachführung auf einer so genannten Rockerbox.

Jeweils zwei Rohrteile dienten als Haupt- bzw. Fangspiegelzelle, die über drei 20 mmØ CFK-Rohre verbunden wurden. Ein eigens dazu verleimter Styrodur-Sandwich mit GFK-Platten (Glasfaser) diente als Montageplatte für den Hauptspiegel; s. Bildgalerie 3. Über drei verstellbare, isostatische Montierungspunkte wurde der Hauptspiegel aufgesetzt. Es muss ja nicht so sein, dass man den Hauptspiegel selbst schleift und poliert, aber es ist eine Erfahrung wert (es soll Teleskopbauer geben, die so viel Ehrgeiz beim Schleifen und Polieren entwickelt haben, dass sie darüber die Nachtbeobachtung vernachlässigt haben). Es war nicht einfach, während des kalten Winters 2004/5 Klebungen, die ja bei Sandwich-Bauweise nicht vermeidbar sind, vernünftig auszuhärten. Es ist bekannt, dass dies bei höheren Temperaturen zu erfolgen hat. Die Backröhre ist nicht nur relativ klein, sondern diese artfremde

Bild 3a: Einsatz einer kleinen Dekupiersäge zum Herstellen der ersten GFK-Sandwichplatten im Juni 2004.

Bild 3b: Herstellungsaufbau der gewölbten GFK-Sandwichplatte als „Kunstwerk". Die Teile dienten dem Trimmen einer möglichst korrekten Verspannung.

Bild 3c: Rohbau der Sandwichplatte als Schnittstelle zur Teleskopmontierung.

Anwendung löste bei meiner Frau aus nahe liegenden Gründen nicht unbedingt Begeisterung aus. Deshalb warf ich für größere Teile unsere Sauna an, was zwar ein artfremder Einsatz ist, der aber half und der sich sehr bewährt hat.

Bild 3d: Von unten nach oben:
- Die CFK-Hauptspiegelzelle mit dem GFK-Spiegelsandwich
- CFK-Streben zur Fangspiegelzelle
- Verschiebbare Sandwichplatte zur Montierung auf der Nachführung

Bild 3e: Fertigstellung der Gesamtstruktur; nun ging es an die optischen Innereien.

Auch den Okularauszug kann man selbst bauen. Habe ich aber nicht getan. Da man während der Beobachtung nicht gerne das Teleskop wegen der entsprechenden Störung berührt, sollte die Fokussierung motorisiert werden. Dies ermöglichte ein kleiner Motor, den ich mit dem Trafo meiner alten Modelleisenbahn betreibe (für einen Teleskopbau kann man fast alles brauchen, was ein gewachsener Haushalt hergibt bis hin zu Fahrradspeichen zur Verspannung der Fangspiegelhalterung). Wegen der Streuung des Lichts an einem üblichen Aufnahme-Kreuz des Fangspiegels habe ich eine gekrümmte Aufnahme eingesetzt; das sollte helfen, die sonst üblichen „Strahlen“ an Sternen zu vermeiden, die uns im Idealfall punktförmig erscheinen sollten. Die daran befestigte Fangspiegelzelle ist über drei Schrauben justierbar, an deren Ende zur feinfühligen Führung Kugeln eingesetzt sind. Der Fangspiegel – für mich ein weiteres (billiges) Kaufteil – wurde über eine Dreipunkt-Silikonklebung mit der Aluminiumstruktur verbunden, was in Bildgalerie 4 gezeigt wird.

Bild 3f: Das (mühsame) Schleifen des Hauptspiegels

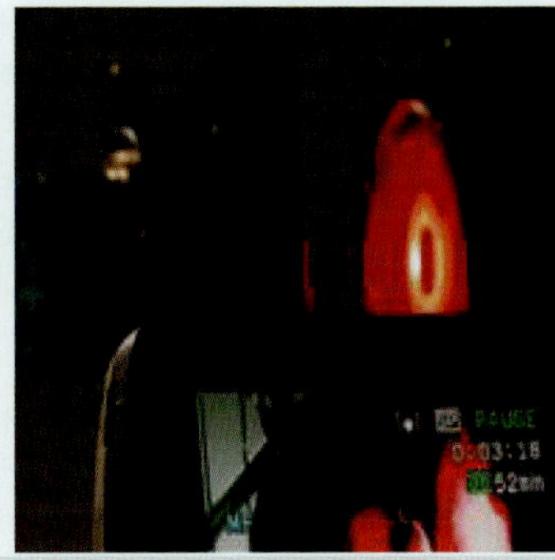

Bild 3g: Die optische Vermessung erfolgte mit dem Foucaultschen (1819–1868) Schneidentest, einer beeindruckend genauen Methode; durchführbar auf jedem Küchentisch – wenn man's kann.

Bild 3h: Einer der drei isostatischen Montierungspunkte für die justierbare Aufnahme des Hauptspiegels mit einem Teil eines Sektkorkens, der aus Anlass dieses Meilensteins frei wurde.

Bild 3i: Der Hauptspiegel – mit Blende für Planetenbeobachtung – ist integriert.

Das Teleskop ist fertig, wenn es auch eine Dauerbaustelle bleiben wird! Mit dieser „Zeitmaschine“ als Voyeur-Besteck hole ich die Sterne vom Himmel ...

Da bei dieser offenen Bauweise die empfindliche Optik ungeschützt offen liegt und man auch mit Streulicht bei Tageslicht zu kämpfen hat, wird mir meine Frau gelegentlich noch eine große, schwarze „Socke“ als Abhilfe nähen.

Das war ein kurzer Bericht über meine eigenen Nachtbeobachtungen und meinen Teleskopbau mit zugegebenermaßen ungewöhnlichen Leichtgewichtskomponenten – ein Teleskop, das es so auf der Welt wohl kein zweites Mal gibt. Es ist nicht nur schön, sondern es funktioniert auch recht gut. Bei ersten Probemessungen Anfang Juni 2005 mit einem bislang unbedampften Hauptspiegel an einer 10 mm großen Stahlkugel als künstlichem „Kalibrierstern“ in rund 200 m Entfernung war etwas zu sehen wie eine Ameise, die gut sichtbar über deren Kugeloberfläche krabbelte (ob so oder ähnlich die Anfänge des Ameisennebels waren?). Jedenfalls kein schlechtes Zeichen für mein System! Licht-Beugungsuntersuchungen an richtigen Sternen zur Bestim-

Kasten C: **Das gibts doch nicht!**

Ist es nicht unglaublich?: Wir blicken in einer sternenklaren Nacht zum Himmel. Und was wir sehen, ist Vergangenheit. Weit zurück liegende Vergangenheit, vermittelt durch die Gegenwart unserer augenblicklichen Beobachtung.

Wir sehen Objekte, deren Licht Millionen, ja möglicherweise Milliarden Lichtjahre zurückgelegt hat. Wir sehen die Objekte jetzt, aber so wie sie sich vor entsprechender Zeit befanden. Ein Blick in finstere Vergangenheit ...

Mehr noch: Wir sehen auch Objekte, die sagen wir einmal mehr als 2 000 Lichtjahre entfernt sind. Wir sehen sie so, wie sie zur Zeit Platons oder Heraklits waren. Nicht aber, dass Platon oder Heraklit diese Objekte zu ihrer Zeit so hätten sehen können. Nein, auch sie haben die selben Objekte in einem noch früheren Zustand beobachtet, und zwar in einem Zustand, der umgekehrt dem heutigen Beobachten prinzipiell verschlossen ist. Denn wie diese Objekte vor mehr als 4 000 Jahren aussahen, kann für den heute wahrnehmbaren Blick nicht mehr verfügbar gemacht werden.

Und weiter: Wir sehen oder überblicken gleichzeitig riesige Zeitunterschiede. Wir sehen unsere Nachbarplaneten wie sie vor wenigen Minuten ausgesehen haben, und gleichzeitig Galaxien von vor Jahrmillionen. Nirgendwo sonst gelangt der Zusammenhang von Raum und Zeit so unmittelbar in unser Erleben. Kaum anders kann Relativität so handfest fühlbar sein ... und ein gut Teil der beobachtbaren Sterne gibt es schon lange nicht mehr.

mung der Auflösungseigenschaften werden folgen, aber erste Tests sind bei Tageslicht einfacher.

Man hat in meiner Umgebung gerne gewitzelt, dass ich mit meinem selbst gebauten Teleskop allenfalls einen Beitrag zum Thema Dunkle Materie leisten könne in dem Sinne, dass etwas mit hohem Anteil da sein soll, was ich aber trotz aller Anstrengungen nicht sehen kann. Sicher, dieses Teleskop wird nicht die Weltraumforschung revolutionieren, aber die mit ihm gemachten Bilder werden mir fast so viel bedeuten wie die vom Hubble-Weltraumteleskop. In jedem Fall wird sichtbar sein, was damals König David von Israel aus ohne Teleskop – aber

Bild 4a: Vormontage der justierbaren Aufnahmestruktur für den Fangspiegel an einer gekrümmten CFK-Speiche.

Bild 4b: Der gesamte opto-mechanische Aufbau in der Vormontage; der Aufbau ist fertig für das „First Light"-Event im Juni 2005.

anhand der Bibel – bereits erkannte:

השמים מספרים כבוד־אל

Die amerikanische Amateur-Astronomie-Bewegung hat gerade vor 50 Jahren nach dem 2. Weltkrieg in Springfield, Vermont, mit diesem Motto begonnen:

„The heavens declare the glory of God."

Ich habe mir von meinem Sohn Oliver diesen Vers behutsam auf die freie Fläche von einer der drei Streben, welche die Haupt- mit der Fangspiegelzelle verbindet, malen lassen. Ob ich das in einsamen Nächten für mich erlebe oder im Zusammenhang mit meiner Vortragstätigkeit als Nachtbeobachtungsprogramm anschließe: Es soll das sichtbar werden, was auch da und dort in diesem Buch aufblitzen sollte:

Die Himmel erzählen die Ehre Gottes!

Stichwortverzeichnis

Adaptive Optik: Unter adaptiver Optik versteht man allgemein ein abbildendes optisches System, welches sich an optisch wirksame Veränderungen in seinem Strahlengang anpassen, „adaptieren" kann. Bei der Anwendung von Teleskopen meint dies Veränderungen, hervorgerufen durch Dichteunterschiede entlang des Sehstrahls in der Atmosphäre. Adaptive optische Systeme sind aus drei Komponenten aufgebaut. Dem Wellenfrontsensor, einem Rekonstruktionsrechner und dem aktiven optischen Element. Entsprechend der Vermessung einer Wellenfront wird ein ganzes Set von Aktuatoren angesteuert, welche das Spiegelelement so formt, dass es die Veränderungen im Strahlengang kompensiert. Mit einem solchen System werden extrem scharfe Abbildungen erzielt und so Einflüsse der Erdatmosphäre auf die Abbildungsqualität eines optischen Systems kompensiert.

Akkretionsscheibe: Als Akkretion bezeichnet man einen Vorgang, bei dem Materie, etwa durch Gravitation, zusammengesammelt wird. In diesem Sinne kann bereits Staubsaugen als Akkretionsvorgang gelten. Im Weltall sammeln schwere Körper, insbesondere die Schwarzen Löcher, auf Grund ihrer starken Gravitationskraft Materie in ihrer Umgebung auf. Diese Materie, Gas- und Staubwolken, Sterne, was auch immer, fällt aber nicht geradewegs ins Zentrum wie ein Stein in den Brunnen, sondern zieht – bei zunehmender Geschwindigkeit – immer enger werdende Spiralbahnen. Dabei kollidieren die akkretierten Massen ständig miteinander und erhitzen sich dabei stark. Aufgrund dieser Kollisionen bildet sich außerdem eine dicke Scheibe heraus, in der sich die Materie immer schneller und mit steigender Temperatur nach innen bewegt. Der zentrale Teil dieser Akkretionsscheibe emittiert sehr intensiv in vielen Farben bis hin zur Röntgenstrahlung.

Albedo: Bezeichnung für das Verhältnis der von einem Körper diffus reflektierten zur senkrecht auffallenden Lichtmenge. Sie ist ein Maß für das Reflexionsvermögen eines Körpers.

AE Astronomische Einheit: Eine typische Längeneinheit in unserem Sonnensystem, die dem mittleren Abstand von der Erde zur Sonne entspricht. 1 AE bzw. AU (Astronomical Unit) = 149,597870 Millionen Kilometer. Mittlerer Abstand deshalb, weil die Bahnform der Erde um die Sonne eine geringe Exzentrizität aufweist, so dass es bei einem Umlauf

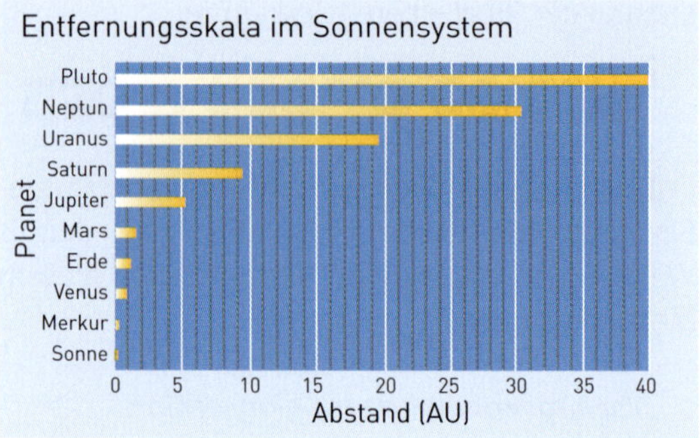

einen sonnennächsten (Perihel) und sonnenfernsten Punkt (Aphel) gibt. Wie viele wichtige astronomische Einheiten, legt die Internationale Astronomische Union (IAU) solche Skalen fest. Die Skizze gibt einen Überblick der Entfernungen in unserem Sonnensystem in AU.

Balken: Während Spiralarme großräumige gewundene Strukturen in Galaxien sind, kann man im Inneren von Spiralgalaxien häufig eine leuchtende gerade Struktur ausmachen. Dabei befindet sich das galaktische Zentrum in dessen Mitte. Dieser so genannte Balken besteht sowohl aus Sternen als auch aus Wolken interstellarer Materie. Über die Entstehung von Balken weiß man noch rech wenig. Klar ist jedoch, dass das Gravitationsfeld der Galaxien mit solchen Balken Abweichungen von der Zentralsymmetrie zeigt, und dass in diesen Balken Materie zum Zentrum der Galaxien strömt. Nahe Begegnungen zwischen Galaxien gelten als eine mögliche Ursache für die Ausbildung von Balken. Auch in der Zentralgegend der Milchstraße wurde vor kurzem ein Balken entdeckt.

Baryonische Materie: Vom griechischen barys = schwer. Zu den Baryonen gehören alle Materiebausteine, die wie die Protonen und Neutronen aus Quarks bestehen und durch starke Kernkräfte zusammengehalten werden. Für die Gravitation normaler Materie sind überwiegend die Baryonen verantwortlich.

Bremsstrahlung: In der Antenne eines Radio- oder Fernsehsenders wird die elektromagnetische Strahlung erzeugt, indem die Elektronen im Metall sehr schnell hin und her bewegt werden. Es ist die ständige Beschleunigung und Abbremsung, die die Elektronen zur Aussendung von Radiowellen veranlasst. Bringt man die Elektronen im Vakuum auf viel höhere Geschwindigkeiten, werden sie beim Abbremsen innerhalb eines sehr kurzen Weges während des Bremsens Licht oder sogar Röntgenstrahlung aussenden. So funktionieren etwa Röntgengeräte. Die auf diese Weise erzeugte Strahlung heißt Bremsstrahlung.

Dopplergesetz: Das Dopplergesetz beschreibt eine scheinbare Frequenz- bzw. Wellenlängenverschiebung des Lichts oder des Schalls, die von einem Körper kommt, der sich relativ zum Beobachter bewegt. Das ist insbesondere bei einem expandierenden Universum für alle beobachtete Strahlung von kosmischen Objekten gegeben. Wenn das Objekt sich nähert – was im Universum nur im Lokalen Haufen vorkommt – dann wird sein Licht „komprimiert" und seine Wellenlänge erscheint kürzer, als wenn es in Ruhe ist. Wenn es sich entfernt, ist es genau umgekehrt und es wird zu längeren Wellenlängen – also zum Roten – hin verschoben. Rotverschiebung im Spektrum entfernter Galaxien wird als Hinweis einer Expansionsbewegung des Kosmos interpretiert. Auf Einzelheiten wird in Kap. 3.1.2 eingegangen.

Ejekta: Bei Zusammenstößen zweier Körper, insbesondere im Hochgeschwindigkeitsbereich, entstehen nicht nur Krater, sondern es bildet sich auch Auswurfmaterial, die so genannten Ejekta. Sie sind teilweise eine Mischung von Target- und Projektilmaterial. Je nach Energie des Einschlagsprozesses und/oder dem Einschlagswinkel, können Ejekta auf so hohe Geschwindigkeiten beschleunigt werden, dass sie das Schwerefeld des Körpers verlassen und sich frei im Raum bewegen. Das ist der Grund, weshalb z. B. auf der Erde Ejekta von Einschlagsprozessen auf dem Mars ankommen sind.

Extragalaktische Astronomie: Es wird von rund 100 Milliarden Galaxien im sichtbaren Kosmos ausgegangen. Alle Astronomie jenseits unserer Milchstraße wird als extragalaktische Astronomie bezeichnet.

Hertzsprung-Russell-Diagramm: Diagramme, in denen ein Parameter, der ein Maß für die Helligkeit eines Sterns darstellt, gegen einen Parameter aufgetragen wird, der mit der Oberflächentemperatur zusammenhängt, werden Hertzsprung-Russell-Diagramme HRD genannt. Dabei haben sich Muster ergeben, die mit der Systematik der Sternentwicklung zusammenhängen: a) Hauptreihe: Sie zieht sich diagonal durch das Diagramm. Unsere Sonne ist ein typischer Vertreter. b) Rote Riesen: Dies ist eine zweite auffällige Häufung von großen, kühlen Sternen, die sich im HRD rechts oben anordnen. c) Weiße Zwerge: In der linken unteren Ecke gruppieren sich die heißen, kompakten Sterne. Die Systematik des HRD ist in der Skizze veranschaulicht, wobei ein Hauptreihenstern zu einem Roten Riesen wird, um dann in den Bereich der Weißen Zwerge zu wechseln. Die Position unserer Sonne ist als gelber Kreis auf der Hauptreihe zu erkennen.

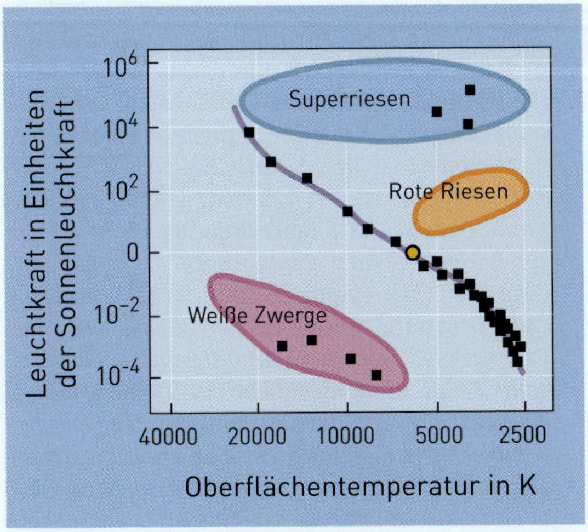

Impakt: Bezeichnung für alle Einschlagsvorgänge. Im Weltraum handelt es sich dabei um Zusammenstöße von Relativgeschwindigkeiten von typischerweise 10 km/sec. Sie hinterlassen Krater auf der Oberfläche des getroffenen Objekts und Ejekta, die austreten. Im Extremfall führen Impaktvorgänge zur Zerstörung beider Körper. Mit dem Fall des Saturnmondes Mimas treffen wir auf ein Objekt, das zum Beispiel durch einen Impaktvorgang nahezu an die Grenze seiner Belastbarkeit gekommen ist.

Inklination: Winkel zwischen der Bahnebene eines Planeten, Planetoiden oder Kometen und der Ekliptik. Bei einer Satellitenbahn ist es der Winkel zur Äquatorebene der Erde.

in situ-Messungen: Messungen, die vor Ort passieren, indem z. B. zu Planeten oder deren Monden geflogen wird und Messungen vor Ort durchgeführt werden. Dies passiert dann mit miniaturisierten Geräten, die auf ein bestimmtes Messziel hin spezialisiert sind. Auf solche Messungen folgen meist Probenrückführungen, auf die dann das ganze verfügbare Arsenal von Laborinstrumentarien rund um den Globus angewandt werden kann.

Interstellarer Raum: Raum zwischen den Sternen. Er ist zwar sicher nicht leer, aber die dort vorhandene Materie ist extrem ausgedünnt. Sie besteht vor allem aus von den Sternen abströmenden Teilchen, wie Protonen und Elektronen. Es gibt aber auch kompliziertere Moleküle und Staub, die durch die Explosion schwerer Sterne (Supernovae) dazukamen.

JAXA: In Japan gab es bislang drei Raumfahrteinrichtungen:
- ISAS: Institute of Space and Astronautical Science
- NASDA: National Space Development Agency of Japan
- NAL: National Aerospace Laboratory of Japan

Seit Oktober 2003 sind diese Einrichtungen zusam-

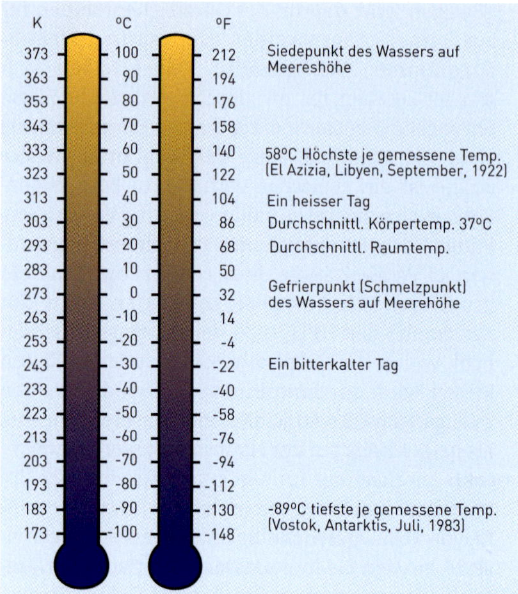

mengeführt worden unter der Bezeichnung JAXA Japan Aerospace Exploration Agency. Durch diese Konzentration will sich Japan als moderne Industrienation auf die Erfordernisse des Weltraumzeitalters einstellen.

Kelvin: Damit wird die Basiseinheit der Temperatur nach deren Erfinder Lord Kelvin, der eigentlich William Thomson hieß, benannt. 0 K ist die absolut kleinste Temperatur, bei der jede molekulare Bewegung eingestellt ist. Die Kelvin-Skala (siehe Bild oben) ist genau wie die Celsius-Skala eingeteilt, das heißt, dass ein Temperaturunterschied von 25° C auch ein Temperaturunterschied von 25 K ist.

Laser-Altimeter: Flugzeug- oder satellitengetragene Instrumente zur Ermittlung von Höhenprofilen. Bei Landungen auf fremden Objekten im Planetensystem dient es als genaues Abstandsbestimmungselement.

Libration: Langsame Bewegung eines Planeten um die Position seiner Rotationsachse. Am Beispiel des Mondes sei dies illustriert: Aufgrund der gebundenen Rotation (die Umlaufzeit des Mondes um seine Rotationsachse ist gleich groß wie die Umlaufzeit des Mondes um die Erde) sollten wir von der Erde aus immer dieselbe Mondhalbkugel sehen. Dies ist aber nur näherungsweise richtig. In Wirklichkeit stellt man kleine Schwankungen sowohl in der Länge (d.h. bezüglich der Mond-Längengrade) als auch in der Breite (d.h. bezüglich der Mond-Breitengrade) fest. Die schwankende Bewegung des Mondes nennt man Libration. Die Libration in der Länge beträgt 7053', die Libration in der Breite 6040'. Aufgrund der Libration können nach und nach von der

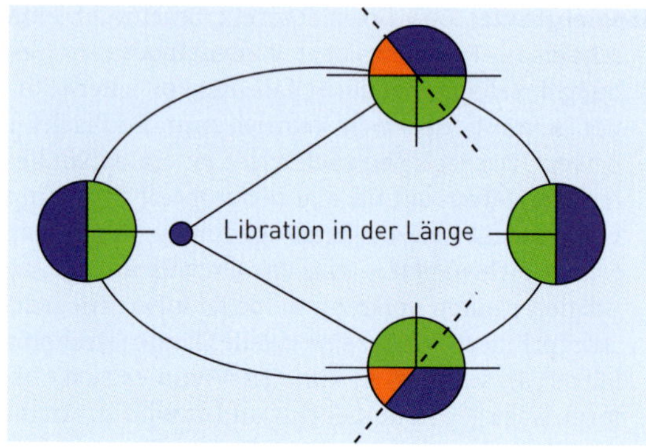

Erde aus 59% der Mondoberfläche und nicht nur 50% gesehen werden.

Libration in der Länge: Ursache der Libration in der Länge ist die Ellipsenbewegung des Mondes um die Erde: Die roten Teile können aufgrund der Libration in der Länge gesehen werden (B), die grünen Teile würde man bei einer Kreisbahn um die Erde als Mittelpunkt sehen.

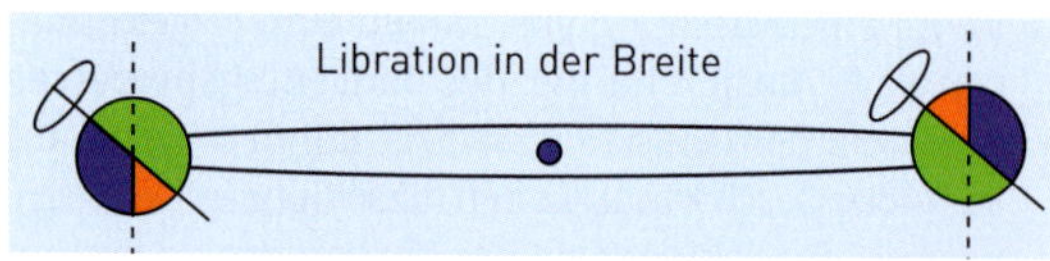

Libration in der Breite: Ursache der Libration in der Breite ist die Neigung der Mondachse zur Umlaufebene des Mondes um 6040': Die roten Teile können aufgrund der Libration in der Breite gesehen werden, die grünen Teile würde man sehen, wenn die Rotationsachse des Mondes senkrecht zur Umlaufebene stehen würde.

Lichtjahr: Eine in der Astronomie zur Angabe von Entfernungen benutzte Einheit (keine Zeiteinheit!). Ein Lichtjahr, deutschsprachig abgekürzt mit Lj, international mit lyr (engl. light year), ist definiert als die Wegstrecke, die Licht oder Strahlung generell im Vakuum in einem Jahr zurücklegt. Weil die Vakuumlichtgeschwindigkeit c mit 299 792 458 Millionen m/s sehr groß ist, ist ein Lichtjahr eine sehr große Distanz für irdische Verhältnisse, nämlich in vertrauten Einheiten 9,4605 Billionen Kilometer! Astronomisch ist ein Lichtjahr keine besonders große Distanz. Zur Einordnung: Der nächste Stern zur Sonne, Proxima Centauri, die C-Komponente des hellen Sterns alpha Centauri, ist 4.3 Lj entfernt; die Milchstraße, unsere Heimatgalaxie, hat einen Durchmesser von etwa 100 000 Lj; unsere Nachbargalaxie, der Andromedanebel ist 2,2 Millionen Lj entfernt und vermutlich das am weitesten entfernte Objekt, das man noch mit bloßem Auge ausmachen kann. Trotzdem ist es lediglich ein Angehöriger unseres an sich unscheinbaren Galaxienhaufens, der lokalen Gruppe. Der nächste Galaxienhaufen zur lokalen Gruppe, auf den sie sich auch zubewegt, der Virgo-Haufen, ist 75 Millionen Lj entfernt. Und schließlich ist die aktuell bestimmte Größe des Universums bei 14 Milliarden Lj. Es gibt abgeleitete Größen zum Lichtjahr auf kleineren Längenskalen, wie die Lichtsekunde, Lichtminuten, Lichtstunden, Lichttage und Lichtmonate, mit analoger Definition. So sind der Mond gerade etwa eine Lichtsekunde (etwa 300 000 km) und die Sonne 8 Lichtminuten entfernt. Auf diesen Skalen wird dann die AE gebräuchlicher.

Lokaler Haufen: Gravitation ist die weitreichendste Grundkraft in der Natur. Über sie werden sogar zu unserer Milchstraße benachbarte Galaxien gravitativ gebunden, d. h. sie bewegen sich nicht unabhängig voneinander. In diesem Sinne nennt man die Summe aller in unserer kosmischen Umgebung gravitativ gekoppelten Systeme den Lokalen Haufen. Zu ihm zählen rund 30 Galaxien in der Umgebung unserer Milchstraße.

L2-Orbit: Dies ist eine beliebte Satellitenumlaufbahn um einen virtuellen Punkt im Raum, der nach seinem Entdecker als zweiter Langrange-Punkt bekannt wurde. Er befindet sich in etwa 1,5 Millionen Kilometern Entfernung von der Erde in Anti-Sonnenrichtung (s. Bild). Einer der großen Vorteile dieser Bahn ist die Möglichkeit langer ununterbrochener Beobachtungen von Objekten, da die Sonne, die Erde und der Mond gemeinsam „hinter" dem Raumfahrzeug liegen. Die Umlaufzeit um die Sonne beträgt selbst in diesem größeren Abstand von der Sonne genau ein Jahr, denn Sonne und Erde ziehen gemeinsam. Im Laufe eines Jahres ist damit der Himmel lückenlos zugänglich. Zudem bietet die Umgebung dieser Bahn stabile thermale Bedingungen, und sie hat konstante Strahlungsverhältnisse. Die aufzuwendenden Kräfte sind klein, um die korrekte Bahn einzuhalten. Das sind Gründe, weshalb diese Bahn für viele astronomische Missionen ausgewählt wurde. Nachteile sind: die große Entfernung, sprich die Kosten und die Zeit für den Transport und die relativ langen Kommunikationswege.

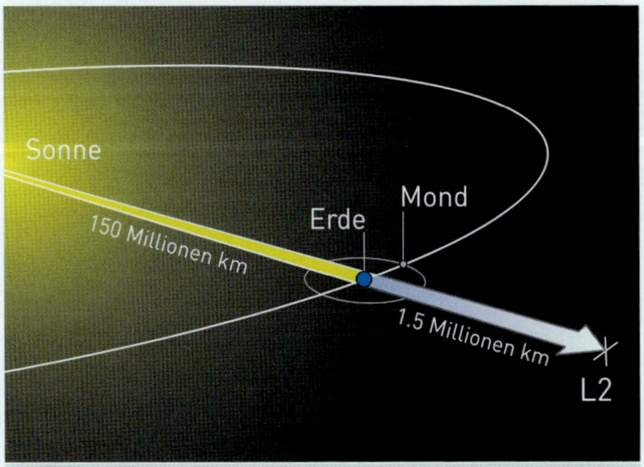

Dieses Bild zeigt die Position des L2-Punktes in Relation zu Sonne, Erde und Mond, um welchen bevorzugt astronomische Missionen stattfinden. Sie zeichnet sich durch ihre sehr gleichmäßige Beleuchtungssituation aus; einziger Nachteil ist ihre große Entfernung.

Magnitude: Schon in der Antike versuchten die Astronomen, die Helligkeit der Sterne zu bestimmen. Dazu wurden diese in sechs Helligkeitsklassen eingeteilt. Die Sterne erster Größe waren natürlich die hellsten, die zweiter Größe etwas schwächer, und schließlich die Sterne sechster Größe gerade noch mit dem bloßen Auge sichtbar. Diese Helligkeitsklassen bezeichnete man später als Magnituden, und sie bezeichnen bis heute die Helligkeit der Sterne, natürlich inzwischen erweitert zu schwächeren Sternen. Das führt zu dem in der Physik ungewöhnlichen Umstand, dass die Magnitude umso größer ist, je schwächer der Stern erscheint. Die schwächsten heute nachweisbaren Sterne haben etwa die 30. Magnitude.

Messierkatakog: Charles Messier, ein französischer Astronom im 18. Jahrhundert, suchte regelmäßig den Sternenhimmel nach Kometen ab. Dabei beobachtet er viele Objekte, die keine Sterne waren. Um sie nicht mit möglichen Kometen zu verwechseln, katalogisierte er diese überwiegend nebligen Objekte. Sein Katalog umfasst 110 Objekte bis zur Deklination -35°. Viele dieser Objekte sind auch für Amateure leicht beobachtbar.

Millisekundenpulsar: Ein Pulsar ist ein rotierender Neutronenstern, dessen Rotationsachse nicht mit der Magnetfeldachse übereinstimmt, so dass ein Doppelkegel (Bikonus) emittierter Strahlung wie bei einem Leuchtturm mit der Rotationsperiode des Sterns korotiert. In besonderen Fällen kann diese Strahlung die Erde treffen, was beim Beobachter

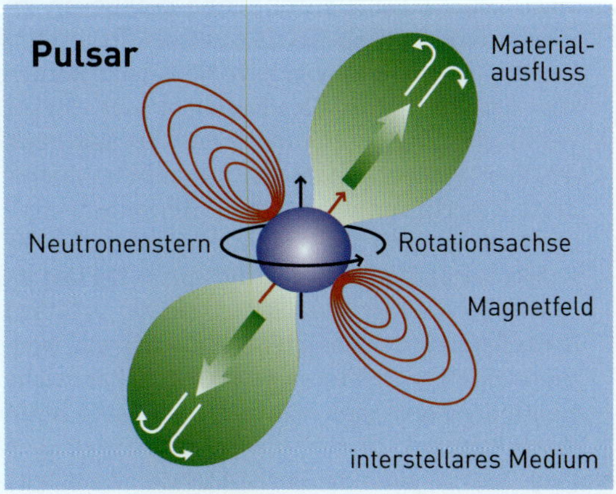

den Eindruck gepulster Strahlung vermittelt. In der Abbildung oben ist die Rotationsachse des Pulsars schwarz, während die Magnetfeldachse rot dargestellt ist. Die roten Linien illustrieren die Pulsarmagnetosphäre in Form von Isokonturlinien des Magnetfeldes: Man erkennt eine dominant toroidale Magnetfeldtopologie, die aus der hohen Rotation und den gravitomagnetischen Kräften resultiert (gravitomagnetischer Dynamo). Die grünen Gebilde veranschaulichen die Strahlungskeulen, die immer wieder infolge der Rotation einen geeignet orientierten Beobachter treffen. Ein Millisekundenpulsar zeichnet sich durch seine schnelle Rotation aus. Die Verhältnisse sind in der Illustration zusammengefasst.

Naturbild: Durch die Kontrastierung der Begriffe Naturbild als Untermenge des Begriffs Weltbild hat nicht zuletzt der Physiker W. HEISENBERG die über naturwissenschaftliche Darstellung erreichbare Einsicht ins Geschehen dieser Welt grundsätzlich eingegrenzt. Wenn also Wissenschaft ursprünglich die Wahrheit suchte, ist das nun eine deutliche Relativierung der Tragweite naturwissenschaftlicher Aussagen im Hinblick aufs Ganze. Es kommt nicht von Ungefähr, dass dieser Umbruch gerade mit W. HEISENBERG verknüpft wird, hat er doch durch seine nach ihm benannte Unschärferelation beim Lokalisieren atomarer Teilchen gerade gezeigt, wie beschränkt physikalische Methoden sind.

Neutronensterne: Dies sind stabile Endkonfigurationen, die aus dem Gravitationskollaps massereicher Sterne entstehen. Massereiche Sterne durchlaufen alle Brennstoffzyklen thermonuklearer Fusion, bis sie im Innern einen Eisenkern (vergleiche Nickel-Eisen-Kern der Erde) gebildet haben. Dieser weist typische Massen von 1,2 bis 1,6 Sonnenmassen auf. Allein in der Milchstraße gibt es mehr als 100 Millionen Neutronensterne (bei insgesamt einigen hundert Milliarden Sternen also anteilig im Promillebereich). Da weitere exotherme Reaktionen im Innern nach der Phase des Siliziumbrennens unterbleiben, ist bei massereichen Neutronensternen das hydrostatische Gleichgewicht des Sterns gestört: der Strahlungsdruck (ebenso der Gasdruck, der über Strahlungstransport an den Strahlungsdruck koppelt) verringert sich im Sterninnern rapide, was zugunsten des Gravitationsdrucks geht. Die Konsequenz ist katastrophal: der innere Teil fällt im Gravitationskollaps in sich zusammen, während die äußeren Schichten unter Beteiligung von Neutrinos in einer Supernova explodieren. Zahlreiche Neutronensterne kann man beobachten und kennt sie als Pulsare.

Nulling: Dies ist eines der Herzstücke der Multi-Teleskop-Observatorien zur Entdeckung extrasolarer Planetensysteme. Mit diesem System, einem sogenannten achromatischen Phasenschieber, wird das von mehreren Teleskopen eingefangene Licht in einer solchen Weise zur Interferenz gebracht, dass das Licht des gleißend hellen Zentralsterns nahezu vollständig ausgelöscht wird. Erst dadurch kann ein schwach leuchtender Planet, der diesen Stern in einem winzigen Winkelabstand umkreist, sichtbar werden. Zur Zeit werden mögliche Technologien und Materialen zur Verwirklichung dieses Prinzips im Weltraum untersucht.

Parsec: Abkürzung für Parallaxensekunde als astronomischer Längeneinheit. Ein parsec ist die Entfernung, in der der Erdbahnhalbmesser unter einem Winkel von einer Bogensekunde erscheint. Ein parsec = 3,2663 Lichtjahre = $30{,}857 \times 10^{12}$ Kilometer = 206 264,8 Astronomische Einheiten.

Quasar: Abkürzung für eine quasi-stellare Radioquelle. Quasare gehören zur Klasse der QSOs, das sind quasi-stellare Objekte. Aufgrund der großen Rotverschiebung werden sie für die am weitesten entfernten Objekte im Kosmos gehalten. Möglicherweise sind diese geheimnisvollen Objekte mit Schwarzen Löchern in ihren Zentren besondere Phasen in der Entwicklung von Galaxien.

Rotverfärbung: Wenn das Licht von Objekten im Weltraum auf dem Weg zur Erde Staubwolken durchquert, wird das Licht zum Teil absorbiert und dadurch geschwächt. Die Absorption ist für blaues Licht viel stärker als für rotes Licht. Deshalb erscheinen solche Objekte gerötet. Die Rotverfärbung hat mit der Rotverschiebung jedoch nichts zu tun. Das Bild zeigt, wie Rotverfärbung und Rotverschiebung auf das Spektrum eines Objektes, zum Beispiel einer fernen Supernova, wirken. Die Rotverfärbung bewirkt eine deutliche Abschwächung des blauen und eine geringe Abschwächung des roten Lichtes. Die Rotverschiebung dagegen verursacht eine Verschiebung des gesamten Spektrums zum Roten hin, ohne Farben selektiv abzuschwächen.

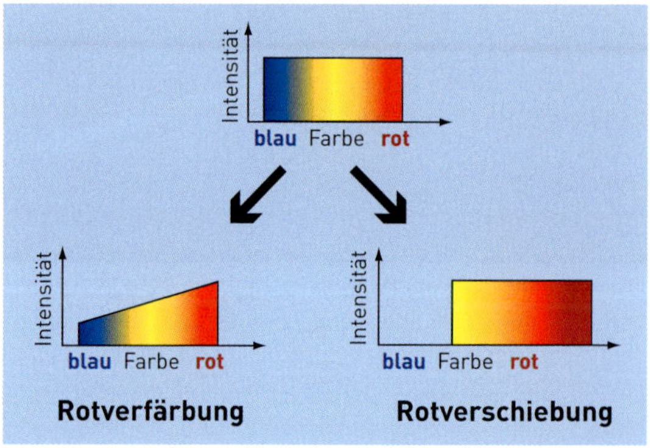

Schwarzkörper-Strahlung: Einen Körper nennt man im physikalischen Sinne schwarz, wenn er alles Licht, das auf ihn fällt, absorbiert. Er reflektiert also kein Licht. Das bedeutet aber nicht, dass man ihn nicht sehen könnte. Er sendet vielmehr elektromagnetische Strahlung (Licht) aus. Eine glühende Kohle etwa ist schon ein recht guter Schwarzer Köper. Die Farbverteilung – das Spektrum – des emittierten Lichtes kann man berechnen, und es war das Verdienst von Max PLANCK, dies als erster getan zu haben. Die Rechnung stimmt mit dem Experiment perfekt überein. Das Erstaunliche dabei ist, dass die Farbverteilung des Spektrums nur von der Temperatur des schwarzen Körpers abhängt und sonst in der Rechnung nur Naturkonstanten vorkommen. Die Herleitung der Formel für die Farbverteilung der Strahlung Schwarzer Körper bereitete Max Plack übrigens einiges Kopfzerbrechen. Der Kunstgriff, den er schließlich einführte, erwies sich als der Beginn der Quantenmechanik und der Quantentheorie, die heute mit die wichtigsten Zweige der Physik darstellen.

Schwarzschild-Radius: Die Schwerkraft eines Schwarzen Lochs ist in seiner Umgebung so groß, dass selbst Licht nicht mehr entweichen kann, wenn es nahe genug am Schwarzen Loch abgestrahlt wird. Der Abstand vom Schwarzen Loch, bei dem das Licht gerade nicht mehr entweichen kann, wurde zuerst von dem deutschen Astronom Karl SCHWARZSCHILD berechnet und deshalb nach ihm benannt. Dieser kritische Abstand hängt nur von der Masse des Schwarzen Loches ab.

Schwere Elemente: Wasserstoff und auch Helium sind mit großem Abstand die häufigsten Elemente im Weltall. Alle übrigen Elemente werden in der Astronomie unter dem Begriff der Schweren Elemente gefasst, selbst wenn sie, wie zum Beispiel Kohlenstoff oder Sauerstoff, umgangssprachlich nicht als schwer gelten.

Spektrometer: Darunter versteht man generell ein Gerät, das Lichtstrahlung in seine Farben trennen kann. Während bei einem Spektrometer die Farben nacheinander gemessen werden, geschieht dies im Spektrographen gleichzeitig. In diesem Sinne ist auch das menschliche Auge ein Spektrograph, ebenso ein Farbfilm. Ein Teil der elektronischen Farbbildkameras wären dagegen ein Spektrometer, weil sie Farbfilter nacheinander verwenden.

Sputterprozess: Hier dienen hochenergetische Ionen dazu, dass Atome oder Moleküle durch Kollision so stark beschleunigt werden, dass sie sogar aus Festkörpern herausgeschlagen werden. Im Umfeld junger Sterne betrifft dies besonders ko-orbitierende Objekte.

Weltbild: Jeder Mensch hat ein Weltbild. Es hängt unmittelbar mit seinen Grundüberzeugungen zusammen. Ein Weltbild ist die Summe aller Begriffe, Vorstellungen und Einschätzungen, allen Wissens und Glaubens, aller Erfahrungen und Erkenntnisse, auf deren Grundlage jeder Mensch die Welt um sich herum begreift, und dem gemäß er seine Handlungen plant und Überzeugungen zum Ausdruck bringt. Mit dem eigenen Weltbild verknüpfen sich auch die Werte, die man als besonders wichtig einschätzt.

Zitate

1) S. 14: „Viele gegenwärtige astronomische Beobachtungen kommen zunehmend zu dem Schluss, dass ein entfaltetes, ausgebildetes, aktives, sich entwickelndes und expandierendes Universum als eine augenblickliche Schöpfung entstanden sein könnte." (ESO in Spaceflight, November 2004, Vol 45, No 11)
2) S. 22: „Ich möchte betonen, dass das Licht in dieser Form vorliegt – als Teilchen. Es ist sehr wichtig zu wissen, dass sich Licht wie Teilchen verhält, insbesondere für diejenigen, die in der Schule wahrscheinlich lernten, dass es sich wie eine Welle verhält. Ich sage Ihnen, wie es sich verhält – wie Teilchen." (Aus E. HECHT: Optics, 4th ed, Addison Wesley, San Francisco 2002).
3) S. 29: „Die Verteilung der Röntgenstrahlen ist nicht unterscheidbar von derjenigen näherer, älterer Quasare. Gleichermaßen war die relative Helligkeit von SDSSp J1306 im optischen Bereich und im Röntgenbereich ähnlich derjenigen der nahen Gruppe von Quasaren. Optische Beobachtungen lassen eine Masse für das Schwarze Loch von ungefähr einer Milliarde Sonnenmassen vermuten." (ROY & WATZKE 2004 und SCHWARTZ & VIRANI 2004)
4) S. 29: „Die beiden Ergebnisse scheinen anzudeuten, dass die Röntgenstrahlenerzeugung Schwarzer Löcher im wesentlichen seit dem Beginn des Universums gleich blieb" (ROY & WATZKE 2004 und SCHWARTZ & VIRANI 2004).
5) S. 29: „Irgendwann zwischen 300 und 800 Millionen Jahren nach dem Urknall wurden die ersten Schwarzen Löcher geboren, die es schafften, über 1 Milliarden Sonnen zu verschlingen." (BRITT 2003)
6) S. 30: „Diese und viele anderen astronomischen Beobachtungen führen zunehmend zu dem Schluss, dass ein reifes, aktives und expandierendes Universum im Rahmen einer spontanen Schöpfung entstanden sein könnte. (ESO 2004)
7) S. 40: „Wenn Supernovae Ia bezüglich ihrer [typbedingten] Streuungen im Lichtabfall und ihrer

Eigenfarbe korrigiert werden, sind sie die zur Zeit besten Standard-Kerzen." (SAHA et al.)

8) S. 60: „Quasare entstehen innerhalb von aktiven Galaxien und werden von diesen ausgestoßen. Deshalb sind buchstäblich aktive Galaxien die Eltern von Quasaren." (ARP et al.)

9) S. 61: „Der Punkt ist, dass Quasare ihrer mutmaßlichen Elterngalaxie korrekt zugeordnet und in deren Inertialsystem verschoben werden müssen, bevor der Karlsson Peak beobachtet werden kann." (ARP et al.)

10) S. 65: „Das eigentliche Rätsel ist, dass diese Galaxien bereits ziemlich alt aussahen, als das Universum erst 5 Prozent seines gegenwärtigen Alters erreicht hatte. Dies bedeutet, dass Sternentstehung sehr früh in der Geschichte des Universums begonnen haben musste – früher als man bislang glaubte, ..." (ELLIS)

11) S. 69: „Etwas da draußen hält Schwärme von Galaxien zusammen und verhindert das Auseinanderfliegen ihrer Sterne, aber Wissenschaftler haben noch nicht verstanden, um was es sich bei dieser unsichtbaren Substanz handelt. Obwohl mir viele Namen für Gott geläufig sind, war dies erste Mal, dass ich hörte, wie er Dunkle Materie genannt wurde." (C. A. BACHELOR, aus einem Leserbrief in „National Geografic", September 2005)

12) S. 74: „ Die quasi-stationäre Kosmologie (QSSC) ist ... als eine Alternative zum Standardmodell des heißen Urknalls vorgeschlagen worden. Diese Kosmologie wirft die anfängliche Singularität über Bord und hat auch keine kosmischen Epochen in denen das Universum sehr heiß war. Die Synthese von leichten Kernen und der Ursprung der kosmischen Hintergrundstrahlung werden deshalb mit Hilfe anderer physikalischer Prozesse erklärt als mit jenen, die man für den heißen Urknall braucht." (NARLIKAR et al. 2003)

13) S. 80: „Warnung: Das Folgende enthält populäre Kosmologie. Sie zu lesen kann zu Irritationen und Verwirrung führen. Niemand weiß genau, was vor sich geht und nichts, was Sie hier lesen ist wahrscheinlich wahr." (Bob BERMAN)

14) S. 93: „Unsere neue Studie stellt nun die fundamentale Frage über unser Verständnis und unsere Kenntnis von Prozessen, welche die Genesis und die Entwicklungsgeschichte des Universums und seiner Struktur betreffen." (A. CIMATTI, Team-Leiterin)

15) S. 93: „Wir finden es schwierig zu glauben, dass diese Korrelation nur statistische Fluktuationen um die Vorhersagen der Standard-Inflation sind." (STARKMAN et al. 2004)

16) S. 94: „Die kosmischen Strahlen haben die Aufzeichnungen der Ereignisse im Wasserstoff gelöscht wie eine Folge von Sternexplosionen quer durch das Universum." (Marcus CHOWN in New Scientist, 2. Juli 2005, S.15)

17) S. 94: „Urknall-Vorhersagen sind beständig falsch und werden an das Ereignis adaptiert. Das ist die heutige „Standard-Kosmologie". (Marcus CHOWN)

18) S. 110: „... für die Planetenjäger wurde es zunehmend unbequem. Sie hatten zur allgemeinen Zufriedenheit sichergestellt, dass Sterne stets mit Planeten daherkommen. Doch erwiesen sie sich nicht so wie die „anständige Welt" unseres Sonnensystems mit schönen, fast kreisförmigen Bahnen und Gasriesen in einer angemessenen Entfernung von ihrem Mutterstern. Es waren vielmehr Planeten von der Hölle – und sie brachen alle Regeln." (COUPER & HENBEST 2002)

Literatur

Verwendete Abkürzungen

A&A	Astronomy & Astrophysics
AJ	Astronomical Journal
ApJ	Astrophysical Journal
ApJL	Astrophysical Journal Letters
ApJS	Astrophysical Journal Supplement
Ap&SS	Astrophysics and Space Science
ARA&A	Annual Review of Astronomy and Astrophysics
MNRAS	Monthly Notices of the Royal Astronomical Society
MIT	Massachusets Institute of Technology
PASA	Publications of the Astronomical Society of Australia
SIJ	Studium Integrale Journal

Kapitel 1:

BRITT R. R., 2003, The New History of Black Holes: 'Co-evolution' Dramatically Alters Dark Reputation, Space News, 28. Jan 2003, http://www.space.com/scienceastronomy/blackhole_history_030128-3.html.

ESO 2004, Spaceflight Vol. 45, No. 11, November-Ausgabe, im Nachrichtenteil.

ROY S. & WATZKE M. 2004, Precocious Supermassive Black Holes Challenges Theories, CXC, Release 04-12

SCHWARTZ D. & VIRANI S. 2004, ApJL *615*, L21-L24.

WINDHORST R. & YAN H. 2004, Candidates of $z \sim 5.5-7$ Galaxies in the HST Ultra Deep Field, ApJL *612*, L93.

Kapitel 2:

AGUIRRE A. & HAIMAN Z. 2000, Cosmological Constant or Intergalactic Dust? Constraints from the Cosmic Far-Infrared Background, ApJ *532*, 28.

ARP H., BURBIDGE E.M. & BURBIDGE G., 2004, The double radio source 3C 343.1: A galaxy-QSO pair with very different redshifts, A&A *414*, L37.

ARP H., ROSCOE D. & FULTON C. 2005, Periodicities of Quasar Redshifts in Large Area Surveys, eingereicht, preprint unter astro-ph/0501090.

BARRIS B. J. & TONRY J. L. 2004, Redshift-independent Distances to Type Ia Supernovae, ApJ *613*, L21.

CIARDULLO R., JACOBY G. H. & TONRY J. L. 1993, A Comparison of the Planetary Nebula Luminosity Function and Surface Brightness Fluctuation Distance Scales, ApJ *419*, 479.

CIARDULLO R. 2003, Extragalactic Distances from Planetary Nebulae, in: Lecture Notes in Physics, eds: ALLOIN D. & GIERREN W., Vol. 635, Springer S. 243.

ELLIS R. 2005, „This means star formation must have started very early in the history of the Universe - earlier than previously believed.", http://www2.keck.hawaii.edu/news/science/-spitzer/050402.html.

ELLIS R. S. 2005, Cosmology : The infrared dawn of starlight, Nature *438*, 39.

EYLES L. P. et al. 2005, Spitzer imaging of i'-drop galaxies: old stars at *z*~ 6, MNRAS *364*, 443.

GOOBAR A., BERGSTRÖM L. & MÖRTSELL E. 2002, Measuring the properties of extragalactic dust and implications for the Hubble diagram, A&A *384*, 1.

HAWKINS E., MADDOX S. J. & MERRIFIELD M. R. 2002, No periodicities in 2dF Redshift Survey data, MNRAS *336*, L13.

JACOBY G. H. 1989, Planetary nebulae as standard candles. I - Evolutionary models, ApJ *339*, 39.

JARRETT T. H. 2004, Large Scale Structure in the Local Universe, PASA *21*, 396.

MARTIN W. L., WARREN P. R. & FEAST M. W. 1979, Multicolour photoelectric photometry of Magellanic Cloud Cepheids. II - an analysis of BVI observations in the LMC, MNRAS *188*, 139.

MATHER J. C. et al. 1990, A preliminary measurement of the cosmic microwave background spectrum by the Cosmic Background Explorer (COBE) satellite, ApJL *354*, L37.

MATHEWSON D. S., FORD V. L. & BUCHHORN M. 1992, A southern sky survey of the peculiar velocities of 1355 spiral galaxies, ApJS *81*, 413.

NAPIER W. M. & BURBIDGE G. 2003, The detection of periodicity in QSO data sets, MNRAS *342*, 601.

NARLIKAR J. V. et al. 2003, Inhomogeneities in the Microwave Background Radiation Interpreted within the Framework of the Quasi-Steady State Cosmology, ApJ *585*, 1.

PRETZEL K. 2001, In Search of the Dark Matter in the Universe, Spatium No. 7.

RIESS A. G., PRESS W. H. & KIRSHNER R. P. 1996, A Precise Distance Indicator: Type IA Supernova Multicolor Light-Curve Shapes, ApJ *473*, 88.

RIESS A. G. et al. 2001, The Farthest Known Supernova: Support for an Accelerating Universe and a Glimpse of the Epoch of Deceleration, ApJ *560*, 49.

ROWAN-ROBINSON M. 1985, The Cosmological Distance Ladder: Distance and Time in the Universe, The cosmological Distance Ladder, W. H. Freeman & Co., New York.

SAHA A. et al. 2001, Cepheid Calibration of the Peak Brightness of Type Ia Supernovae. XI. SN 1998aq in NGC 3982, ApJ *562*, 314.

SCHMITT J. H. et al. 1991, A soft X-ray image of the moon, Nature *349*, 583.

TIFFT W. G. 2003, Redshift periodicities, The Galaxy-Quasar Connection, Ap&SS *285*, 429.

TONRY J. L., AJHAR E. A. & LUPPINO G. A. 1990, Observations of surface-brightness fluctuations in Virgo, AJ *100*, 1416.

TULLY R. B. & FISHER J. R. 1977, A new method of determining distances to galaxies, A&A *54*, 661

TULLY R. B. 1982, A color-magnitude relation for spiral galaxies, ApJ *257*, 389.

ZEHAVI I. et al. 2002, Galaxy Clustering in Early Sloan Digital Sky Survey Redshift Data, ApJ *571*, 172.

Kapitel 3:

BERMAN B. 2004, Theory chaotic, Astronomy, July 2004 (www.Astronomy.com).

CARLSTROM J. E. & JOY M. & GREGO L. 1996, Interferometric Imaging of the Sunyaev-Zeldovich Effect at 30 GHz, ApJ *456*, 75.

CHOWN M. 2005, Did the big bang really happen? New Scientist, Nr. 2506, 2. Juli 2005.

CIMATTI A., DADDI E. & RENZINI A. et al. 2004, Old galaxies in the young Universe, Nature *430*, 184.

HASINGER G., SCHARTEL N. & KOMOSSA S. 2002, Discovery of an Ionized Fe K Edge in the *z*=3.91 Broad Absorption Line Quasar APM 08279+5255 with XMM-Newton, ApJ *573*, L77-L80.

HOYLE F., BURBIDGE G. & NARLIKAR J.V. 1996, The Quasi-Steady State Cosmology, in KAFATOS M. & KONDO Y. (eds.): Examing the Big Bang and Diffuse Background Radiations, IAU Symposium 168, Kluwer, Dordrecht, 329-368.

LEIBUNDGUT B., GOLDHABER G. & PERLMUTTER S. 1996, ApJ 1996.

LÓPEZ-CORREDOIRA M. 2003, Observational Cosmology: Caveats and open questions in the standard model, erscheint in: Recent Research Developments in Astronomy & Astrophysics, Kerala: Research Signpost, Indien, http://arxiv.org/abs/astro-ph/0310214.

Mullis C. R., Rosati P., Lamer G., Böhringer H. & Fassbender R. 2005, Discovery of an X-ray-Luminous Galaxy Cluster at z=1.4, The Astrophysical Journal, im Druck.

Myers A. D. et al. 2004, MNRAS *347*, 67–72.

Narlikar J.V. 2002, An Introduction to Cosmology, Cambridge University Press, 3rd Edition, Cambridge

NASA, Wilkinson Microwave Anisotropy Probe Website, http://map.gsfc.nasa.gov.

Starkman G. et al. 2004, Physical Review Letters *93*, 221–301.

Kapitel 4:

Ananthaswamy A. 2004, What lies beneath, New Scientist Nr. 2441, 3. April 2004.

Battersby S. 2004, First images of Saturn's rings bring surprises, New Scientist Nr. 2455, 10. Juli 2004.

Beer M. E., King A. R., Livio M. & Pringle J. E. 2004, Red giant depletion in globular cluster cores, MNRAS *354*, 763.

Chauvin G., Lagrange A.-M. & Dumas C., et al. 2004, A Giant Planet Candidate near a Young Brown Dwarf, A&A *425*, L29.

Couper H. & Henbest N. 2002, Home from Home, New Scientist Nr. 2325, 12. Jan. 2002.

Formisano V. 2004, in Methane on Mars could signal life, by A. Ananthaswamy, New Scientist, Breaking News 29. März 2004, http://www.newscientist.com/article.ns?id=dn4827.

Hofan J. 2004, Do cosmic rays hold sway over climate?, New Scientist Nr. 2460, 14. August 2004.

Jewitt D. & Luu J. 2004, Crystalline Ice on Kuiper Belt Object (50 000) Quaoar, Nature *432*, 731.

Korevaar P. 2004, Der rätselhafte Ursprung der Kometen, SIJ *11*, 78–80.

Kral T. 2005, in: Extreme bugs back idea of life on Mars, by K. Young & D. L. Chandler, New Scientist, Breaking news: 7. Dez. 2005, http://www.newscientist-space.com/article.ns?id=dn8428.

Lada C. J. & Lada E. A. 2003, Embedded clusters in molecular clouds, ARA&A *41*, 57.

Mariner 10 Imaging Science Final Report 1975, Journal of Geophysical Research *80*, 2341–2514.

Mayer L., Quinn T., Wadsley J. & Stadel J. 2002, Formation of Giant Planets by Fragmentation of Planetary Discs, Science *298*, 1756.

Morfill G. 1997, Kugeln aus Staub geboren, in: „Schöpfung ohne Ende", SuW-Special November 1997.

Pfau W. 2001, Fremde Planetensysteme im All, Sterne und Weltraum *40*, 20–27.

Sagan C. & Chyba C. 1997, The early faint Sun paradox: Organic shielding of ultra-violet-labile greenhouse gases, Science *276*, 1217–1221.

Stuart J. S. 2003, Observational constraints on the number, albedos, sizes, and impact hazards of near-Earth asteroids.

Vaas R. 1994, Wassereis auf dem Merkur, Spektrum der Wissenschaft Nr. 8/1994, 21.

Wolszczan A. 1994, Confirmation of Earth-Mass Planets Orbiting the Millisecond Pulsar 1257+12, Science *246*, 538.

Yan L. 2005, APJ *628*, 604.

Kapitel 6:

Barrow J. D. & Tipler F. J. 1989, The Anthropic Cosmological Principle, Oxford: Clarendon Press.

Beck H. W. 2003, Marken dieses Äons, http://www.institut-diakrisis.de.

Beck H. W. 2005, Können wir das Alter des Schöpfungskosmos erkunden?, Professorenforum-Journal 6, 34.

Beckers E., Hägele P. C. & Hahn H.-J. 1999, Ist der Kosmos für den Menschen gemacht?, in: Pluralismus und Ethos der Wissenschaft [Ortner, Hrg.], Gießen: Verlag des Presseforums.

Dröscher W. & Heim B. 1996, Strukturen der physikalischen Welt, Resch, Innsbruck.

Gribbin J. & Rees M. 1994, Ein Universum nach Maß. Bedingungen unserer Existenz, Insel Verlag Frankfurt und Leipzig.

Hilbrands W. 2004, Zehn Thesen zum biblischen Schöpfungsbericht (Gen 1, 1–2,3) aus exegetischer Sicht, Jahrbuch für evangelikale Theologie *18*, S. 7–25.

Mutschler H.-D. 1997, Zum Spannungsverhältnis zwischen Physik und Theologie, Praxis der Naturwissenschaften (PdN) – Physik *6/46*, S. 2–9.

Ross H. 1993, Astronomical Evidences for a Personal, Transcendent God, in: The Creation Hypotheses, J. P. Moreland (ed.), Illinois: InterVarsity Press.

Tryton E.P. 1973, Is the Universe a Vacuum Fluctuation? Nature *246*, 396.

Wilkinson D. 1993, God, the Big Bang and Stephen Hawking, Tunbridge Wells, Kent: Monarch Publications.

Über die Autoren

Norbert Pailer

- Studium der Physik an der Universität Heidelberg
- Promotion in Astrophysik
- Wissenschaftlicher Mitarbeiter am Institut für Kosmochemie des Max-Planck-Instituts für Kernphysik in Heidelberg
- Gastwissenschaftler am Space Science Center der Washington University, St. Louis, USA
- Mitarbeit an mehreren internationalen Weltraumprojekten
- Zahlreiche Veröffentlichungen
- Mehrere Weltraumbücher
- Verheiratet, zwei Söhne, wobei der älteste auf tragische Weise starb

Nach Arbeiten für ein Experiment zur isotopischen Analyse von Kometenstaubteilchen an Bord des rückführbaren Satelliten LDEF (Long Duration Exposure Facility) kam er von den USA an das Max-Planck-Institut nach Heidelberg zurück, um später zur Raumfahrtindustrie zu wechseln. Dort arbeitet er seither an verantwortlicher Stelle für das Programm „Wissenschaftliche Raumfahrt" an der Planung zukünftiger Weltraumprojekte.

Alfred Krabbe

- Studium der Physik an den Universitäten Münster und Heidelberg
- Promotion in Astrophysik
- Wissenschaftlicher Mitarbeiter am Max-Planck-Institut für Astronomie in Heidelberg und am Max-Planck-Institut für Extraterrestrische Physik in Garching bei München
- Leiter der Abteilung „Infrarot Astronomie" am DLR Institut für Weltraumsensoren und Planetenerkundung, Berlin-Adlershof
- Gastwissenschaftler am Space Science Laboratory der University of California Berkeley, USA
- Professor für Physik an der Universität zu Köln
- Entwicklung mehrerer astronomischer Instrumente
- zahlreiche Veröffentlichungen
- verheiratet, 3 Kinder

Als experimenteller Astrophysiker arbeitet er vor allem im infraroten Spektralbereich. Ihn interessieren vor allem die Vorgänge in den Zentren aktiver Galaxien, dabei insbesondere die Wechselwirkung der Schwarzen Löcher und ihrer Akkretionsscheiben mit der interstellaren Umgebung.

Johannes Weiss (Grafiker)

- Vorkurs an der Schule für Gestaltung in Zürich
- diverse Praktika in verschiedenen Ateliers in Zürich
- Seit 1991 selbständiger Grafiker im Bereich Illustration und in der Gestaltung und Realisierung von Publikationen und Präsentationen im populärwissenschaftlichen Bereich
- Enge Zusammenarbeit mit der Studiengemeinschaft WORT UND WISSEN

Dank

Am Ende dieser umfassenden, interdisziplinären Arbeit möchte ich meinen tief empfundenen Dank meinem Co-Autor, Prof. Dr. Alfred Krabbe, gegenüber aussprechen. Seine Sachkenntnis war mir eine willkommene Flankierung und Ergänzung. Er hat es auf sich genommen, neben seiner Lehr- und Forschungstätigkeit dieses Buch mit zu erarbeiten.

Daneben brachte sich Dr. Reinhard Junker als Lektor mit seinem Gespür für kritische Kommentare ein bis hin zur Vereinfachung sprachlicher Aspekte. Er war mir eine unersetzliche Hilfe vor allem auch durch praktische Hilfen, da dieses Buch neben vielen anderen Verpflichtungen nebenher erarbeitet werden musste.

Für die Durchsicht des Manuskripts inklusive dessen Ergänzung war eine ganze Reihe von Experten bereit, die Inhalte aus der Sicht ihrer Disziplin gründlich zu durchforsten. Ihnen sei hiermit herzlich gedankt: Prof. Dr. Horst W. Beck, Prof. Dr. Markus Donath, Christian Knobel und Dr. Peter Korevaar.

Johannes Weiss war erneut verantwortlich für die grafische Umsetzung unserer Ideen. Er hat dabei den Stoff nicht nur anschaulich gemacht, sondern darüber hinaus sich geduldig durch manchen Kleinkram einer Bucherstellung durchgekämpft. Sein Beitrag wird für einen weiten Leserkreis ein Grund mehr sein, nach diesem Buch zu greifen und sich darin zurechtzufinden.

Weiterhin haben sich Elisabeth Binder, Frank Meyer und Manfred Schroll beim Aufarbeiten der Texte und Korrekturlesen engagiert eingebracht. Ihnen allen danke ich herzlich für die Bereitschaft, den umfangreichen Text durchzuarbeiten.